高等职业教育专业基础课系列教材

电子技术基础及应用

李春英　主　编

张纯伟　胡海燕　副主编

中国铁道出版社有限公司

2020年·北京

内 容 简 介

本书为项目化教材,采用项目和模块的编排格式,全书共分为两部分,第 Ⅰ 部分为模拟电子技术基础及应用部分,包含三个项目和一个课外阅读,内容包括直流稳压电源的基本制作与测试、扩音器的基本制作与测试、集成运算放大器的基本应用与测试,以及正弦波振荡器的基本分析与应用;第 Ⅱ 部分为数字电子技术基础及应用,包含三个项目和两个课外阅读,内容包括简单抢答器的基本制作与调试、组合逻辑电路基本设计与制作调试、时序逻辑电路基本设计与制作调试、脉冲波形产生与变换电路的基本分析与应用,以及 A/D 与 D/A 转换器的基本分析与应用等内容。

本书可作为高等职业院校工科院校机电类专业相关专业基础课教材,也可供相关技术人员参考用书。

图书在版编目(CIP)数据

电子技术基础及应用/李春英主编. —北京:中国
铁道出版社,2018.12(2020.1 重印)
高等职业教育专业基础课系列教材
ISBN 978-7-113-25216-8

Ⅰ.①电… Ⅱ.①李… Ⅲ.①电子技术-高等职业教
育-教材 Ⅳ.①TN

中国版本图书馆 CIP 数据核字(2018)第 289375 号

书　　名:**电子技术基础及应用**
作　　者:李春英

责任编辑:阚济存　　　编辑部电话:51873133　　　电子信箱:td51873133@163.com
封面设计:崔　欣
责任校对:苗　丹
责任印制:郭向伟

出版发行:中国铁道出版社有限公司(100054,北京市西城区右安门西街 8 号)
网　　址:http://www.tdpress.com
印　　刷:北京柏力行彩印有限公司
版　　次:2018 年 12 月第 1 版　2020 年 1 月第 2 次印刷
开　　本:787 mm×1 092 mm　1/16　印张:17.5　字数:448 千
书　　号:ISBN 978-7-113-25216-8
定　　价:45.00 元

"十三五"期间,国家要求加快发展现代职业教育,深化职业教育教学改革,全面提高人才培养质量。按照教育部的要求,本着高职教育"以立德树人为根本,以服务发展为宗旨,以促进就业为导向"的指导思想,我们在"电子技术基础"课程的教学、研讨过程中,探索适合专业需求、适合职业人才培养的教学模式,编写了本项目化教材。

本教材以工作任务为中心组织课程内容,将工作过程中所需的专业基础能力分解成若干知识点进行教学。具体特点如下:

1.围绕专业课需求、职业人才需求将本课程内容规划为一个个相关的学习项目,按照工作任务单展开理论与实践教学,目标明确,培养学生的专业思维、实践技能及职业素质,学习者从知道→尝试→明白→提升。

本教材共规划了6个学习项目及3个课外阅读。每个学习项目拆分出若干模块,每个模块包含若干个知识点,而每个知识点对应所需的任务能力;课外阅读拓展和完善课程知识,提升教材的趣味性。全书融教、学、做为一体,逐步完成知识体系学习和技能训练,正确建立理论与实践的联系。

课程课时安排如下表:

序号	内　容		课时
1	项目一　直流稳压电源的基本制作与测试	模块1　认识与检测半导体二极管	12
		模块2　直流稳压电源电路的基本分析	
2	项目二　扩音器的基本制作与测试	模块1　认识与检测半导体三极管	20
		模块2　单管放大电路的基本分析	
		模块3　多级放大电路的基本分析	
		模块4　功率放大器的基本分析	
		模块5　差动放大电路的基本分析	
3	项目三　集成运算放大器的基本应用与测试	模块1　认识与检测集成运算放大器	10
		模块2　集成运算放大器的线性应用	
		模块3　集成运算放大器的非线性应用	
		模块4　集成运算放大器的几个使用注意问题	
4	阅读一　正弦波振荡器的基本分析与应用	一、自激振荡的基本原理 二、正弦波振荡器的基本组成及分类 三、RC正弦波振荡器 四、LC正弦波振荡器 五、石英晶体振荡器	课外

序号	内 容		课时
5	项目四 简单抢答器的基本制作与调试	模块1 逻辑门电路的识别与检测	10
		模块2 逻辑代数与逻辑函数的化简	
		模块3 集成逻辑门的识别与检测	
6	项目五 组合逻辑电路的基本设计与制作调试	模块1 组合逻辑电路的分析与设计	10
		模块2 常用集成组合逻辑电路器件及其应用	
7	项目六 时序逻辑电路的基本设计与制作调试	模块1 集成触发器的识别与检测	14
		模块2 常用集成时序逻辑电路器件及其应用	
8	阅读二 脉冲波形产生与变换电路的基本分析与应用	一、555集成定时器	课外
		二、555定时器构成的多谐振荡器	
		三、555定时器构成的单稳态触发器	
		四、555定时器构成的施密特触发器	
9	阅读三 A/D与D/A转换器的基本分析与应用	一、模/数转换器（ADC）	课外
		二、数/模转换器（DAC）	
		三、DAC和ADC综合应用电路	
10	实作练习		2
11	实作考核		2
12	合计		80

2. 本教材每个项目都有实践考核内容和评价方式,方便实施理论与实作独立考核评价的教学模式,强化学生的综合能力,促进学生职业道德、职业素养及职业精神的养成。

3. 本教材充分考虑了教学及学生学习的需要,教学实施方便灵活,每个学习项目配置了大量多题型综合练习题及其参考答案,方便学生自学自查。

4. 本教材努力反映集成技术与新成果,注重集成器件的外部应用。

5. 本教材努力追踪新时期要求,增强教材的合用性。

本书由南京铁道职业技术学院李春英担任主编,张纯伟、胡海燕担任副主编。其中,项目一、二、三、四由李春英、张纯伟编写,项目五、六由李春英、钟雪燕编写,阅读一、二、三由胡海燕、李春英编写,模拟电子技术实训内容由戚磊、李春英编写,数字电子技术实训内容由孙凯、李春英编写。

编写本教材时,查阅和参考了众多文献资料,在此向参考文献的作者致以诚挚的谢意。

由于编者水平有限,难免存在不妥之处,恳请读者批评指正。

编者

2018年6月

目 录

I 模拟电子技术基础及应用

II 数字电子技术基础及应用

Ⅰ　模拟电子技术基础及应用

项目一　直流稳压电源的基本制作与测试

能力目标

1. 能简单识别、检测半导体二极管。
2. 能完成直流稳压电源的基本制作与测试。
3. 能查找和处理整流滤波稳压电路的常见故障。

知识目标

　　熟悉半导体二极管及其主要参数;掌握二极管在直流电路中的分析计算;熟悉常用特殊二极管的应用;熟悉直流稳压电源的组成及作用;掌握单相整流滤波电路及其基本工作;熟悉常用三端集成稳压器。具体工作任务见表1-1。

表1-1　项目工作任务单

序号	任　　务
1	小组制订工作计划,明确工作任务
2	根据直流稳压电源电路基本结构框图,画出电路连接图
3	根据电路连接图制作直流稳压电源电路
4	完成直流稳压电源电路的功能测试与故障排除
5	小组讨论总结并编写报告

（一）目标

（1）掌握单相桥式整流电容滤波集成稳压电路的基本结构及工作原理。

（2）掌握单相桥式整流电容滤波集成稳压电路的直流输出计算、观察与测试。

（3）学习电路的简单故障分析与处理。

（4）培养良好的操作习惯,提高职业素质。

(二)器材

所用器材清单见表1-2。

表1-2　器材清单

器材名称	规格型号	电器符号	数量
单相变压器	220 V/6 V	T	1
熔断器	0.5 A	FU	1
整流二极管	1N4007	$VD_1 \sim VD_4$	4
电解电容	220 μF 或 1 000 μF、47 μF	C_1、C_4	各1
电容	0.33 μF、0.1 μF	C_2、C_3	各1
三端集成稳压器	CW7805	IC	1
负载电阻	120 Ω/2 W	R_L	1
双踪示波器	YB43025		1
数字万用表	VC890C+		1
导线			若干

(三)原理与说明

电子设备电路都需要一个或几个电压稳定的直流电源供电才能工作。化学电池是一种直流电源,但大多数情况下小功率直流电源是通过电网提供的城市用电(以下简称市电)转换而来的。直流稳压电源主要由电源变压器、整流电路、滤波电路和稳压电路四部分组成,一般框图如图1-1所示。

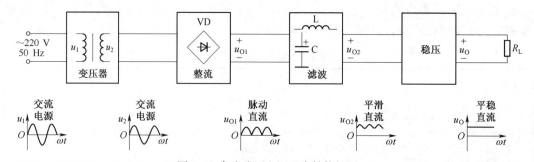

图 1-1　直流稳压电源基本结构框图

框图中各部分的作用说明如下:

1. 电源变压器

电网提供的市电为 220 V、50 Hz 正弦交流电,而小功率直流稳压电源所需的电源电压较低,电源变压器则是将交流电源电压 u_1 变换为整流电路所需要的二次交流电压 u_2。

2. 整流电路

利用整流二极管的单向导电性将二次交流电 u_2 变换为单一方向的脉动直流电。

3. 滤波电路

整流后的脉动直流电仍含有交流成分,滤波电路则是进一步滤除脉动直流电中的交流成分,保留直流成分,使直流电压波形变得平滑,从而提高直流电的质量。常用滤波器件有电容元件和电感元件。

4. 稳压电路

稳压电路能在电网电压波动或负载发生变化(负载电流变化)时,通过电路内部的自动调节,维持稳压电源直流输出电压基本不变,即保证输出直流电压得以稳定。稳压器件有稳压二极管,或用半导体三极管作电压调整管以及各种集成稳压器件。

(四)电路安装与测试

1. 电路

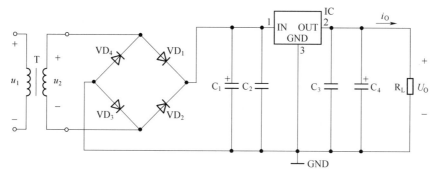

图 1-2　直流稳压电源电路接线图

2. 安装电路

参照图 1-2,按照正确方法安装电路。用万用表直流电压挡测试负载电阻 R_L 两端输出直流电压值 U_O,用示波器观察输出电压的波形。

3. 分别测试整流电路、滤波电路

(1)单相桥式整流电路测试

参照图 1-3,用万用表交流电压挡测试变压器副边电压有效值 U_2;用示波器观察输出电压的波形;用万用表直流电压挡测试负载电阻 R_L 两端输出直流电压的平均值 U_{Oav}。将测试结果和观察结果填入表 1-3 中。

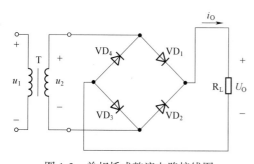

图 1-3　单相桥式整流电路接线图

表　1-3

电网电压/V	变压器副边电压/V	输出直流电压/V	输出直流电压波形
220			u_O O t

(2)单相桥式整流电容滤波电路测试

参照图 1-4,用万用表交流电压挡测试变压器副边电压有效值 U_2;用示波器观察输出电压的波形;用万用表直流电压挡测试负载电阻 R_L 两端输出直流电压的平均值 U_{Oav}。将测试结果和观察结果填入表 1-4 中。

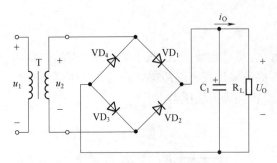

图 1-4 单相桥式整流电容滤波电路接线

表 1-4

电网电压/V	变压器副边电压/V	输出直流电压/V	输出直流电压波形
220			 （波形图：u_O 对 t 坐标轴）

 思考：

1. 如果单相桥式整流电路输出电压波形变成了半波,可能发生了什么故障?

2. 如果单相桥式整流电容滤波电路输出电压波形变成了半波,可能发生了什么故障?

3. 变压器副边电压、电容 C_1 两端电压及输出电压分别用什么仪表测量?

4. 变压器副边电压、电容 C_1 两端电压、输出电压之间为什么关系?

5. 接入小 C_1、R_L 和接入大 C_1、R_L,输出有什么不同?

实作考核

项目	步骤	分数	序号	考核内容及评分标准	配分	扣分	得分	备注
单相桥式整流电容滤波电路连接测试	电路连接与实现	50	1	正确选择元器件:元器件选择错误一个扣 2 分,直至扣完为止	5			
			2	导线测试:导线不通引起的故障不能自己查找排除,一处扣 1 分,直至扣完为止	10			
			3	元件测试:接线前先测试电路中的关键元件,如果在电路测试时出现元件故障不能自己查找排除,一处扣 2 分,直至扣完为止	5			
			4	正确接线:每连接错误一根导线扣 1 分,直至扣完为止	10			
			5	用示波器观察输出波形:调试电路,示波器操作错误扣 5 分,不能看到整流输出信号波形扣 5 分,不能看到电容滤波输出波形扣 5 分,直至扣完为止	20			
	测试	20	6	用万用表分别测量交、直流电压:正确使用万用表进行电源电压及输出电压测量,并填表,每错一处扣 5 分;万用表操作不规范扣 5 分,直至扣完为止	20			
	回答	10	7	原因描述合理	10			
	整理	10	8	规范操作,不可带电插拔元器件,错误一次扣 5 分	5			
			9	正确穿戴,文明作业,违反规定,每处扣 2 分	2			
			10	操作台整理,测试合格应正确复位仪器仪表,保持工作台整洁,每处扣 3 分	3			
时限		10		时限为 45min,每超 1min 扣 1 分,直至扣完为止	10			
合计					100			

注意:操作中出现各种人为损坏,考核成绩不合格且按照学校相关规定赔偿。

知识链接

模块 1　认识与检测半导体二极管

 知识点一　半导体与 PN 结

导电能力介于导体和绝缘体之间的物质称为半导体,常用的半导体材料有硅、锗等,在化学元素周期表中,硅和锗都是四价元素。

半导体的导电能力与许多因素有关,其中温度、光、杂质等因素对半导体的导电能力有比较大的影响,因而它具有热敏特性、光敏特性、掺杂特性,利用这些特性可以制成各种不同用途的半导体器件,如热敏二极管、光敏二极管和光敏三极管、半导体二极管、半导体三极管、场效应晶体管及晶闸管等。

（一）本征半导体

本征半导体是一种完全纯净的、结构完整的半导体晶体。在常温下或无外激发时,本征半导体中有大量的价电子,但没有自由电子,此时半导体不导电。当受热或受光照射时,共价键中的电子会获得足够能量,从共价键中挣脱出来,变成自由电子,同时在原共价键的相应位置上留下一个空位,这个空位称为空穴,如图 1-5 所示。由此可见,电子和空穴是成对出现的,所以称为电子-空穴对,在本征半导体中电子和空穴的数目总是相等的。由于半导体呈电中性,价电子挣脱共价键的束缚成为自由电子后,原子核因失去电子而带等量的异性电荷,因为自由电子带负电荷,所以认为空穴带等量的正电荷。

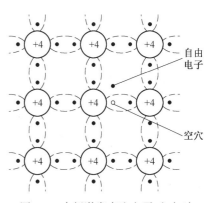

图 1-5　本征激发产生电子-空穴对

由于共价键中出现了空穴,邻近的价电子就容易挣脱其共价键的束缚填补到这个空穴中来,从而使该价电子的原位置上又留下新的空穴,以后其他价电子又可填补到新的空穴中,于是电子和空穴就产生了相对移动,运动方向相反。自由电子和空穴在运动中相遇会结合而成对消失,此为复合现象。温度一定时,自由电子和空穴的产生与复合达到动态平衡,这时自由电子和空穴的浓度为一定值。

在外电场作用下,自由电子和空穴都作定向移动,自由电子的定向移动产生电子电流,空穴的定向移动产生空穴电流,两部分电流的方向相同,总电流为两者之和。因此,半导体中存在两种载流子(导电粒子):电子和空穴,而导体中只有一种载流子电子,这是半导体与导体导电的一个本质区别。在常温下本征半导体中载流子浓度很低,因此导电能力很弱,几乎不导电。

(二)杂质半导体

在本征半导体(纯净硅或纯净锗)中掺入微量的杂质,会使半导体的导电性能发生显著的变化。掺杂半导体可分为 P 型半导体和 N 型半导体。

1. P 型半导体

在本征半导体硅(或锗)中掺入微量的三价元素(如硼、铟、镓),则可构成 P 型半导体。因硼原子只有三个价电子,它与相邻的四个硅原子组成共价键时,因缺少一个价电子而出现空穴。这样 P 型半导体中的载流子除了本征激发产生的电子-空穴对外,还有因掺杂而出现的空穴,如图 1-6 所示。在 P 型半导体中,空穴的数目远大于本征激发产生的自由电子的数目,空穴为多数载流子,简称多子;电子为少数载流子,简称少子。由于 P 型半导体主要靠空穴导电,因而又称为空穴型半导体。

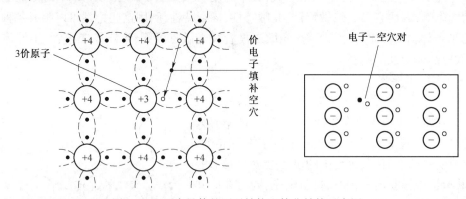

图 1-6　P 型半导体的原子结构和简化结构示意图

2. N 型半导体

在本征半导体硅(或锗)中掺入微量的五价元素(如磷、砷、锑),则可构成 N 型半导体。因磷原子有五个价电子,它与相邻的四个硅原子组成四个共价键时,多出的一个价电子容易挣脱原子核的束缚成为自由电子。这使得 N 型半导体中的载流子电子和空穴的数目不再相等,自由电子的数目远大于本征激发产生的空穴的数目,如图 1-7 所示。在 N 型半导体中,电子为多数载流子(多子),空穴为少数载流子(少子)。由于 N 型半导体主要靠自由电子导电,因而称为电子型半导体。

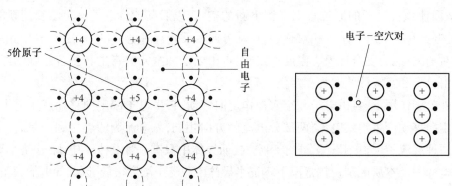

图 1-7　N 型半导体的原子结构和简化结构示意图

杂质半导体的导电性能主要取决于多子浓度,而多子浓度取决于掺杂浓度。少子浓度与掺杂无关,只与温度等激发因素有关。

3. PN 结

在同一块本征硅(或锗)的一边掺杂成为 N 型半导体、另一边掺杂成为 P 型半导体,在它们的交界面就会形成一个特殊的薄层,称 PN 结。如图 1-8 为 PN 结的形成过程。利用 PN 结可制成各种不同特性的半导体器件。

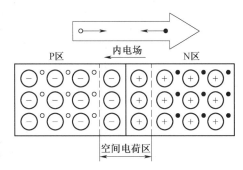

图 1-8　PN 结的形成

(1)PN 结的形成。P 区一侧的多子空穴浓度远大于 N 区的少子空穴浓度,而 N 区一侧的多子电子浓度远大于 P 区的少子电子浓度,则 P 区的空穴向 N 区扩散、N 区的电子向 P 区扩散。于是,在 P 区和 N 区的交界面附近形成电子和空穴的扩散运动,如图 1-8 中箭头所示。由于电子与空穴在扩散过程中会产生复合,因此,在交界面靠近 P 区一侧留下一层负离子,靠近 N 区一侧留下等量的正离子。P 区和 N 区交界面两侧形成了正、负离子薄层,称为空间电荷区。空间电荷区即为 PN 结的内电场。内电场的方向由 N 区指向 P 区,它阻碍多子的扩散运动,却推动两边的少子(即 P 区的电子、N 区的空穴)向对方漂移。

在扩散运动开始时,由于空间电荷区刚刚形成,内电场还很弱,多子扩散运动强、少子漂移运动弱;随着扩散运动的不断进行,空间电荷区逐渐变宽,内电场不断加强,少数载流子的漂移运动随之增强,而多子扩散运动逐渐减弱。最后,因浓度差产生的多子扩散运动与内电场推动的少子漂移运动达到动态平衡,空间电荷区的宽度不再加宽。

在空间电荷区内,由于电子和空穴几乎全部复合完了,或者说载流子都消耗尽了,因此空间电荷区也称为耗尽层;又因为空间电荷区产生的内电场,对多数载流子具有阻碍作用,好像壁垒一样,所以又称为阻挡层或势垒区。

(2)PN 结的单向导电性。PN 结的基本特性就是单向导电性,即外加正向电压时,PN 结导通;外加反向电压时,PN 结截止。

当 PN 结加上正向电压,即 P 区接电源正极,N 区接电源负极,此时称 PN 结为正向偏置,简称正偏,如图 1-9(a)所示。这时外加电压产生的外电场与 PN 结的内电场方向相反,削弱了 PN 结的内电场,使空间电荷区变窄,有利于多数载流子的扩散运动,形成较大的正向电流。随着外加正向电压的增加,正向电流迅速增大,这种情况称为 PN 结正向导通,PN 结的正向电阻小。

当 PN 结外加反向电压,即 P 区接电源的负极,N 区接电源的正极,此时称 PN 结为反向偏置,如图 1-9(b)所示。这时外加电压产生的外电场与 PN 结的内电场方向相同,增强了内电场的作用,空间电荷区变宽,阻碍了多数载流子的扩散运动,却有助于少数载流子的漂移运动。由于是少数载流子移动形成的电流,所以反向电流很小,即 PN 结的反向电阻很大。在常温下,少数载流子非常有限,因而反向电流很弱,近似为零,称为 PN 结反向截止。

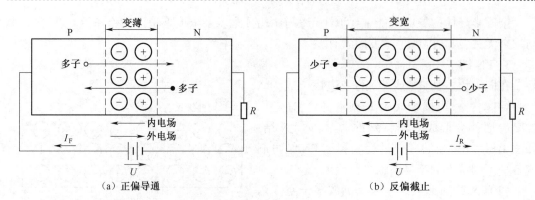

（a）正偏导通　　　　　　　　　（b）反偏截止

图 1-9　PN 结的单向导电性

知识点二　二极管的结构和符号

将 PN 结的两个区，即 P 区和 N 区分别加上相应的电极引线引出，并用管壳将 PN 结封装起来就构成了半导体二极管，其结构与图形符号如图 1-10 所示，常见外形如图 1-11 所示。从 P 区引出的电极为阳极（或正极），从 N 区引出的电极为阴极（或负极）。

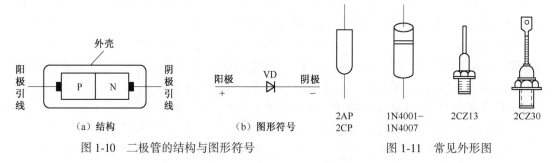

（a）结构　　　　　　　　（b）图形符号

2AP　　1N4001-　　2CZ13　　2CZ30
2CP　　1N4007

图 1-10　二极管的结构与图形符号　　　图 1-11　常见外形图

知识点三　二极管的伏安特性

二极管最主要的特性就是单向导电性，这可以用伏安特性曲线来说明。所谓二极管的伏安特性曲线就是指二极管两端的电压 u 与流过它的电流 i 的关系曲线，如图 1-12 所示。

（一）正向特性

正向伏安特性是指其在坐标系一象限的特性，它的主要特点如下：

（1）外加正向电压很小时，二极管呈现较大的电阻，几乎没有正向电流通过。曲线 OA 段（或 OA′段）称作死区，A 点（或 A′）的电压称为死区电压，硅管的死

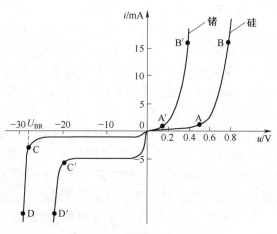

图 1-12　二极管的伏安特性

区电压一般为 0.5 V,锗管则约为 0.1 V。

(2)二极管的正向电压大于死区电压后,二极管呈现很小的电阻,有较大的正向电流流过,称为二极管导通,如 AB 段(或 A′B′)特性曲线所示,此段称为导通段。二极管导通后的电压为导通电压,硅管一般为 0.7 V,锗管约为 0.3 V。

(二)反向特性

反向伏安特性是其在坐标系三象限的特性,它的主要特点如下:

(1)当二极管承受反向电压时,其反向电阻很大,此时仅有非常小的反向电流(称为反向饱和电流或反向漏电流),如曲线 OC 段(或 OC′段)所示。实际应用中二极管的反向饱和电流值越小越好,硅管的反向电流比锗管小得多,一般为几十微安(μA),而锗管为几百微安。

(2)当反向电压增加到一定数值时(如曲线中的 C 点或 C′点),反向电流急剧增大,这种现象称为反向击穿,此时对应的电压称为反向击穿电压,用 U_{BR} 表示,曲线 CD 段(或 C′D′段)称为反向击穿区。通常加在二极管上的反向电压不允许超过击穿电压,否则会造成二极管的损坏(稳压二极管除外)。

 知识点四　二极管的主要参数

二极管的参数是二极管特性的定量描述,是合理选择和正确使用二极管的依据,它有以下一些主要参数。

(一)最大整流电流 I_{FM}

I_{FM} 是指二极管长期工作时所允许通过的最大正向平均电流。不同型号的二极管,其最大整流电流差别很大。实际应用时,流过二极管的平均电流不能超过这个数值,否则,将导致二极管因过热而永久损坏。

(二)最高反向工作电压 U_{RM}

U_{RM} 是指二极管工作时所允许加的最高反向电压,超过此值二极管就有被反向击穿的危险。通常手册上给出的最高反向工作电压 U_{RM} 约为击穿电压 U_{BR} 的一半。

(三)反向电流 I_R

I_R 是指二极管未被击穿时的反向电流值。I_R 越小,说明二极管的单向导电性能越好。I_R 对温度很敏感,温度增加,反向电流会增加很大,因此使用二极管时要注意环境温度的影响。

(四)最高工作频率 f_M

f_M 主要由 PN 结的结电容大小决定。信号频率超过此值时,结电容的容抗变得很小,使二极管反偏时的等效阻抗变得很小,反向电流很大。于是,二极管的单向导电性变坏。

 知识点五　常用特殊二极管

前面讨论的二极管属于普通二极管,另外还有一些特殊用途的二极管,如稳压二极管、发光二极管、光敏二极管等。

（一）稳压二极管

稳压二极管简称稳压管,它是一种用特殊工艺制造的面结合型硅半导体二极管,其图形符号和外形封装如图 1-13 所示。使用时,它的阴极接外加电压的正极,阳极接外加电压负极,管子反向偏置,工作在反向击穿状态,利用它的反向击穿特性稳定直流电压。

稳压管的伏安特性曲线如图 1-14 所示,其正向特性与普通二极管相同,反向特性曲线比普通二极管更陡。二极管在反向击穿状态下,流过管子的电流变化很大,而两端电压变化很小,稳压管正是利用这一点实现稳压作用的。稳压管工作时,必须接入限流电阻,才能使其流过的反向电流在 $I_{Zmin} \sim I_{Zmax}$ 范围内变化。在这个范围内,稳压管工作安全且两端的反向电压变化很小。

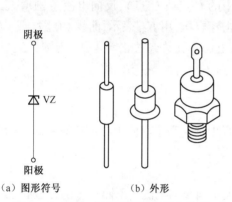

（a）图形符号　　（b）外形

图 1-13　稳压二极管的图形符号与外形

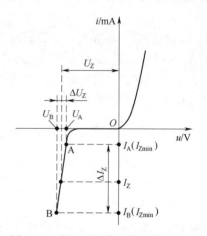

图 1-14　稳压二极管的伏安特性曲线

（二）发光二极管

发光二极管是一种光发射器件,能把电能直接转换成光能的固体发光器件,它是由镓（G_A）、砷（A_S）、磷（P）等化合物制成的,其图形符号如图 1-15(a)所示。由这些材料构成的 PN 结加上正偏电压时,PN 结便以发光的形式来释放能量。

发光二极管的种类按发光的颜色可分为红、橙、黄、绿和红外光二极管等多种,按外形可分为方形圆形等。图 1-15(b)是发光二极管的外形,它的导通电压比普通二极管高。应用时,加正向电压,并接入相应的限流电阻,它的正常工作电流一般为几毫安到几十毫安,发光二极

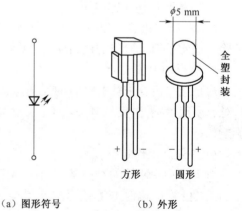

（a）图形符号　　（b）外形

图 1-15　发光二极管的图形符号和外形图

管通过正常电流后就能发出光来。发光强度在一定范围内与正向电流大小近似成线性关系。

发光二极管作为显示器件,除单个使用外,也常做成七段式或矩阵式,如用作微型计算机、音响设备、数控装置中的显示器。对要求亮度高、光点集中、显示明显的地方可选用高亮

度发光二极管。

检测发光二极管一般用万用表 $R \times 10\ \mathrm{k\Omega}$ 挡,通常正向电阻十几千欧~几百千欧,反向电阻为无穷大。

 知识点六　二极管的应用

二极管的单向导电性可用于整流、检波、限幅、钳位以及在数字电路中作开关。实际应用时,应根据功能要求选择合适的二极管。几种常见的二极管应用电路分析如下:

(一)整流

将正弦交流电变换成单向脉动直流电的过程称为整流。简单的半波整流电路如图 1-16(a)所示。

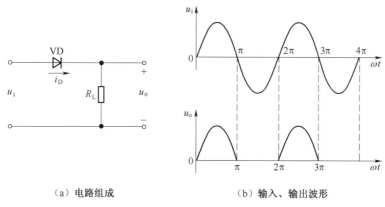

(a) 电路组成　　　　　　　(b) 输入、输出波形

图 1-16　二极管半波整流电路

为简化分析,将二极管视为理想二极管,即二极管正向导通时,作短路处理;反向截止时,作开路处理。假设输入电压 u_i 为一正弦波,在 u_i 的正半周(即 $u_i>0$)时,二极管因正向偏置而导通;在 u_i 的负半周(即 $u_i<0$)时,二极管因反向偏置而截止。其输入、输出电压波形如图 1-16(b)所示。

(二)检波

在接收机中,从高频调制信号中检出音频信号称为检波。利用二极管的单向导电性,将调制信号的负半波削去,再经电容使高频信号旁路,负载上得到的就是低频信号。电路原理如图 1-17 所示。

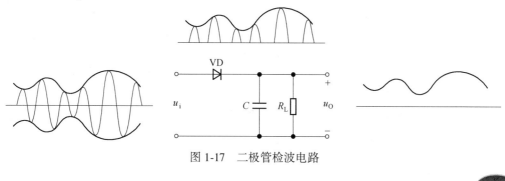

图 1-17　二极管检波电路

(三)限幅

限幅的作用是将输出电压的幅度限制在一定的范围内。限幅电路如图 1-18(a)所示。设图中二极管 VD 为理想二极管,则当输入电压 $u_i > U_S$ 时,二极管 VD 导通,输出电压 $u_o = U_S$,使输出电压的正向幅值限制在 U_S 的数值上;当输入电压 $u_i < U_S$ 时,二极管 VD 截止,二极管相当于开路,则输出电压 $u_o = u_i$。输入、输出波形如图 1-18(b)所示。

(四)钳位

当理想二极管导通时,由于正向压降为零,强制其阳极电位与阴极电位相等,这种作用称为钳位。例如在图 1-19 所示的电路中,当输入端 A 的电位为+3 V、B 的电位为 0 时,二极管 VD_1 优先导通,由于 VD_1 正向压降为零,则 $u_o = 3$ V,VD_2 反而截止。即输出端 Y 的电位钳制在 A 的电位上。

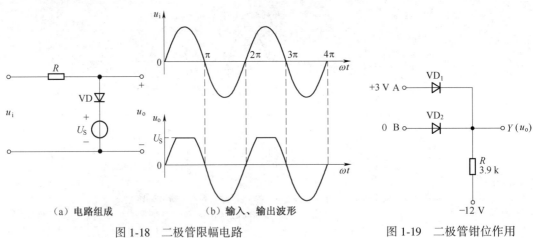

(a)电路组成　　　　　　　(b)输入、输出波形

图 1-18　二极管限幅电路　　　　　　图 1-19　二极管钳位作用

训练:用万用表检测普通二极管

1. 等效电路

指针式欧姆挡的等效电路如图 1-20 所示,数字式欧姆挡的等效电路如图 1-21 所示。

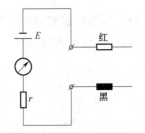

图 1-20　指针式万用表欧姆挡的内部等效电路　　　图 1-21　数字式万用表欧姆挡的内部等效电路

2. 用指针式万用表检测

指针式万用表测试二极管示意图如图 1-22 所示。

(1)在 $R×1$ k 挡或 $R×100$ 挡进行测量。

（2）正反向电阻各测一次。

（3）检测质量

①一般硅管正向电阻为几千欧,锗管正向电阻为几百欧;反向电阻为几百千欧。

②正反电阻相差不大为劣质管。

③正反电阻都是无穷大或零则二极管内部断路或短路。

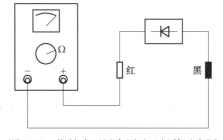

图 1-22　指针式万用表测试二极管示意图

（4）检测极性:在质量检测合格的情况下检测出二极管的 P 极和 N 极。

（5）将测试结果记录在表 1-5 中。

表　1-5

量程＼阻值	正 向 电 阻	反 向 电 阻
$R \times 100\ \Omega$		
$R \times 1\ k\Omega$		
极　　性	正向电阻时,黑表笔接二极管___极,红表笔接二极管___极	

3. 用数字式万用表检测

数字式万用表测试二极管如图 1-23 所示。

（1）在 ⊬ ⚫))) 挡进行测量。此时数字万用表显示的是二极管的管压降(单位:mV)。

①正常情况下,正向测量时压降为 150~800 mV,反向测量时为溢出标志"1."。

②正向压降范围为 150~300 mV,则所测二极管是锗管;正向压降范围为 500~800 mV,则所测二极管是硅管。

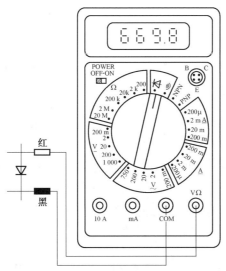

图 1-23　数字式万用表测试二极管示意图

③正反测量压降均显示"0",说明二极管短路。正反测量压降均显示溢出"1.",说明二极管开路(某些硅堆正向压降有可能显示溢出)。

模块2 直流稳压电源电路的基本分析

直流稳压电源主要由电源变压器、整流电路、滤波电路和稳压电路四部分组成。

 知识点一 单相整流电路

在小功率直流稳压电源中,常用单相半波整流电路和单相桥式整流电路来实现整流,并假设负载为纯电阻性质,这里的负载即为用电器。

(一)单相半波整流电路

1. 电路组成与整流原理

图1-24是单相半波整流电路,由电源变压器 T、整流二极管 VD 与负载电阻 R_L 组成。VD 与 R_L 串联接在二次交流电压 u_2 上(电路中忽略了电源变压器 T 和二极管 VD 构成的等效总内阻)。

设变压器二次交流电压为 $u_2 = \sqrt{2}\,U_2\sin\omega t$ (V),波形如图1-25(a)所示。由于二极管具有单向导电性,只有当它的 P 极电位高于 N 极电位时才能导通。

在 u_2 正半周,其极性为 a 正 b 负,此时二极管因承受正向电压而导通,电路中有电流 i_o 流过负载电阻 R_L。忽略二极管的正向压降,则负载上获得的输出电压 $u_o = u_2$,u_o 与 u_2 的波形也相同。在 u_2 负半周,其极性为 a 负 b 正,此时二极管因承受反向电压而截止,忽略二极管的反向饱和电流,负载电阻 R_L 上电流和电压均为 0,如图1-25(b)所示。

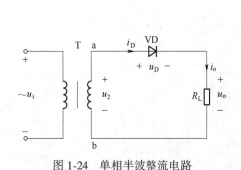

图1-24 单相半波整流电路

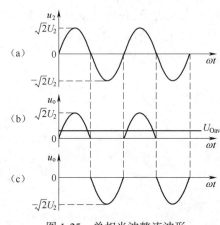

图1-25 单相半波整流波形

2. 输出电压与电流

整流电路负载上得到的电压虽然方向不变,但是大小还在变化,即为脉动直流电压,其大小常用一个周期的平均值 U_{Oav} 表示。计算公式为

$$U_{Oav} = \frac{1}{2\pi}\int_0^\pi \sqrt{2}\,U_2\sin\omega t\,\mathrm{d}(\omega t) = \frac{\sqrt{2}}{\pi}U_2 = 0.45U_2 \tag{1-1}$$

电阻性负载的平均电流值 I_{Oav} 为：

$$I_{Oav} = \frac{U_{Oav}}{R_L} = 0.45\frac{U_2}{R_L} \qquad (1\text{-}2)$$

3. 整流二极管的选择原则

(1) 最大整流电流 I_{FM}

二极管与 R_L 串联，流经二极管的电流平均值 I_D 与负载电流 I_{Oav} 相等，即

$$I_D = I_{Oav} \qquad (1\text{-}3)$$

实际选 I_{FM} 大于 I_D 的一倍左右，并取标称值。

(2) 最大反向工作电压 U_{RM}

在 u_2 的负半周，二极管截止，u_2 电压全部加在二极管上，二极管所承受的最高反向电压 U_{DM} 为 u_2 的峰值 $\sqrt{2}U_2$，如图 1-25(c) 所示。即

$$U_{DM} = \sqrt{2}U_2 \qquad (1\text{-}4)$$

实际选 U_{RM} 大于 U_{DM} 的一倍左右，并取标称值。

单相半波整流电路简单，其缺点是只利用了电源的半个周期，电源利用效率低，同时整流电压脉动较大，这种电路仅适用于整流电流较小对脉动要求不高的场合。

(二) 单相桥式整流电路

1. 电路组成与整流原理

为克服单相半波整流的缺点，常采用全波整流电路，其中最常用的是单相桥式整流电路。单相桥式整流电路由四个二极管接成电桥的形式，如图 1-26 所示。

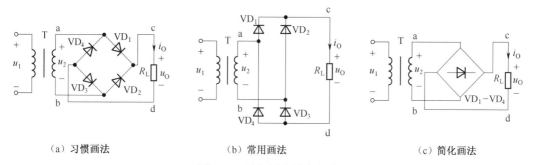

（a）习惯画法　　　（b）常用画法　　　（c）简化画法

图 1-26　单相桥式整流电路

通常将四只二极管组合在一起做成四线封装的桥式整流器（或称"桥堆"），四条外引线中有两条交流输入引线（有交流标志），有两条直流输出引线（有 +、− 标志），如图 1-27 所示。

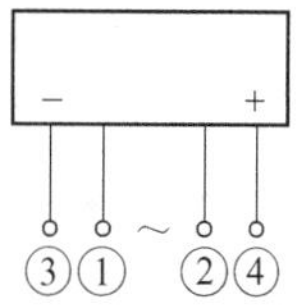

设变压器二次交流电压为 $u_2 = \sqrt{2}U_2\sin\omega t$ (V)，波形如图 1-29(a) 所示。

图 1-27　整流桥堆

在 u_2 正半周，u_2 的极性为 a 正 b 负，二极管 VD_1 和 VD_3 正偏导通，VD_2 和 VD_4 反向截止，如图 1-28(a) 所示，电流 i_{D1} 经 a→VD_1→c→R_L→d→VD_3→b，负载电阻 R_L 上得到上正下负的半波输出电压，$u_{O1} = u_2$。波形如图 1-29(b) 中的 $0 \sim \pi$ 段。

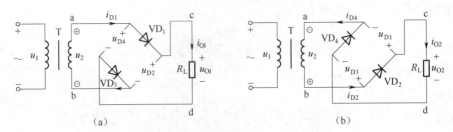

图 1-28　单相桥式整流原理示意图

在 u_2 负半周,u_2 的极性为 a 负 b 正,二极管 VD$_2$ 和 VD$_4$ 正偏导通,VD$_1$ 和 VD$_3$ 反向截止,如图 1-28(b)所示,电流 i_{D2} 经 b→VD$_2$→c→R$_L$→d→VD$_4$→a,负载电阻 R_L 上得到上正下负的另一个半波输出电压,$u_{O2}=u_2$。波形如图 1-29(b)中的 π ~ 2π 段。

在 u_2 的一个周期内,四只二极管分两组轮流导通或截止,在负载 R_L 上得到单方向全波脉动直流电压 u_O 和电流 i_O。

2. 输出电压和电流

如图 1-29(b)所示,与半波整流相比,单相桥式整流电路的输出电压平均值 U_{Oav} 为:

$$U_{Oav} = 2 \times 0.45 U_2 = 0.9 U_2 \qquad (1-5)$$

$$I_{Oav} = \frac{U_{Oav}}{R_L} = 0.9 \frac{U_2}{R_L} \qquad (1-6)$$

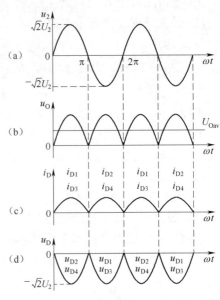

图 1-29　单相桥式整流电压电流波形

3. 整流二极管的选择原则

(1)最大整流电流 I_{FM}

由图 1-28 和图 1-29(c)可见,流经每只二极管的电流平均值 I_D 是负载电流 I_{Oav} 的一半,即

$$I_D = \frac{1}{2} I_{Oav} \qquad (1-7)$$

实际选 I_{FM} 大于 I_{Oav} 的一倍左右,并取标称值。

(2)最大反向工作电压 U_{RM}

如图 1-29(d)所示,每只二极管截止时所承受的最高反向电压 U_{DM} 为 u_2 的峰值 $\sqrt{2}U_2$。即

$$U_{DM} = \sqrt{2} U_2 \qquad (1-8)$$

实际选 U_{RM} 大于 U_{DM} 的一倍左右,并取标称值。

单相桥式整流的优点是输出电压脉动减小、输出电压高、电源变压器利用高,因此桥式整流电路得到了广泛应用。

【例 1-1】　在单相桥式整流电路中,已知负载电阻 $R_L = 100 \ \Omega$,用直流电压表测得输出电压 $U_{Oav} = 110 \ V$。试求电源变压器二次电压有效值 U_2,并合理选择二极管的型号。

解: 由式(1-6)求得直流输出电流

$$I_{Oav} = \frac{U_{Oav}}{R_L} = \frac{110}{100} = 1.1 \ (A)$$

由式(1-7)求得二极管流过的平均电流

$$I_D = \frac{1}{2} I_{Oav} = 0.55 \ (A)$$

由式(1-5)求得电源变压器二次电压有效值

$$U_2 = \frac{U_{Oav}}{0.9} = \frac{110}{0.9} = 122 \ (V)$$

由式(1-8)求得

$$U_{DM} = \sqrt{2} U_2 = \sqrt{2} \times 122 = 172.5 \ (V)$$

查半导体器件手册可选择 1N4004(1 A,400 V)。

 知识点二　滤波电路

单相桥式整流电路的直流输出电压中仍含有较大的交流分量,用来作为电镀、电解等对脉动要求不高的场合的供电电源还可以,但作为电子仪表、电视机、计算机、自动控制设备等场合的电源,就会出现问题,这些设备都需要脉动相当小的平滑直流电源。因此,必须在整流电路与负载之间加接滤波器,如电感或电容元件,利用它们对不同频率的交流量具有不同电抗的特点,使负载上的输出直流分量尽可能大,交流分量尽可能小,能对输出电压起到平滑作用。

(一)电容滤波电路

1. 单相半波整流电容滤波电路

1)电路组成与滤波原理

单相半波整流电容滤波电路如图 1-30(a)所示。由图可见,该电路与单相半波整流电路比较,就是在负载两端并联了一只较大的电容器 C(几百微法至几千微法电解电容)。

电容滤波的工作原理可用电容器 C 的充放电过程来说明。若单相半波整流电路中不接滤波电容器 C,输出电压波形如图 1-31(b)所示;当加接电容器 C 后,直流输出电压的波形如图 1-31(c)所示。

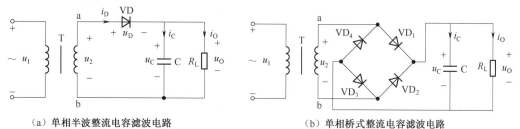

（a）单相半波整流电容滤波电路　　　　　（b）单相桥式整流电容滤波电路

图 1-30　电容滤波电路

设电容 C 初始电压为零,当 u_2 正半周到来时,二极管 VD 正偏导通,一方面给负载提供电流,同时对电容 C 充电。忽略电源变压器 T 和二极管构成的等效内阻,电容 C 充电时间常数近似为零,充电电压 u_C 随电源电压 u_2 升到峰值 m 点。而后 u_2 按正弦规律下降,此时 $u_2 < u_C$,二极管承受反向电压由导通变为截止,电容 C 对负载 R_L 放电。当 u_2 在负半周时,二极管截止,电容 C 继续对负载 R_L 放电,u_C 按放电时的指数规律下降,放电时间常数 $\tau = R_L C$ 一般较大,u_C 下降较慢,负载中仍有电流流过。当 u_C 下降到图中的 n 点后,交流电源已进入到下一个周期的正半周,当 u_2 上升且 $u_2 > u_C$ 时,二极管再次导通,电容器 C 再次充电,电路重复上述过程。

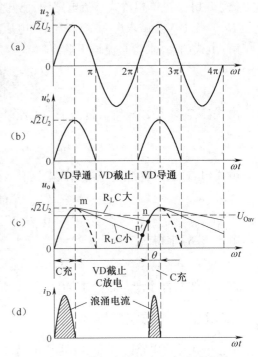

图 1-31　单相半波整流电容滤波波形

由于电容 C 与负载 R_L 直接并联,输出电压 u_O 就是电容电压 u_C。则加电容滤波后不仅输出电压脉动减小、波形趋于平滑(纹波电压减少),而且输出直流电压平均值 U_{Oav} 增大。

2)输出电压和输出电流

由图 1-31(c)可知,电容 C、负载 R_L 越大,放电时间常数 $\tau = R_L C$ 越大,放电越慢,直流输出电压越平滑,U_{Oav} 值越大。

在空载时(即 $R_L = \infty$,$I_{Oav} = 0$),电容 C 充满电使二极管处于截止状态,则电容 C 无处可放电,所以 $U_{Oav} = \sqrt{2} U_2 \approx 1.4(\mathrm{V})$;负载增大时(即 R_L 减小,I_{Oav} 增大),τ 减小,放电加快,U_{Oav} 值减小,U_{Oav} 的最小值为 $0.45 U_2$。

电路输出外特性如图 1-32 所示,与无电容滤波时相比,这种电路的外特性较软,带负载能力差。所以,单相半波整流电容滤波电路只用于负载电流 I_{Oav} 较小且变化不大的场合。

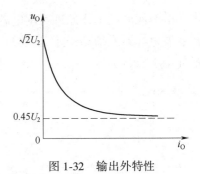

图 1-32　输出外特性

为取得良好的滤波效果,工程上一般取:

$$R_L C \geq (3 \sim 5) \frac{T}{2} \quad (T \text{ 是交流电源 } u_2 \text{ 的周期})$$

(1-9)

则可认为放电时间常数 τ 足够大,这时直流输出电压平均值可按经验公式估算为

$$U_{\text{Oav}} \approx 1.0 U_2 \qquad (1\text{-}10)$$

输出电流平均值 I_{Oav} 为

$$I_{\text{Oav}} = \frac{U_{\text{Oav}}}{R_{\text{L}}} = \frac{U_2}{R_{\text{L}}} \qquad (1\text{-}11)$$

3）元件的选择

（1）整流二极管

①最大整流电流 I_{FM}

流经二极管的平均电流 I_{D} 等于负载电流 I_{Oav}。因加接电容 C 后，二极管的导通时间缩短（即导通角 $\theta < \pi$），且放电时间常数 τ 越大，θ 角越小。又因电容滤波后输出电压增大，使负载电流 I_{Oav} 增大，则 I_{D} 增大，但 θ 角却减小，所以流过二极管的最大电流要远大于平均电流 I_{D}，二极管电流在很短时间内形成浪涌现象，如图 1-31（d）所示，易损坏二极管。实际选 $I_{\text{FM}} = (2 \sim 3) I_{\text{D}} = (2 \sim 3) I_{\text{Oav}}$。

②最大反向工作电压 U_{RM}

如图 1-30（a）所示，加在截止二极管上的最大反向电压为 $U_{\text{DM}} = 2\sqrt{2} U_2$。实际选 U_{RM} 大于 $2\sqrt{2} U_2$ 的一倍左右，并取标称值。

（2）滤波电容

滤波电容的容量由式（1-9）可得

$$C \geqslant (3 \sim 5) \frac{T}{2 R_{\text{L}}} \qquad (1\text{-}12)$$

电容耐压 $$U_{\text{CM}} = \sqrt{2} U_2 \qquad (1\text{-}13)$$

实际选 $\sqrt{U_{\text{C}}}$ 大于 $2 U_2$ 的一倍左右，并取标称值。

2. 单相桥式整流电容滤波电路

单相桥式整流电容滤波电路如图 1-30（b）所示。工作原理通过波形图 1-33 来分析。单相桥式整流电容滤波电路的工作原理与单相半波整流电容滤波电路类似，所不同的是在 u_2 正、负半周内单相桥式整流电容滤波电路中的电容器 C 各充放电一次，输出波形更显平滑，输出电压也更大，二极管的浪涌电流却减小。

电路输出外特性如图 1-34 所示，与无电容滤波时相比，特性较软，带负载能力较差。所以单相桥式整流电容滤波电路也只用于 I_{Oav} 较小的场合。

1）输出电压平均值仍按经验公式估算

$$U_{\text{Oav}} \approx 1.2 U_2 \qquad (1\text{-}14)$$

输出电流平均值 I_{Oav} 为

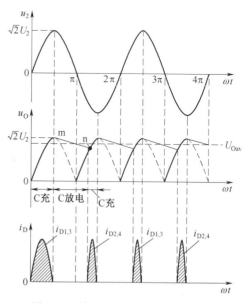

图 1-33　单相全波整流电容滤波波形

$$I_{\mathrm{Oav}} = \frac{U_{\mathrm{Oav}}}{R_{\mathrm{L}}} = \frac{1.2 U_2}{R_{\mathrm{L}}} \qquad (1\text{-}15)$$

2) 元件的选择

(1) 整流二极管的选择

① 最大整流电流 I_{FM}

考虑二极管电流的浪涌现象,实际选:$I_{\mathrm{FM}} \geqslant (2 \sim 3) I_{\mathrm{D}}$,

$I_{\mathrm{D}} = \dfrac{1}{2} I_{\mathrm{Oav}}$。

② 最大反向工作电压 U_{RM}

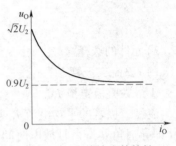

图 1-34 电路输出外特性

加在截止二极管上的最高反向电压为 $U_{\mathrm{DM}} = \sqrt{2} U_2$,实际选 U_{RM} 大于 $\sqrt{2} U_2$ 的一倍左右,并取标称值。

(2) 滤波电容的选择

滤波电容容量按式(1-12)计算。

电容耐压 $U_{\mathrm{CM}} = \sqrt{2} U_2$。实际选 U_{C} 大于 $\sqrt{2} U_2$ 的一倍左右,并取标称值。

【例 1-2】 如图 1-30(b)单相桥式整流电容滤波电路中,$f = 50\ \mathrm{Hz}$,$u_2 = 24\sqrt{2} \sin\omega t$ (V)。

(1) 计算输出电压 U_{Oav}。

(2) 当 R_{L} 开路时,对输出电压 U_{Oav} 有何影响?

(3) 当滤波电容 C 开路时,对输出电压 U_{Oav} 有何影响?

(4) 若任意有一个二极管开路时,对输出电压 U_{Oav} 有何影响?

(5) 电路中若任意有一个二极管的正、负极性接反,将产生什么后果?

解:按单相桥式整流电容滤波电路的工作原理分析所提问题。

(1) 电路正常情况下输出电压为

$$U_{\mathrm{Oav}} = 1.2 U_2 = 1.2 \times 24 = 28.8\,(\mathrm{V})$$

(2) 只是 R_{L} 开路时,输出电压为

$$U_{\mathrm{Oav}} = \sqrt{2} U_2 = 1.414 \times 24 = 34\,(\mathrm{V})$$

(3) 只是滤波电容 C 开路时,输出电压等于单相桥式整流输出电压

$$U_{\mathrm{Oav}} = 0.9 U_2 = 0.9 \times 24 = 22\,(\mathrm{V})$$

(4) 当电路中有任意一个二极管开路时:

① 若电容也开路,则为半波整流电路,输出电压

$$U_{\mathrm{Oav}} = 0.45 U_2 = 0.45 \times 24 = 11\,(\mathrm{V})$$

② 若电容不开路,则为半波整流电容滤波电路,输出电压

$$U_{\mathrm{Oav}} = 1.0 U_2 = 24\,(\mathrm{V})$$

(5) 当电路中有任意一个二极管的正、负极性接反,都会造成电源变压器二次绕组和两只二极管串联形成短路状态,使变压器烧坏,相串联的二极管也烧坏。

(二) 电感滤波电路

电感滤波电路如图 1-35 所示,电感滤波电路中电感 L 与 R_{L} 串联。利用线圈中的自感

电动势总是阻碍电流"变化"的原理,来抑制脉动直流电流中的交流成分,其直流分量则由于电感近似短路而全部加到 R_L 上,输出变得平滑。电感 L 越大,滤波效果越好。输出电压波形见图 1-36 所示。

若忽略电感线圈的电阻,即电感线圈无直流压降,则输出电压平均值为

$$U_{Oav} = 0.45U_2 \quad （半波） \tag{1-16}$$
$$U_{Oav} = 0.9U_2 \quad （全波） \tag{1-17}$$

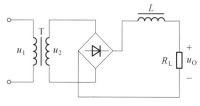

图 1-35　电感滤波电路

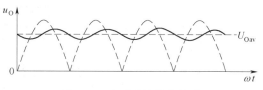

图 1-36　电感滤波输出波形

电感滤波的优点是 I_{Oav} 增大时,U_{Oav} 减小较少,输出具有硬的外特性。电感滤波主要用于电容滤波难以胜任的负载电流大且负载经常变动的场合。如电力机车滤波电路中的电抗器。

电感滤波因体积大、笨重,在小功率电子设备中不常用,而常用电阻 R 替代。

(三)复式滤波电路

滤波的目的是将整流输出电压中的脉动成分滤掉,使输出波形更平滑。电容滤波和电感滤波各有优点,两者配合使用组成复式滤波器,滤波效果会更好。构成复式滤波器的原则是:和负载串联的电感或电阻承担的脉动压降要大,而直流压降要小;和负载并联的电容分担的脉动电流要大,而直流电流要小。图 1-37 为常见的几种复式滤波器。

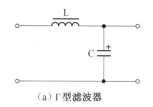

（a）Γ型滤波器

（b）LCπ型滤波器

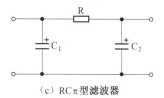

（c）RCπ型滤波器

图 1-37　常见的几种复式滤波器

1. Γ型滤波电路

电路如图 1-37(a)所示,将电容和电感两者组合,先由电感进行滤波,再经电容滤波。其特点是输出电流大,负载能力强,滤波效果好,适用于负载电流大且负载变动大的场合。

2. LC π型滤波电路

如图 1-37(b)所示,在 Γ 型滤波前再并一个电容滤波,因电容 C_1、C_2 对交流的容抗很小,而电感对交流阻抗很大,所以负载上纹波很小。设计时应使电感的感抗比 C_2 的容抗大的多,使交流成分绝大多数降在电感 L 上,负载上的交流成分很少。这种电路特点是输出电压高,滤波效果好,主要适用于负载电流较大而又要求电压脉动小的场合。

3. RC π型滤波电路

RC π型(也称阻容π型)滤波电路如图 1-37(c)所示,它相当于在电容滤波电路 C_1 后

再加上一级 RC_2 低通滤波电路。R 对交、直流均有降压作用,与电容配合后,脉动交流分量主要降在电阻上,使输出脉动较小。而直流分量因 $R_L \gg R$,主要降在 R_L 上。R、C_2 越大,滤波效果越好。但 R 太大将使直流成分损失太大,输出电压将降低。所以要合适选择电阻值。这种电路结构简单,主要适用于负载电流较小而又要求输出电压脉动很小的场合。

💡 知识点三　稳压电路

经整流和滤波后的电压往往会随交流电源电压的波动和负载的变化而变化。对于精密电子测量仪器、自动控制、计算机装置及晶闸管触发电路等,都要求有非常稳定的直流电源供电。

(一)并联型稳压电路

1. 稳压电路及原理

稳压管的典型应用是并联型稳压电路,如图 1-38 所示。图中 U_I 为输入电压,一般来自整流滤波电路输出的直流电压,要求输入电压满足 $U_I > U_Z$。R 为限流电阻,限制稳压管的电流不超过 I_{Zmax}。稳压管 VZ 与负载 R_L 并联,输出电压为 U_O,且 $U_O = U_Z$。

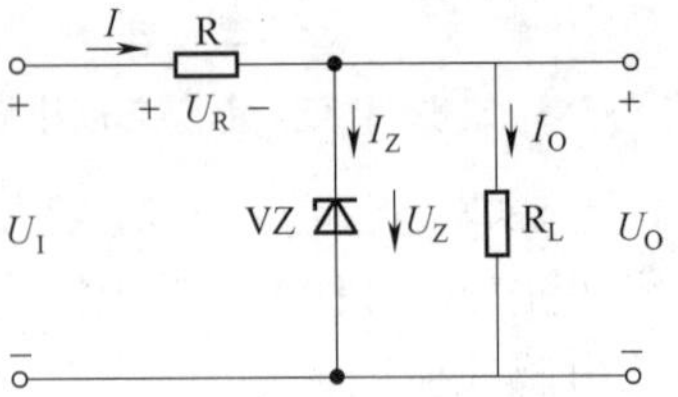

所谓稳压,就是当输入电压 u_I 或负载电阻 R_L 发生变化时,输出电压 U_O 能保持不变。稳压管并联型电路的稳压原理是:

图 1-38　稳压管并联型稳压电路

当 R_L 一定时,而 U_I 发生变化,其稳压过程简单表述如下:

若 $U_I \uparrow \rightarrow U_O \uparrow \rightarrow I_Z \uparrow \rightarrow I \uparrow (= I_Z + I_O) \rightarrow U_R \uparrow \rightarrow U_O \downarrow$ 基本不变

若 $U_I \downarrow \rightarrow U_O \downarrow \rightarrow I_Z \downarrow \rightarrow I \downarrow (= I_Z + I_O) \rightarrow U_R \downarrow \rightarrow U_O \uparrow$ 基本不变

当 U_I 一定,R_L 发生变化时,其稳压过程简单表述如下:

若 $R_L \uparrow \rightarrow I_O \downarrow \rightarrow I \downarrow \rightarrow U_R \downarrow \rightarrow U_O \uparrow \rightarrow I_Z \uparrow \uparrow \rightarrow I \uparrow \uparrow \rightarrow U_R \uparrow \uparrow \rightarrow U_O \downarrow \downarrow$ 基本不变

若 $R_L \downarrow \rightarrow I_O \uparrow \rightarrow I \uparrow \rightarrow U_R \uparrow \rightarrow U_O \downarrow \rightarrow I_Z \downarrow \downarrow \rightarrow I \downarrow \downarrow \rightarrow U_R \downarrow \downarrow \rightarrow U_O \uparrow \uparrow$ 基本不变

总之,在稳压过程中,都是依靠稳压管在反向击穿时电流急剧变化而端电压基本不变来实现稳压的。电路中限流电阻必不可少,而且必须合理取值,以保证在 U_I 或 R_L 变化时,稳压管中的电流 I_Z 满足 $I_{Zmin} < I_Z < I_{Zmax}$,使稳压管能安全地实现稳压。

2. 稳压管的选择

一般取
$$\begin{cases} U_Z = U_O \\ I_Z = (1.5 \sim 3) I_{Om} \\ U_I = (2 \sim 3) U_O \end{cases} \tag{1-18}$$

(二)串联型稳压电路

硅稳压管稳压电路输出电压不可调,负载电流较小,不能满足许多场合的应用。因此常采用串联型稳压电路。

1. 电路框图

串联型稳压电路组成框图如图 1-39 所示,主要由调整管、取样电路、基准电压和比较放大组成。因调整管与负载串联,故称为串联型稳压电路。

2. 基本稳压原理

串联型稳压基本原理可用图 1-40 说明,当输入电压 U_I 波动或是负载电流变化引起输出电压 U_O 增大时,可增大 R_P 的阻值,使 U_I 增大的值落在 R_P 上,维持 U_O 不变;当 U_O 减小时,立即调小 R_P,使 R_P 上的直流压降减小,维持 U_O 不变。因为 U_I 变化和负载变化的快速与复杂性,手动改变 R_P 是不现实的,所以用三极管(射极输出)取代可变电阻。当基极电流 I_B 变大时,U_{CE} 减小,U_O 增大;基极电流 I_B 变小时,U_{CE} 增大,U_O 变小。

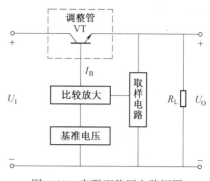

图 1-39　串联型稳压电路框图

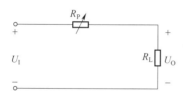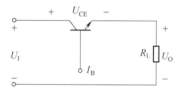

图 1-40　基本稳压原理

3. 基本串联型稳压电路及稳压

具有放大环节的基本串联型稳压电路如图 1-41 所示,电路的组成及各部分的作用介绍如下:

(1)调整管。调整管由半导体三极管 VT_1 组成,其集射极电压 U_{CE1} 与输出电压 U_O 串联,即 $U_O = U_I - U_{CE1}$。VT_1 必须处于线性放大状态,其基极电流接受放大环节的控制,使 U_{CE1} 随之变化,从而实现自动调整。

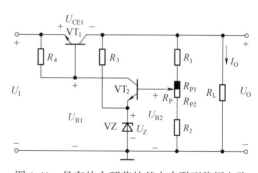

图 1-41　具有放大环节的基本串联型稳压电路

(2)取样电路。取样电路为电阻 R_1、R_P($R_{P1} + R_{P2}$)和 R_2 组成的分压器。它对输出电压分压取样,并将反映输出电压 U_O 大小的取样信号送到比较放大电路。

若忽略三极管 VT_2 的基极电流 I_{B2},则取样电压 U_{B2} 为

$$U_{B2} = \frac{R_2 + R_{P2}}{R_1 + R_2 + R_P} U_O \tag{1-19}$$

改变 R_P 的滑动端位置,可调节取样电压的大小,同时也调整了输出电压 U_O 的大小。

(3)基准电压。基准电压由稳压二极管 VZ 和限流电阻 R_3 组成。稳压二极管 VZ 上的稳定电压 U_Z 作为比较环节中的基准电压。

(4)比较放大电路。三极管 VT_2 接成共射极电压放大电路,将取样信号 U_{B2} 和基准电压 U_Z 加以比较放大后,再控制调整管 VT_1 的基极电位 U_{B1},以改变基极电流 I_{B1} 的大小,从而改

变调整管的 U_{CE1}。R_4 是 VT_2 的集电极电阻，构成电压放大电路。

（5）稳压过程。假设负载不变而电网电压升高使输出电压 U_O 增大时：

$U_O \uparrow \to U_{B2} \uparrow \to I_{B2} \uparrow \to U_{CE2} \downarrow \to U_{B1} \downarrow \to I_{B1} \downarrow \to I_{C1} \downarrow \to U_{CE1} \uparrow \to U_O \downarrow$ 基本不变。

假设电网电压不变而负载电流增大（R_L 变小）使输出电压 U_O 下降时：

$U_O \downarrow \to U_{B2} \downarrow \to I_{B2} \downarrow \to U_{CE2} \uparrow \to U_{B1} \uparrow \to I_{B1} \uparrow \to I_{C1} \uparrow \to U_{CE1} \downarrow \to U_O \uparrow$ 基本不变。

从上述分析可见，电路能实现自动调整输出电压的关键是电路中引入了电压串联负反馈，使电压调整过程成为一个闭环控制。

（6）输出电压的调节范围。改变 R_P 的滑动端位置，可调整输出电压 U_O 的大小。由式（1-18）可得输出电压的调节范围

$$U_O = \frac{R_1 + R_2 + R_P}{R_2 + R_{P2}}U_{B2} = \frac{R_1 + R_2 + R_P}{R_2 + R_{P2}}(U_Z + U_{BE2}) \qquad (1\text{-}20)$$

当 R_P 滑动端调到最下端时，输出电压 U_O 调到最大

$$U_{Omax} \approx \frac{R_1 + R_2 + R_P}{R_2}U_Z \qquad (1\text{-}21)$$

当 R_P 滑动端调到最上端时，输出电压 U_O 降到最小

$$U_{Omin} \approx \frac{R_1 + R_2 + R_P}{R_2 + R_P}U_Z \qquad (1\text{-}22)$$

此电路存在的不足是：输入电压 U_1 通过 R_4 与调整管 VT_1 基极相接，易影响稳压精度；流过稳压管的电流受 U_O 波动的影响，U_Z 不够稳定；温度变化时，放大环节的输出有一定的温漂；调整管的负担过大。实际应用中，常用稳压管构成的辅助电源给放大环节供电、用复合管作调整管、用差分放大电路或集成运放作放大环节，可克服上述的不足。

3. 稳压电源电路的保护措施

（1）过流保护。稳压电源工作时，如果负载端短路或过载，流过调整管的电流要比额定值大很多，调整管将烧坏，因此必须在电路中加过载和短路保护措施。

（2）其他保护。稳压电源除了过流保护外，还有过压保护和过热保护等，使调整管工作在安全工作区内，保证调整管不超过最大耗散功率。

（三）集成稳压器

随着半导体集成技术的发展，集成稳压器的应用已十分普遍。集成稳压器具有外接元件少、体积小、重量轻、性能稳定、使用调整方便、价格便宜等优点。

线性集成稳压器种类很多。按工作方式分有串联、并联和开关型调整方式；按输出电压分有固定式、可调式集成稳压器。本节主要介绍三端固定输出集成稳压器 W7800、W7900 系列和三端可调输出集成稳压器 W317、W337 系列。

1. W7800、W7900 系列三端固定输出集成稳压器

所谓线性集成稳压器就是把调整管、取样电路、基准电压、比较放大器、保护电路、启动电路等全部制作在一块半导体芯片上。W7800 系列三端固定输出集成稳压器属于串联型稳压电路，与典型的串联型稳压电路相比，除了增加了启动电路和保护电路外，其余部分与前述的电路一样。启动电路能帮助稳压器快速建立输出电压。它的保护电路比较完善，有

过流保护、过压保护和过热保护等。

如图 1-42 所示为 W7800、W7900 系列三端固定输出集成稳压器的外形和图形符号。封装形式有金属、塑料封装两种形式。集成稳压器一般有输入端、输出端和公共端三个接线端,故称为三端集成稳压器。

三端固定输出集成稳压器通用产品有 W7800(正电压输出)和 W7900(负电压输出)两个系列,它们的输出电压有 5 V、6 V、9 V、12 V、15 V、18 V、24 V 七个挡,型号后面的两个数字表示输出电压的值。输出电流分三挡,以 78(或 79)后的字母来区分,用 M 表示 0.5 A、用 L 表示 0.1 A、无字母表示 1.5 A。例如 W7805 表示输出电压为 5 V、最大输出电流为 1.5 A;如 W78M15 表示输出电压为 15 V、最大输出电流为 0.5 A;又如 W79L06,表示输出电压为-6 V,最大输出电流为 0.1 A。

图 1-42　三端固定输出集成稳压器的外形和图形符号

使用时要注意管脚编号,不能接错。集成稳压器接在整流滤波电路之后,最高输入电压为 35 V,一般稳压器的输入、输出间的电压差最小在"2~3 V"。

固定输出集成稳压器应用之一如图 1-43 所示为固定电压输出电路,图 1-43(a)为固定正电压输出电路,图 1-43(b)为固定负电压输出电路。电路输出电压 U_O 和输出电流 I_O 的大小决定于所选的稳压器型号。图中 C_I 用于抵消输入接线较长时的电感效应,防止电路产生自激振荡,同时还可消除电源输入端的高频干扰,通常取 0.33 μF。C_O 用于消除输出电压的高频噪声,改善负载的瞬态响应,即在负载电流变化时不致于引起输出电压的较大波动,通常取 0.1 μF。

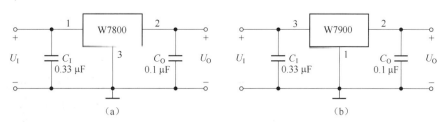

图 1-43　固定输出电压稳压电路

固定输出集成稳压器应用之二如图 1-44 所示为固定输出正、负电压的稳压电路,将 W7900 与 W7800 相配合,可以得到正、负电压输出的稳压电源电路。图中电源变压器二次电压 u_{21} 与 u_{22} 对称,均为 24 V,中点接地。VD_5、VD_6 为保护二极管,用来防止稳压器输入端短路时输出电容向稳压器放电而损坏稳压器。VD_7、VD_8 也是保护二极管,正常工作时处于截止状态,若 W7900 的输入端未接入输入电压,W7800 的输出电压通过负载 R_L 接到 W7900 的输出端,使 VD_8 导通,从而使 W7900 的输出电压钳位在 0.7 V,避免其损坏。VD_7 的作用同理。电路中采用 W78M15 和 W79M15,使输出获得±15 V 的电压。

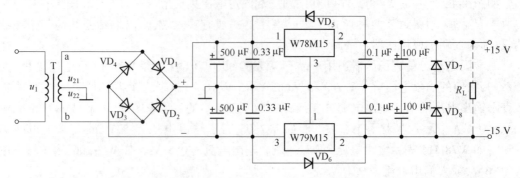

图 1-44　输出正、负电压 15 V 的稳压电路

2. W317、W337 系列三端可调输出集成稳压器

三端可调输出集成稳压器是在 W7800、W7900 的基础上发展而来,它有输入端、输出端和电压调整端 ADJ 三个接线端子,如图 1-45 所示为 W317、W337 系列三端可调输出集成稳压器的外形和图形符号。三端可调输出集成稳压器典型产品有 W117、W217 和 W317 系列,它们为正电压输出;负电压输出有 W137、W237 和 W337 系列。W117、W217 和 W317 系列的内部电路基本相同,仅是工作温度不同。"1" 为军品级,金属外壳或陶瓷封装,工作温度范围-55~150 ℃;"2" 为工业品级,金属外壳或陶瓷封装,工作温度范围-25~150 ℃;"3" 为工业品级,多为塑料封装,工作温度范围 0~125 ℃。输出电流也分三挡,L 系列为 0.1 A、M系列为 0.5 A、无字母表示 1.5 A。

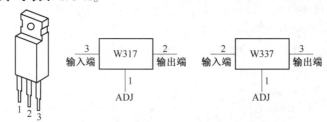

图 1-45　W317、W337 可调输出稳压器外形与图形符号

三端可调输出集成稳压器的输入电压在 2~40 V 范围变化时,电路均能正常工作。集成稳压器设有专门的电压调整端,静态工作电流 I_{ADJ} 很小,约为几毫安,输入电流几乎全部流到输出端,所以器件没有接地端。输出端与调整端之间的电压等于基准电压 1.25 V,如果将调整端直接接地,输出电压就为固定的 1.25 V。在电压调整端外接电阻 R_1 和电位器 R_P,就能使输出电压在一定范围内连续可调。

如图 1-46 是 W317 的典型应用电路。图中 R_1 和 R_P 组成取样电路;C_2 为交流旁路电容,用以减少 R_P 取样电压的纹波分量;C_4 为输出端的滤波电容;VD_2 是保护二极管,用于防止输出端短路时 C_2 放电而损坏稳压器。VD_1、C_1、C_3 的作用与固定输出稳压器相同。因为 W317 的最小负载电流是 5 mA,R_1 取 240 Ω,一般取 120~240 Ω,以保证稳压器空载时也能正常工作。R_P 的选取应根据对 U_0 的要求来定。在忽略 I_{ADJ} 的情况下:

$$U_0 = 1.25 + \frac{1.25}{R_1} \times R_P = 1.25\left(1 + \frac{R_P}{R_1}\right) \qquad (1\text{-}23)$$

调节 R_P 就可以调节输出电压大小。当调整端直接接地时，即 $R_P = 0$，$U_0 = 1.25$ V；当 $R_P = 2.2$ kΩ 时，$U_0 = 24$ V。

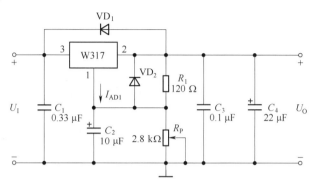

图 1-46　W317 的典型应用电路

项 目 小 结

常用半导体材料有硅、锗等，半导体的载流子有两种：自由电子（带负电）和空穴（带正电），这是它与导体的本质区别。杂质半导体有 N 型和 P 型两种，N 型半导体的多数载流子是电子，少数载流子是空穴。P 型半导体的多数载流子是空穴，少数载流子是电子。多数载流子的浓度与掺杂有关，少数载流子的浓度与温度密切相关。

PN 结是构成半导体器件的基础。PN 结具有单向导电性。

二极管由 1 个 PN 结构成。它的伏安特性体现了 PN 结的单向导电性，即正偏时导通，表现出很小的正向电阻，一般硅管的导通电压约为 0.7 V，锗管的导通电压约为 0.3 V；二极管反偏时截止，反向电流极小，表现出很大的反向电阻。二极管的主要参数有最大整流电流、最高反向工作电压、反向电流、最高工作频率等。硅稳压二极管、发光二极管等都属于特殊用途的二极管，稳压二极管是利用它在反向击穿状态下的恒压特性来工作；发光二极管能将电信号转换成光信号。

直流稳压电源是电子设备的重要部件之一，小功率直流稳压电源一般由电源变压器、整流、滤波和稳压等环节组成。对直流电源的要求是当输入电压变化及负载变化时，输出电压应保持稳定。

利用二极管的单向导电性将工频交流电变为单一方向的脉动直流电，称为整流。整流电路广泛采用桥式整流电路。

滤波电路能消除脉动直流电压中的纹波电压，提高直流输出电压质量。电容滤波适用于小电流负载及电流变化小的场合，电容滤波对整流二极管的冲击电流大；电感滤波适用于大电流负载及电流变化大的场合，电感滤波对整流二极管的冲击电流小。电容和电感组成的复式滤波效果更好，其中 LCπ 型滤波器效果最好。

稳压电路能在交流电源电压波动或负载变化时稳定直流输出电压。稳压管稳压电路最简单,但受到一定限制。串联型稳压电路是直流稳压电路中最为常用的一种,它一般由调整管、取样电路、基准电压和比较放大等环节组成,利用反馈控制调节调整管的导通状态,从而实现对输出电压的调节。尽管因串联型稳压电路的调整管工作在线性放大状态,管耗大、效率较低,但作为一般电子设备中的电源,使用还是十分方便的,应用场合比较多。

线性集成稳压器的稳压性能好、品种多、使用方便、安全可靠,可依据稳压电源的参数要求选择其型号,尤其是调试组装方便,因此使用较为普遍。

综 合 习 题

1. 填空题

(1) 电子技术基础包含_____和_____两部分。

(2) 半导体具有_____特性、_____特性和_____特性。

(3) 在本征半导体内掺入微量三价硼元素后形成_____半导体,其多子为_____、少子为_____。

(4) 在本征半导体内掺入微量五价磷元素后形成_____半导体,其多子为_____、少子为_____。

(5) 一个半导体二极管由_____个 PN 结构成,PN 结具有_____性。

(6) 直流电源主要由_____、_____、_____、_____四部分组成。

(7) 整流电路是利用二极管的_____,将正弦交流电转换为_____直流电。

(8) 滤波电路有_____滤波、_____滤波和_____滤波。

(9) 稳压电路有_____型稳压电路、_____型稳压电路和_____稳压电路。

(10) 串联型线性稳压电源主要包括_____、_____、_____、_____四个环节。

2. 判断题

(1) 少数载流子引起的反向饱和电流会随着温度的增加而增大。　　　(　　)

(2) 半导体二极管只要工作在反向区,一定会截止。　　　(　　)

(3) 整流就是利用二极管将直流电变成交流电。　　　(　　)

(4) 整流电路后加滤波电路,是为了改善输出电压的脉动程度。　　　(　　)

(5) 单相桥式整流电路中流过每只整流二极管的工作电流 i_D 就是输出电流 i_0。(　　)

(6) 单相桥式整流电路的输出电压值是单相半波整流电路的输出电压值的 $\sqrt{2}$ 倍。
　　　(　　)

(7) 电容滤波适用于负载电流较小且负载不常变化的场合。　　　(　　)

(8) 动车组中的大电流滤波选用的电感滤波元件。　　　(　　)

(9) 三端集成稳压器的 W7812 的输出电压为交流有效值 12 V。　　　(　　)

3. 选择题

(1) PN 结是在 P 型半导体和 N 型半导体紧密结合的_____形成的一个空间平衡电

荷区。

  A. P 型半导体区 B. N 型半导体区 C. 交界处 D. 整个 P 区与 N 区

（2）必须反向击穿工作的电子元器件是_____。

  A. 发光二极管   B. 晶体管

  C. 场效应晶体管   D. 稳压二极管

（3）用万用表 $R \times 1k$ 挡检测某一个二极管时，发现其正向、反向电阻都很小，可以判定该二极管属于_____。

  A. 短路状态   B. 完好状态

  C. 极性搞错   D. 断路状态

（4）用万用表欧姆挡的不同挡位测量某一个二极管时，发现其正向电阻值会不同，是因为二极管属于_____。

  A. 线性元件   B. 非线性元件

  C. 坏了   D. 极性搞错

（5）稳压二极管工作时必须接入限流_____，才能使是其流过的反向电流在 $I_{Zmin} \sim I_{Zmax}$ 范围内变化，起到稳压作用。

  A. 电容   B. 电感

  C. 电阻   D. 二极管

（6）经整流滤波后的电压会随交流电源电压波动和负载变化而变化，因此需要进一步_____。

  A. 稳压   B. 整流

  C. 滤波   D. 分压

（7）单相半波整流电容滤波电路，如果变压器副边电压有效值 $U_2 = 10$ V，则正常工作时负载电压 U_0 约为_____。

  A. 12 V   B. 4.5 V

  C. 9 V   D. 10 V

（8）在单相桥式整流电路中，已知交流电压 $u_2 = 10\sin\omega t$ V，则每只整流二极管承受的最大反向电压是_____ V。

  A. 10   B. $10\sqrt{2}$

  C. $\dfrac{10}{\sqrt{2}}$ D. $\dfrac{10}{\sqrt{2}} \times 0.9$

（9）若电源变压器副边电压有效值为 U_2，则滤波电容 C 所承受的最大工作电压是_____。

  A. $2\sqrt{2} U_2$ B. U_2

  C. $\sqrt{2} U_2$ D. $1.2 U_2$

（10）三端集成稳压器 W7812 输出_____稳定直流电压。

  A. +78 V   B. −12 V   C. −78 V   D. +12 V

4. 分析计算

（1）如图 1-47 所示为理想二极管的应用电路，试说明二极管的工作状态，并计算 U_O 值。

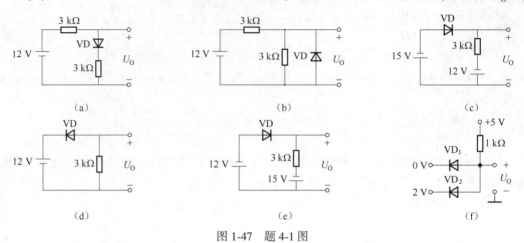

图 1-47　题 4-1 图

（2）集成稳压器组成的稳压电源如图 1-48（a）、（b）所示，忽略静态电流 I_W 和 I_{ADJ}，试分别求出在正常输入电压下的输出电压 U_O；稳压器的输入电压选取几伏？

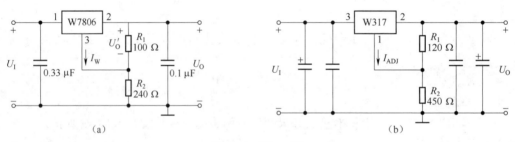

图 1-48　题 4-2 图

5. 分析故障

（1）如图 1-49 所示为单相整流电容滤波电路，已知变压器副边电压有效值为 6 V，若用万用表直流电压挡测得：

①输出直流电压约为 2.7 V。

②输出直流电压约为 5.4 V。

③输出直流电压约为 6 V。

④输出直流电压约为 8.4 V。

试分析电路有无故障？可能是什么故障？

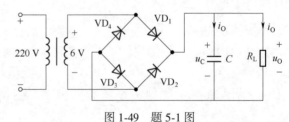

图 1-49　题 5-1 图

若接通电源后发现变压器及二极管烧毁，试分析电路可能发生了什么故障？

（2）当手机充电结束，直接将手机从充电器拔下来，而充电器仍然插在电源插座上（通电），此时充电器相当于什么工作状态？

项目二　扩音器的基本制作与测试

能力目标

1. 能简单识别、检测半导体三极管。
2. 能完成低频小信号放大电路的基本制作与测试。
3. 能查找和处理低频小信号放大电路的常见故障。

 知识目标

熟悉半导体三极管及其主要参数;掌握三极管的低频小信号基本放大电路及其主要性能指标的分析计算;了解场效应管基本放大电路及其工作;熟悉多级放大基本电路及其基本计算;熟悉 OCL 和 OTL 低频功率基本放大电路及其基本计算;熟悉差动基本放大电路及其基本工作。具体工作任务见表 2-1。

表 2-1　项目工作任务单

序号	任　　　务
1	小组制订工作计划,明确工作任务
2	根据扩音器电路基本结构框图,画出电路连接图
3	根据电路连接图制作扩音器电路
4	完成扩音器电路的功能测试与故障排除
5	小组讨论总结并编写项目报告

(一)目标

1. 熟悉扩音器电路的基本结构及其工作原理。
2. 掌握扩音器的基本制作、观察与测试。
3. 学习电路的故障分析与处理。
4. 培养良好的操作习惯,提高职业素质。

(二)器材

所用器材清单见表 2-2。

表 2-2 实作器材清单

前置放大器				OTL 功率放大器			
器材名称	规格型号	电路符号	数量	器材名称	规格型号	电路符号	数量
色环电阻	RJ-0.25-4.7 k	R_S	1	色环电阻	RJ-0.25-2 k	R_1	1
色环电阻	RJ-0.25-150 k	R'_B	1	色环电阻	RJ-0.25-390 Ω	R_2	1
色环电阻	RJ-0.25-2 kΩ	R_C	1	色环电阻	RJ-0.25-5.1 k	R_3	1
色环电阻	RJ-0.25-2.7 k	R_L	1	色环电阻	RJ-0.25-470 Ω	R_4	1
电位器	1 MΩ	R_P	1	色环电阻	RJ-0.25-62 Ω	R_5	1
电解电容	CD-25 V-100 μ	C_1	1	色环电阻	RJ-0.25-15 Ω	R_6	1
电解电容	CD-25 V-22 μ	C_2	1	色环电阻	RJ-0.25-100 Ω	R_7	1
三极管	9013		1	色环电阻	RJ-0.5-1 Ω	R_8、R_9	2
稳压电源仪	YB1718		1	热敏电阻	Rt 负-330 Ω	R_t	1
信号发生器	YB32020		1	微调电阻	WS-50 k	R_P	1
示波器	YB43025		1	喇叭	16 Ω	R_L	1
万用表	VC890C+		1	电解电容	CD-25 V-10 μ	C_1	1
毫伏表	DA-16		1	电解电容	CD-25 V-47 μ	C_2	1
信号连接线	BNCQ9 公转双头鳄夹		若干	瓷介电容	1 000 p	C_3	1
导线			若干	电解电容	CD-25 V-100 μ	C_4	1
				二极管	1N4148	VD	1
				三极管	8050	VT1	1
				三极管	3DD325	VT2	1
				三极管	3CD511	VT3	1

(三)原理与说明

扩音器是常见的音响设备,在控制系统和测量系统中也有广泛应用,扩音器电路能把微弱的声音信号放大成驱动扬声器工作的大功率信号。扩音器电路一般框图如图 2-1 所示,框图中各部分的作用说明如下:

图 2-1 扩音器基本电路结构框图

1. 话筒输入

话筒又称麦克风,是一种电声器材。声波作用到话筒的电声元件上会产生电压信号,从而将声音能量转换为电能。

2. 前置放大器

话筒等声音的输出信号的电压差别很大,从零点几毫伏到几百毫伏,不能直接输入到功率放大器中,必须设置前置放大器,以适应不同的的输入信号。前置放大主要是完成对音频小信号的电压放大,要有足够大的增益,决定着扩音器的灵敏度。

3. 音调控制

所谓音调控制就是人为地改变信号里高、低频成分的比重,以满足听者的爱好或补偿扬声器系统。音调控制过程并没有改变各种声音的音调(频率),实际上是"高、低音控制"或"音调调节",高、低音调功能将会衰减部分增益,从保证信号传送质量来考虑,音调控制不是必须的。

4. OTL 功率放大器

功率放大电路主要是将前置级的信号进一步放大,提供较大的电流放大以带动扬声器。功率放大级决定扩音器的输出功率、非线性失真等,常采用负反馈来改善性能,只是负反馈的深度要根据功放的增益而定。

(四)电路安装与测试

1. 前置放大器安装与测试

1)参照图 2-2,按照正确方法安装电路。

2)输入电压信号 $U_{irms} = 5$ mV $f = 1$ kHz 时的放大电路测试与观察:

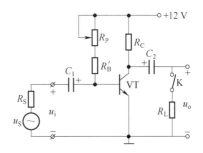

(1)连接直流通道,接通 $U_{CC} = 12$ V,调节 R_P 使 $U_{CEQ} = 6$ V。

(2)接入输入信号 $U_{irms} = 5$ mV $f = 1$ kHz,用示波器观察 u_o 的波形:先使 $R_L = \infty$,调节 R_P 使 u_o 出现上截幅失真或下截幅失真,这时反方向调节 R_P 再使失真刚好消失,此为 u_o 最大而不失真状态。在 u_o 最大而不失真状态下,测量静态工作点。

图 2-2　单管共射基本放大电路

用万用表测出 U_{BEQ}、U_{CEQ},测量 U_{Rc} 计算静态电流 I_{CQ}。

将测试数据填入表 2-3 中。

表 2-3

输入	测量结果			计算结果
U_i	U_{BEQ}	U_{CEQ}	U_{Rc}	I_{CQ}
$U_i = 0$,拆去 u_i				

(3)用晶体管毫伏表测量空载和带载时的输出电压 U_o,并计算电压放大倍数 A_u。将测试结果填入表 2-4 中。

(4)观察 u_o 失真情况,将明显失真的波形绘入表 2-5。

3)调整测试放大电路的最佳静态工作点

当 $R_L = \infty$ 时,在输出不失真的情况下,加大输入信号有效值 U_i,直至 u_o 波形出现上截幅或下截幅失真,这时改变 R_p 使失真刚好消失;继续增大输入信号 U_i,直至在输出端示波器上显示上、下同时对称截幅失真的波形,再反向调小 U_i 使输出信号刚好上下同时消除失真。记录此时电路最大可能输入电压幅值 U_{im}、用示波器读出此时电路最大可能不失真的输出电压幅值 U_{om},并记录下此时的静态 U_{CEQ} 值。

$$U_{im} = \underline{\hspace{2cm}} ; U_{om} = \underline{\hspace{2cm}} ; U_{CEQ} = \underline{\hspace{2cm}} 。$$

表 2-4

给定条件 $U_i = 5\ mV$, $f = 1\ kHz$ $R_c = 2\ k\Omega$	测量结果		计算结果
	U_o	输出波形	A_u
$R_L = \infty$		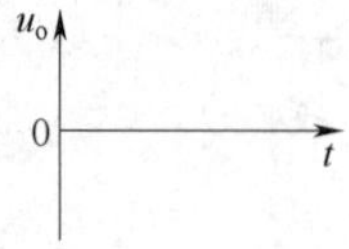	
$R_L = 2.7\ k\Omega$		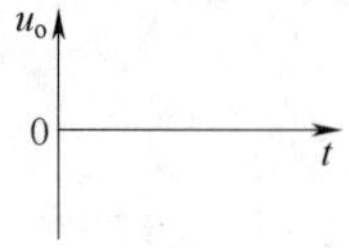	

表 2-5

失真类型	波形	失真原因及措施
饱和失真	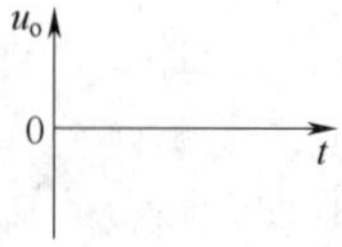	
截止失真	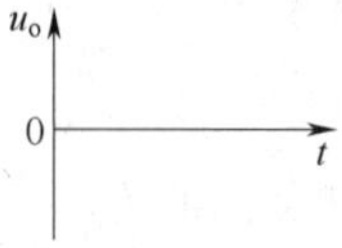	

思考:

(1)仪表输出接地为何要与放大器接地相连?

(2)当 R_p 增加时,I_{CQ} 及 A_u 是如何变化的?

(3)在实验中你是如何知道输入与输出是反相位关系?

(4)放大电路的输入信号为什么不能过大?

(5)简单分析输出波形失真的原因及解决措施?

2. OTL 功率放大器安装与测试

(1)参照图 2-3,按照正确方法安装电路。

(2)电路测试与观察

①静态测试。接通 18 V 电源 U_{CC},输出端空载,调节 R_p 使中点 A 的电位 $V_A = 18$ V,在 mA 表处测静态电流不大于 25 mA。并将静态工作测量值填入表 2-6 中。

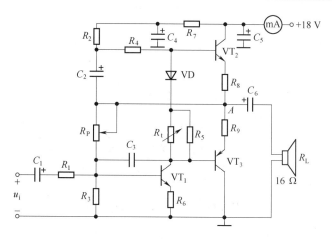

图 2-3　OTL 功率放大器

表 2-6

U_{CC}/V	V_A/V	I/mA

②动态测试与观察

先将信号发生器幅度调至 0、频率调至 $f_i = 1\ kHz$，接入输入信号。慢慢调大输入信号幅度，同时用示波器观察 u_o 的波形、用晶体管毫伏表测量输出有效值，当使 u_o 波形最大而不失真时且毫伏表示数略大于 4.0 V，停止调节输入信号幅度旋钮，将输出实测值记录在表 2-7 中，并计算最大不失真输出功率 $P_{om} = U_{om}^2/R_L$。

表 2-7

f_o/Hz	U_{orms}/V	P_{om}/W

减小信号发生器的幅度，1 kHz 不变，使 $U_{orms} = 4.0\ V$。用晶体管毫伏表测输入有效值 U_{irms}，记录在表 2-8 中，并计算 $A_u = U_o/U_i$。

表 2-8

f_o/Hz	U_{orms}/V	U_{irms}/V	A_u

③频响测试。减小信号发生器的幅度，1 kHz 不变，使 $U_{orms} = 2.0\ V$。然后保持输入信号的电压幅度不变，调节改变输入信号的频率分别为 20 Hz、100 Hz、200 Hz、1 kHz、5 kHz，对应测量输出电压有效值 U_{orms} 值，记录在表 2-9 中。

表 2-9

U_{irms}/V	保持不变				
f_i/Hz	20	100	500	1 000	5 000
U_{orms}/V					

思考:

画出频响特性曲线,分析电路功能。

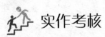 **实作考核**

项目	步骤	分数	序号	考核内容及评分标准	配分	扣分	得分	备注
单管共射放大电路测试	电路连接	20	1	正确选择元器件。元件选择错误一个扣2分。直至扣完为止	10			
			2	正确接线。每连接错误一根导线扣2分;输入输出接线错误每处扣3分。直至扣完为止	10			
	电路测试	50	3	导线测试。电路测试时,导线不通引起的故障不能自己查找排除,一处扣2分。直至扣完为止	10			
			4	元件测试。接线前先测试电路中的元件,如果在电路测试时出现元件故障不能自己查找排除,一处扣2分。直至扣完为止	10			
			5	用示波器观察输入、输出波形。调试电路,用示波器观察到空载时的输出最大不失真电压波形,示波器操作错误扣5分;不能看到输入信号波形扣5分;不能看到输出波形扣5分;不能调试出输出最大不失真电压波形扣5分。直至扣完为止	14			
			6	用晶体管毫伏表测量输出最大不失真电压有效值。正确使用晶体管毫伏表进行输出测量,填表,每错一处扣4分;毫伏表操作不规范扣5分。直至扣完为止	16			
	回答	10	7	原因描述合理	10			
	整理	10	8	规范操作,不可带电插拔元器件,错误一次扣5分	5			
			9	正确穿戴,文明作业,违反规定,每处扣2分	2			
			10	操作台整理,测试合格应正确复位仪器仪表,保持工作台整洁,每处扣3分	3			
时限		10		时限为45 min,每超1 min扣1分	10			
合计					100			

注意:操作中出现各种人为损坏,考核成绩不合格者按照学校相关规定赔偿。

 **知识链接**

模块1 半导体三极管的识别与检测

半导体三极管又称晶体三极管或双极型半导体三极管,文字符号BJT,它是放大电路最关键的元件。由BJT组成的放大电路广泛应用于各种电子设备。

 知识点一 半导体三极管的结构和符号

(一)结构和符号

如图2-4(a)所示为半导体三极管的结构示意图,它是在一块本征半导体中掺入不同杂质制成两个 PN 结、并引出三个电极。按三层半导体的组合方式可分为 NPN 型管和 PNP 型管。一个三极管的基本结构包括：三个区(发射区、集电区、基区)、两个 PN 结(集电结、发射结)、三个电极(基极 B、发射极 E、集电极 C)。发射区与基区交界处形成的 PN 结称为发射结,集电区与基区交界处形成的 PN 结称为集电结。

半导体三极管的内部结构特点是:发射区掺杂浓度最高,以利于发射多数载流子;基区掺杂浓度最低且很薄(μm 量级),以利于载流子越过基区;集电结面积大,便于收集发射区发射过的载流子以及散热。因此使用时集电极与发射极不能互换。半导体三极管的内部结构特点是三极管具有电流放大能力的内部条件。如图 2-4(b)所示为半导体三极管的图形符号示意图,其中带箭头的电极是发射极,箭头方向表示了发射结正向偏置时的实际电流方向。

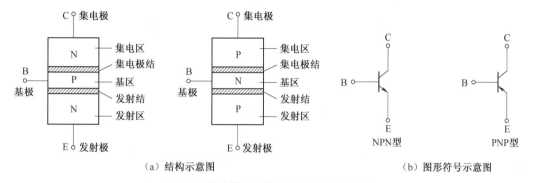

(a) 结构示意图　　　　　　　　　　　(b) 图形符号示意图

图 2-4　半导体三极管的结构和图形符号

(二)分类

半导体三极管按结构可分为 NPN 管和 PNP 管;按材料不同可分为硅管和锗管,一般 NPN 型多为硅管,PNP 型多为锗管;按工作频率可分为低频管(3 MHz 以下)和高频管(3 MHz以上);按耗散功率可分为大功率管、中功率管、小功率管;按用途可分为放大管和开关管等。

(三)外形

常见半导体三极管的外形结构如图 2-5 所示。功率不同的半导体三极管,其体积、封装形式也不相同,小、中功率管多采用塑料封装;大功率管采用金属封装并做成扁平形状且有螺钉安装孔,能使其外壳和散热器连成一体,便于散热。

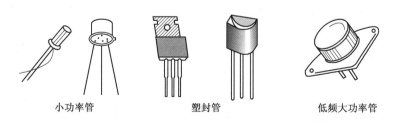

小功率管　　　　　　　塑封管　　　　　　低频大功率管

图 2-5　半导体三极管的几种常见外形

知识点二　半导体三极管电流分配关系和电流放大作用

半导体三极管实现放大作用的外部工作条件是发射结正向偏置,集电结反向偏置。NPN 管与 PNP 管的外部工作、工作原理都相同,只是外加偏置电压的极性和各极电流方向相反,NPN 型半导体三极管工作时电源接线如图 2-6(a)所示,PNP 型半导体三极管工作时电源接线如图 2-6(b)所示。图中电源 U_{BB} 通过基极电阻 R_b 为发射结提供正向偏压,产生基极电流 I_B;电源通过集电极电阻 R_c 为集电极提供电流 I_C。我们以 NPN 管为例分析半导体三极管的放大作用,图 2-7 所示为 NPN 管共发射极放大电路的内部载流子运动和各电极电流的示意图。

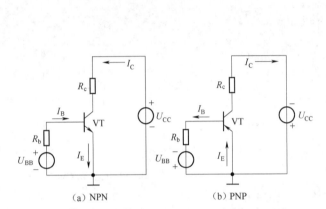

图 2-6　半导体三极管的外部工作电压　　　图 2-7　三极管内部载流子运动、各极电流

（一）半导体三极管各个电极的电流分配

如图 2-7 所示为在外加电压作用下半导体三极管内部载流子的运动及电流分配关系。图中电源 U_{BB} 给发射结提供外加正向偏置电压,发射结因正偏而变窄,有利于多数载流子的扩散运动,使发射区的多数载流子电子不断注入到基区,并不断从电源得到补充,形成发射极电流 I_E,I_E 主要由从发射区注入到基区的电子形成,基区注入到发射区的空穴量可忽略不计;电子从发射区注入到基区后,其中极少量的电子与基区的空穴复合,形成基极电流 I_B,而绝大多数电子继续被送到集电结的边缘。这时,电源 U_{CC} 使集电结处于反向偏置状态,使得扩散到基区靠近集电结边缘的电子很快漂移到了集电区,形成集电极电流 I_C。需要说明的是,发射区注入到基区的电子总数中,复合量占多大比例、被送到集电结边缘的数量占多大比例,在半导体三极管制成后这个比例关系就确定了。

另外,在图中还可以看到因集电结反偏,促进少数载流子的漂移运动,集电区中的少子空穴会漂移到基区,基区中的的少子电子会漂移到集电区,它们共同形成集基反向饱和电流 I_{CBO}。一般情况下,I_{CBO} 远小于基极电流 I_B,可以忽略。但当温度升高时,随着本征激发增强,I_{CBO} 将增大,因此考虑温度影响时,反向饱和电流不能忽略。

从外电路把三极管视为一个节点,根据基尔霍夫电流定律,三极管各极电流的关系为

$$I_E = I_B + I_C \tag{2-1}$$

I_B、I_C、I_E 之间除了满足上述关系外,还存在一定的分配关系,我们主要学习 I_C 与 I_B 的比例分配关系。实验电路如图 2-8 所示为半导体三极管共用发射极接法的放大电路,因发射极是输入回路和输出回路的公共端,所以称"共发射极"放大电路,简称共射极。调节电位器 R_P,可以使基极电流 I_B 发生变化,测量结果见表 2-10。

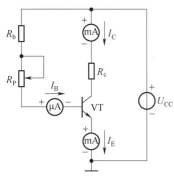

表 2-10

$I_B/\mu A$	0	20	40	60	80	100
I_C/mA	<0.01	0.70	1.50	2.30	3.10	3.95
I_E/mA	<0.01	0.72	1.54	2.36	3.18	4.05

图 2-8　各极电流关系测试实验电路图

表 2-10 中的实验数据验证了式(2-1)的各极电流关系。

(二)半导体三极管的电流放大作用

从表 2-10 中的实验数据还可以看出:

(1)$I_C \gg I_B$,I_C 与 I_B 的比例关系用共发射极直流电流放大系数 $\bar{\beta}$ 来描述,$\bar{\beta}$ 定义为

$$\bar{\beta} = \frac{I_C}{I_B} \tag{2-2}$$

则

$$I_C = \bar{\beta} I_B \tag{2-3}$$

$$I_E = I_B + I_C = I_B + \bar{\beta} I_B = (1 + \bar{\beta}) I_B \tag{2-4}$$

若考虑反向饱和电流 I_{CBO} 的影响,则

$$I_C = \bar{\beta} I_B + (1 + \bar{\beta}) I_{CBO} = \bar{\beta} I_B + I_{CEO} \tag{2-5}$$

I_{CEO} 称穿透电流,在数值上为 I_{CBO} 的 $(1+\bar{\beta})$ 倍。常温下,I_{CEO} 在工程计算上可以忽略不计。

(2)调节电位器 RP 使 I_B 有一微小变化 ΔI_B 时,会引起 I_C 有一较大变化 ΔI_C,表明基极电流(小电流)控制着集电极电流(大电流),这就是三极管的电流放大作用。因此半导体三极管是一个电流控制器件,其电流放大实质用共发射极交流电流放大系数 $\tilde{\beta}$ 来描述,$\tilde{\beta}$ 定义为

$$\tilde{\beta} = \frac{\Delta I_C}{\Delta I_B} \tag{2-6}$$

需要指出的是,半导体三极管的放大作用并不是三极管本身能凭空产生能量,而是在放大过程中控制能量的转换,真正的能量提供者是电路中的电源。

💡 知识点三　半导体三极管的伏安特性

半导体三极管的伏安特性曲线用来表示半导体三极管各极之间的电压与各极电流的关

系,它反映了半导体三极管的性能,是分析放大电路的重要依据。半导体三极管的特性曲线有输入特性曲线和输出特性曲线两种,这些特性曲线可使用晶体管特性图示仪显示出来,也可通过实验测试进行绘制。我们主要研究共发射极接法时的输入特性曲线和输出特性曲线,测试电路如图 2-9 所示。

（一）输入特性曲线

输入特性曲线是指当集电极-发射极电压 u_{CE} 为某一常数时,输入回路中的基极-发射极电压 u_{BE} 与基极电流 i_B 之间的关系曲线,用函数式表示为

$$i_B = f(u_{BE})\,|_{u_{CE}=常数}$$

图 2-10 所示为 NPN 管的输入特性曲线,与二极管正向特性相似,分两种情况说明:

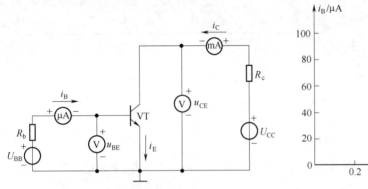

图 2-9 半导体三极管特性测试电路

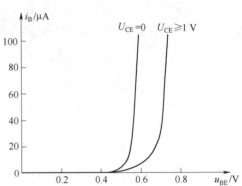

图 2-10 NPN 管的输入特性曲线

1. $u_{CE}=0$ 时

当 $u_{CE}=0$ 时,相当于集电极与发射极短接,i_B 和 u_{BE} 的关系,就是发射结和集电结并联的伏安特性。由于两个 PN 结均处于正向偏置状态,此时输入特性曲线与二极管正向特性曲线相似。

2. $u_{CE}\geqslant 1$ V 时

当 $u_{CE}=1$ V 时,发射结处于正向偏置状态,集电结处于反向偏置状态,特性曲线右移。但当 $u_{CE}>1$ V 后,继续增大 u_{CE},曲线右移不明显,几乎与 $u_{CE}=1$ V 时的曲线重合,所以用 $u_{CE}=1$ V 的曲线代表 $u_{CE}>1$ V 的所有曲线。

从图 2-10 可以看出,输入特性曲线是非线性的,也存在死区,硅管的死区电压为 0.5 V,锗管的死区电压为 0.1~0.2 V,只有在发射结电压 u_{BE} 大于死区电压时,半导体三极管才会出现基极电流 i_B。半导体三极管导通后,u_{BE} 变化不大,硅管为 0.6~0.7 V,锗管为 0.3 V 左右。这是检查放大电路中半导体三极管是否正常工作的重要依据。

（二）输出特性曲线

输出特性曲线是在基极电流 i_B 一定的情况下,半导体三极管输出回路中集电极-射极电压 u_{CE} 与集电极电流 i_C 之间的关系曲线,用函数式表示为

$$i_C = f(u_{CE})\,|_{i_B=常数}$$

图 2-11 所示为 NPN 管的输出特性曲线。对于不同的 i_B,都有一条曲线与之对应,所以

输出特性曲线是一曲线簇。当 i_B 一定时，u_{CE} 从零逐渐增大，i_C 随之逐渐增大，在 $u_{CE}>1$ V 后，特性曲线几乎与横轴平行，说明 i_C 几乎与 u_{CE} 无关、仅由 i_B 决定。此时半导体三极管具有恒流特性。当 i_B 增大时，相应的 i_C 也增大，曲线平行上移，微小的 Δi_B 引起了较大的 Δi_C。

半导体从图中可以看到三极管的输出特性曲线被分为四个区域：

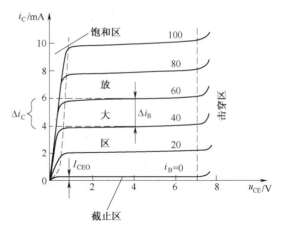

图 2-11　NPN 管的输出特性曲线

1. 截止区

$i_B=0$ 时的曲线以下区域称为截止区。半导体三极管工作在截止区的条件是：发射结反偏，集电结反偏。截止区的工作特点：基极电流 $i_B=0$，集电极电流 $i_C=I_{CEO}\approx0$，管子处于截止状态。此时三极管相当于一个断开的开关。

2. 放大区

输出特性曲线的近似水平部分是放大区。三极管工作在放大区的条件是：发射结正偏，集电结反偏。放大区的工作特点：

①$I_C=\overline{\beta}I_B$，$\Delta i_C=\widetilde{\beta}\Delta i_B$，曲线等间隔平行上移；

②i_B 一定时，i_C 几乎不随 u_{CE} 变化，即 i_C 具有恒流特性。管子处于放大状态时，相当于一个电流控制的恒流源。

3. 饱和区

输出特性曲线呈直线上升且靠近纵轴的区域称为饱和区，u_{CE} 较小（$u_{CE}<u_{BE}$）。三极管工作在饱和区的条件是：发射结正偏，集电结正偏。饱和区的工作特点：

①i_B 一定时，u_{CE} 稍有增加，i_C 则迅速上升；

②u_{CE} 一定时，i_C 几乎不随 i_B 变化，即不受 i_B 控制，半导体三极管失去放大作用，i_C "饱和" 了。半导体三极管饱和时的管压降 u_{CE} 值称为饱和压降 U_{CES}，U_{CES} 很小，小功率管硅管 $U_{CES}\approx0.3$ V、锗管 $U_{CES}\approx0.1$ V。处于饱和状态的三极管相当于一个闭合的开关。

以上三个区域为半导体三极管的正常工作区，工作在饱和区和截止区时，具有"开关"特性，常用于数字电路；工作在放大区时具有"电流放大"特性，用于模拟电路。半导体三极管具有"开关"和"放大"两大功能。

4. 击穿区

输出特性曲线的最右边向上弯曲的区域称为击穿区。当 u_{CE} 增大到超过某一值后，i_C 开始剧增，这个现象称为一次击穿。半导体三极管一次击穿后，集电极电流突增，只要电路中有合适的限流电阻，击穿电流不太大，如果时间很短，管子不至于烧毁；在减小 u_{CE} 后，半导体三极管能恢复正常工作，一次击穿是可逆的。

知识点四　半导体三极管的主要参数

（一）电流放大系数

1. 共发射极直流电流放大系数 $\bar{\beta}$

当半导体三极管接成共发射极电路，在静态（无输入信号）时集电极电流 I_C（输出电流）与基极电流 I_B（输入电流）的比值，见式（2-2）。

2. 共发射极交流电流放大倍数 $\tilde{\beta}(h_{fe})$

当半导体三极管接成共发射极电路，在动态（有输入信号）时，基极电流变化量 Δi_B 与它引起的集电极电流变化量 Δi_C 之间的比值称为交流电流放大系数，见式（2-6）。

$\bar{\beta}$ 和 $\tilde{\beta}$ 的含义虽然不同，但是对于同一个半导体三极管，在工程计算上可以近似认为 $\bar{\beta} \approx \tilde{\beta} = \beta$。

（二）极间反向电流

极间反向电流的大小，反应了半导体三极管质量的优劣，直接影响着半导体三极管工作的稳定性，使用时总是希望反向电流越小越好。

1. 集电极-基极反向饱和电流 I_{CBO}

I_{CBO} 是半导体三极管的发射极开路时，集电极和基极间的反向漏电流，又叫反向饱和电流，受温度影响大。小功率硅管的 $I_{CBO} < 1\ \mu A$，锗管的 $I_{CBO} < 10\ \mu A$。I_{CBO} 的测量电路如图 2-12 所示。

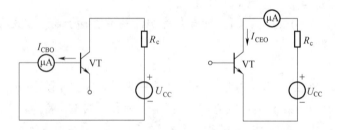

图 2-12　极间反向电流的测量电路

2. 穿透电流 I_{CEO}

I_{CEO} 为基极开路时，由集电区穿过基区流入发射区的穿透电流，在数值上它是 I_{CBO} 的 $(1+\bar{\beta})$ 倍，故温度变化对 I_{CEO} 的影响更大，从而影响 I_C，见式（2-5）。I_{CEO} 的测量电路如图 2-12 所示。

（三）极限参数

极限参数是指半导体三极管正常工作时所允许的电流、电压和功率等的极限值。如果超过这些数值，管子不能正常工作，严重时还会损坏。常用的极限参数有以下几个。

1. 集电极最大允许电流 I_{CM}

集电极电流 i_C 如果超过一定值后，β 值将明显下降。通常把 β 值下降到正常值的 2/3 时的集电极电流值称为集电极最大允许电流 I_{CM}。因此，在使用半导体三极管时，i_C 超过 I_{CM}

并不一定会使管子损坏,但 β 值将明显下降。

2. 极间反向击穿电压

(1) $U_{(BR)CEO}$。$U_{(BR)CEO}$ 是指基极开路时,集电极-发射极间之外加的反向击穿电压,其值通常为几十伏至几百伏以上。当温度上升时,反向击穿电压要减小,因此选择半导体三极管时 $U_{(BR)CEO}$ 应大于工作电压 u_{CE} 两倍以上,以保证有一定的安全余度。使用中,如果 $u_{CE} > U_{(BR)CEO}$,将可能导致半导体三极管电击穿,甚至热击穿。

(2) $U_{(BR)CBO}$。$U_{(BR)CBO}$ 是指发射极开路时,在集电极-基极之间外加的反向击穿电压,一般为几伏至几十伏,这是集电结所允许加的最高反向电压。

3. 集电极最大允许功耗 P_{CM}

半导体三极管工作时,集电极-发射极之间的电压 u_{CE} 与集电极电流 i_C 乘积定义为集电极耗散功率 p_C。即

$$p_C = i_C u_{CE} \tag{2-7}$$

由于集电结所加反向电压较大、集电极电流 i_C 较大,使得集电结消耗功率产生热量,集电结的结温升高,当结温过高时,会烧坏管子。P_{CM} 就是由允许的最高结温决定的最大集电极耗散功率。正常工作时 $p_C < P_{CM}$,采用散热装置可以提高 P_{CM}。根据 P_{CM} 值,可在输出特性曲线上画出一条曲线,称为允许管耗线,如图 2-13 所示。半导体三极管的管耗在 P_{CM} 线的右上方时,$p_C > P_{CM}$,称过损耗区。

根据三个极限参数可以确定半导体三极管的安全工作区,如图 2-13 所示。为确保三极管正常而安全地工作,使用时不应超过这个区域。

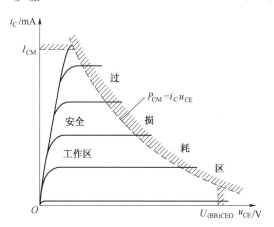

图 2-13　半导体三极管的安全工作区

 知识点五　特殊三极管简介

(一)复合管

复合管是指将两只或两只以上的半导体三极管按一定的方式连接起来,使其等效为一只 β 值更大的半导体三极管,又称达林顿管。图 2-14 所示是由两个半导体三极管 VT_1 和 VT_2 连接而成的 NPN 和 PNP 两大类复合管。等效半导体三极管 VT 的管型总是和 VT_1 的管型相同,以图 2-14(a)为例,其电流放大系数为

$$\Delta i_C = \Delta i_{C1} + \Delta i_{C2} = \beta_1 \Delta i_{B1} + \beta_2 \Delta i_{B2} = \beta_1 \Delta i_{B1} + \beta_2 \Delta i_{E1} = \beta_1 \Delta i_{B1} + \beta_2(1 + \beta_1) \Delta i_{B1}$$
$$= \beta_1 \Delta i_B + \beta_2(1 + \beta_1) \Delta i_B$$

所以

$$\frac{\Delta i_C}{\Delta i_B} = \beta_1 + \beta_2 + \beta_1 \beta_2 \approx \beta_1 \beta_2 \tag{2-8}$$

由上式可见,复合管的等效电流放大系数是两管电流放大系统的乘积,因此在需要同样

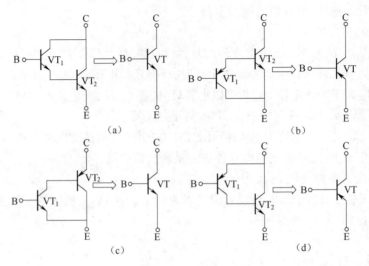

图 2-14　复合管结构示意图

的输出电流时,复合管所需的输入电流明显减小,这样可以大大减轻推动级小功率半导体三极管的负担。

(二)光耦合器

光电耦合器又称光电隔离器,简称光耦。光耦合器是由发光源和受光器两部分组成。发光源常用砷化镓红外发光二极管,发光源引出的管脚为输入端。受光器常用光敏三极管、光敏晶闸管和光敏集成电路等,受光器引出的管脚为输出端。光耦合器利用电-光-电两次转换的原理,通过光进行输入端与输出端之间的耦合。耦合器的典型电路如图 2-15所示。

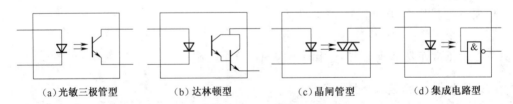

(a)光敏三极管型　　　(b)达林顿型　　　(c)晶闸管型　　　(d)集成电路型

图 2-15　光耦合器的图形符号

光耦合器输入输出之间具有很高的绝缘电阻,可以达到 10^{10} Ω 以上,输入与输出间能承受 2 000 V 以上的耐压,信号单向传输而无反馈影响。具有抗干扰能力强、响应速度快、工作可靠等优点,因而用途广泛。如在高压开关、信号隔离转换、电平匹配等电路中,起信号传输和隔离作用。

训练:用万用表检测半导体三极管

(一)管脚、管型的判别

1. 基极 B 的判定

用指针式万用表黑表笔接触半导体三极管的某管脚,再用红表笔分别接触另两个管脚,如果万用表指示均为低阻导通状态;调换红、黑表笔再测量,万用表指示又均为高阻截止状态。则黑表笔或红表笔接触且保持不动的这个管脚就是基极,该管型为 NPN;反之为 PNP。

2. 集电极 C 和发射极 E 的判定

判断出三极管的基极、管型后,先在除基极外的另两个电极中任设一个为集电极,用手捏住三极管的基极与假设的集电极(即在两极间接上一人体电阻,注意不要将两极短接),并将万用表的黑表笔接假设的集电极,红表笔接假设的发射极,观察万用表的指针偏转情况;再将假设的两电极对换,重复上述操作。两次假设中指针偏转大的那次假设的集电极是正确的,余下的是发射极。图 2-16(a)所示为 NPN 管的 C 和 E 判定示意图,图 2-16(b)所示PNP 管的 C 和 E 判定示意图。

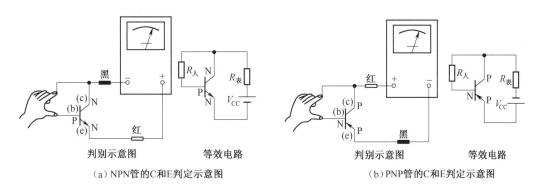

（a）NPN管的C和E判定示意图　　　　　　（b）PNP管的C和E判定示意图

图 2-16　集电极 C 和发射极 E 的判定示意图

(二)三极管性能的检测

用数字万用表的 h_{FE} 挡测试 NPN 和 PNP 的电流放大系数。

(三)将测试结果记录在表 2-11 中。

表 2-11

三极管	h_{FE}	类型	型号	材料	基极	集电极	发射极
①②③							
①②③							

模块 2　单管放大电路的基本分析

给半导体三极管外接上电源、电阻和电容等元件可以组成各种放大电路。放大电路广泛应用于模拟电子电路。

知识点一　概述

（一）放大电路的功能

放大电路的功能是把微弱的电信号（电压、电流）放大成大成幅度足够大且与原信号变化规律一致的电信号。例如扩音机就是放大电路的典型应用，如图 2-17 所示。传声器话筒把声音转换成微弱的电信号，经扩音机内部的放大电路放大后送至扬声器，再由扬声器还原成声音，扬声器发出的声音比送入话筒的声音要大很多。

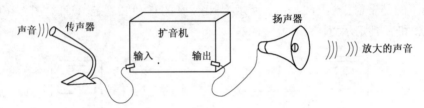

图 2-17　扩音机工作示意图

（二）放大电路的结构框图

由扩音机工作示意图可知放大电路的结构框图如图 2-18 所示。输入信号用输入电压 u_i、输入电流 i_i 来表示；经过放大电路提供给负载的电信号称为输出信号，用输出电压 u_o、输出电流 i_o 来表示；u_s 是交流信号源，R_s 是信号源的内阻；R_L 是负载等效电阻。

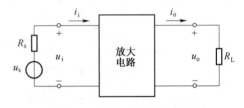

图 2-18　放大电路结构框图

（三）半导体三极管在放大电路中的三种基本连接方式（组态）

由图 2-18 可知，放大电路具有输入、输出两个回路，是一个四端网络。半导体三极管是放大电路的核心元件，因此三极管的三个电极可分别作为输入信号和输出信号的公共端，就有共发射极、共集电极和共基极三种接法，如图 2-19 所示。我们主要讨论共发射极和共集电极两种低频（20 Hz~20 kHz）放大电路。

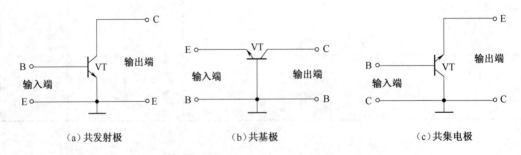

（a）共发射极　　　　　　（b）共基极　　　　　　（c）共集电极

图 2-19　半导体三极管在放大电路中的三种基本连接方式（组态）

（四）对放大电路的共性要求

1. 具有足够的放大倍数

放大倍数是衡量放大电路放大能力的重要参数。

2. 失真尽量小

放大电路在放大时要求输出信号波形与输入信号波形相同,如果放大过程中波形变化了就叫失真。放大电路只有在信号不失真的情况下,放大才有意义。实际放大过程中造成失真的因素很多,我们总是希望失真不超过允许的程度。

3. 工作稳定

工作稳定可靠,且噪声小。

(五)放大电路的电压、电流符号规定

放大电路没有输入交流信号(静态)时,半导体三极管的各极电压和电流都为直流。当有交流信号输入(动态)时,电路的电压和电流是由直流成分和交流成分叠加而成的,为了便于区分不同的量,通常作以下规定:

(1)直流分量用大写字母和大写下标表示,如 I_B、I_C、I_E、U_{BE}、U_{CE}。

(2)交流分量用小写字母和小写下标表示,如 i_b、i_c、i_e、u_{be}、u_{ce}。

(3)交直流叠加瞬时值用小写字母和大写下标表示,如 i_B、i_C、i_E、u_{BE}、u_{CE}。

 知识点二　放大电路的主要性能指标

放大电路的性能指标是根据各种放大电路的共性要求提出的,它反映了放大电路性能的优劣。

(一)放大倍数

放大倍数是指放大电路在输出信号不失真的情况下,输出信号与输入信号之比,它反映了电路的放大能力。一般有电压放大倍数、电流放大倍数和功率放大倍数。

电压放大倍数

$$A_u = \frac{u_o}{u_i} \tag{2-9}$$

电流放大倍数

$$A_i = \frac{i_o}{i_i} \tag{2-10}$$

功率放大倍数

$$A_p = \frac{P_o}{P_i} \tag{2-11}$$

放大倍数有时也称增益,用"分贝"来表示,取放大倍数的常用对数,即为放大倍数的分贝值。工程上定义为:

$$A_u(dB) = 20\lg |A_u| \tag{2-12}$$

$$A_i(dB) = 20\lg |A_i| \tag{2-13}$$

$$A_p(dB) = 10\lg |A_p| \tag{2-14}$$

(二)输入电阻

从图 2-18 中可以看出,信号源 u_s 与放大电路的关系是:信号源为放大电路提供信号,放大电路相当于信号源的负载,这个负载等效电阻即为放大器的输入电阻 r_i。r_i 就是从输入端

向放大器看进去的等效电阻,它定义为放大器的输入电压 u_i 与输入电流 i_i 之比,即

$$r_i = \frac{u_i}{i_i} \qquad (2\text{-}15)$$

如果信号源电压为 u_s,内阻为 R_s,则放大器从信号源实际获得的输入信号电压 u_i 为

$$u_i = \frac{r_i}{R_s + r_i} u_s \qquad (2\text{-}16)$$

由上式可知,r_i 越大,u_i 就越大。所以 r_i 希望大。放大电路输入回路等效电路如图 2-20 所示。

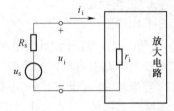

图 2-20　输入回路等效电路

(三)输出电阻

从图 2-18 中还可以看出,放大电路与负载 R_L 的关系是:放大电路为负载 R_L 提供信号,相当于一个带有内阻的信号源,这个内阻就是放大器的输出电阻 r_o。r_o 是从输出端向放大器看进去的等效电阻,它定义为在负载开路,且信号源电压短路为零时,在输出端外加的交流电压 u 与该电压作用下流入放大电路的输出电流 i 的比值,即

$$r_o = \frac{u}{i} \qquad (2\text{-}17)$$

输出电阻可通过实验方法进行测量,测量时先测出放大器输出端的开路电压 u_{oc} 和短路电流 i_{sc},则

$$r_o = \frac{u_{oc}}{i_{sc}} \qquad (2\text{-}18)$$

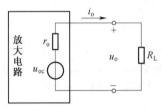

图 2-21　输出回路等效电路

r_o 反映了放大器的带负载的能力。r_o 越小,放大器的输出电压就越稳定,带负载能力越强。所以希望 r_o 小。放大电路输出回路等效电路如图 2-21 所示。

知识点三　放大电路的工作状态

放大电路的工作状态分静态和动态两种。静态是指无交流信号输入时,电路中的电压、电流都是稳恒直流的状态;动态是指放大电路在静态基础上输入交流信号,即交流叠加在直流上,电路中的电压、电流随输入信号作相应变化的状态。

放大电路要正常工作,必须事先给三极管提供一定的静态电压和电流值。放大电路在静态时,半导体三极管各极电压和电流值中的 I_B、I_C 和 U_{CE},称为静态工作点 $Q(I_{BQ}$、I_{CQ}、$U_{CEQ})$。

静态工作点 Q 设置不同,对放大电路放大信号有比较大的影响,由半导体三极管的输入特性和输出特性可知:当 I_{BQ} 设置太小,在输入信号 u_i 为负半周时,交流信号所产生的 i_b 与直流量 I_{BQ} 叠加后,很容易使半导体三极管进入截止区而失去放大作用;当 I_{BQ} 设置太大,在输入信号 u_i 为正半周时,交流信号所产生的 i_b 与直流量 I_{BQ} 叠加后,使 $i_C = \beta i_B$ 很大,i_C 越大 u_{CE} 就越小,容易导致集电结也正偏,半导体三极管进入饱和区而失去放大作用。因此,静态工作点 $Q(I_{BQ}$、I_{CQ}、$U_{CEQ})$ 的设置是否合理,直接影响着放大电路的工作状态;设置合适的静

态工作点 Q 是否稳定,也影响着放大电路的工作稳定性。

知识点四　共射极放大电路的基本分析

(一)基本共射放大电路的组成及各元器件的作用

1. 组成

如图 2-22 所示电路为基本共射极放大电路,是最
简单的单管放大电路。图中"⊥"符号表示公共端,称
接地点,是电路中各点电位的参考点。

2. 各元器件的作用

(1)半导体三极管 VT。VT 是放大电路的核心元
件,起电流放大作用,即将微小的基极电流变化转换
成较大的集电极电流变化。

(2)直流电源 U_{CC}。U_{CC} 使半导体三极管的发射
结正偏、集电结反偏,确保半导体三极管工作在放大
状态。U_{CC} 又是整个放大电路的能量提供者。放大电

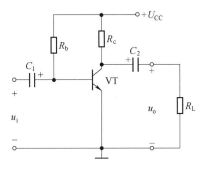

图 2-22　基本共射极放大电路

路把小能量的输入信号放大成大能量的输出信号,这些增加的能量就是由半导体三极管转
换来的。半导体三极管在工作时发热消耗的能量也是 U_{CC} 提供的。U_{CC} 一般取几伏至几
十伏。

(3)集电极电阻 R_c。R_c 的作用是将变化的集电极电流 i_C 转换成变化的集电极电压
u_{CE},实现电压放大作用。R_c 一般取几千欧至几十千欧。半导体三极管的集电极 C、发射极
E、R_c 和 U_{CC} 构成的回路称为输出回路,输出电压 $u_{CE}=U_{CC}-i_C R_c$。

(4)基极偏置电阻 R_b。R_b 决定静态基极电流 I_{BQ} 的大小。I_{BQ} 也称偏置电流,故 R_b 又称
"偏置电阻"。R_b 一般取几十千欧至几百千欧。半导体三极管的基极、发射极、R_b 和电源
U_{CC} 构成的回路称为输入回路。

(5)输入耦合电容 C_1 和输出耦合电容 C_2。C_1 和 C_2 的作用有两点:①隔断直流,C_1 使信
号源 u_s 与放大电路在直流上互不影响,C_2 隔断了放大电路与负载 R_L 的直流联系;②传送交
流信号,当 C_1、C_2 的电容量足够大时,它们对交流信号呈现的容抗很小,可近似认为短路。
耦合电容的取值一般为几十微法,通常是电解电容,连接时要注意极性。

(二)共射极放大电路的工作原理

1. 放大电路中各电量之间的关系

由放大电路的工作状态已知,放大电路在静态时,电路中仅有直流分量 I_{BQ}、I_{CQ} 和
U_{CEQ};当电路动态工作时,电路中既有直流分量又有交流分量,且交流分量叠加在直流分量
上。当输入电压信号为 u_i 时,基本共射极放大电路中

$$u_{BE} = U_{BEQ} + u_i$$
$$i_B = I_{BQ} + i_b$$
$$i_C = \beta i_B = \beta(I_{BQ} + i_b) = I_{CQ} + i_c$$
$$u_{CE} = U_{CC} - i_C R_c = U_{CC} - I_{CQ}R_c - i_c R_c = U_{CEQ} - i_c R_c = U_{CEQ} + u_o$$

$$u_o = -i_c R_c \qquad\qquad (2-19)$$

式(2-19)中的负号,表示共射极放大电路的输出电压与输入电压在相位上相反,即反相180°。

2. 工作原理分析

如图2-23所示,放大电路中电源U_{CC}通过偏置电阻R_b提供U_{BEQ},使发射结正偏导通,当图2-23(a)所示的输入交流信号u_i通过电容C_1耦合到半导体三极管的基极-发射极时,基-射极间电压u_{BE}为交流信号u_i与直流电压U_{BEQ}的叠加,从而使u_i越过发射结的死区输入到半导体三极管,其波形如图2-23(b)所示。三极管的输入特性使基极电流i_B随u_{BE}产生相应的变化,其波形如图2-23(c)所示。变化的基极电流i_B引起了集电极电流i_C较大的变化($i_C = \beta i_B$),如图2-23(d)所示。i_C增大时,集电极电阻R_c的压降也相应大,集电极对地电位则降低;i_C减小时,集电极电阻R_c的压降也相应小,集电极对地电位则升高;因此集-射极间的电压u_{CE}与i_C的变化情况正好相反,其波形如图2-23(e)所示。u_{CE}经过耦合电容C_2隔离掉直流成分U_{CEQ}后,输出的交流成分就是放大了的信号电压u_o,其波形如图2-23(f)所示。

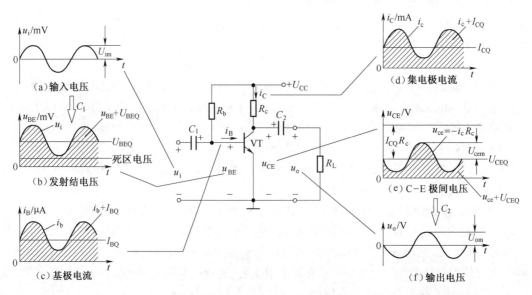

图2-23 放大电路的电压、电流波形

由以上分析可知,在共发射极放大电路中,输入信号电压u_i与其输出电压u_o频率相同、相位相反,u_o幅度得到放大,因此单级共发射极放大电路通常也称为反相放大器。

(四)放大电路的估算分析法

1. 静态分析计算

静态分析主要是确定放大电路的静态工作点$Q(I_{BQ}、I_{CQ}、U_{CEQ})$,即求出$I_{BQ}、I_{CQ}、U_{CEQ}$的值。静态分析通过直流通路来进行。由于电容对直流电相当于开路,因此将电容支路断开就是直流通路,如图2-24所示。则

$$I_{BQ} = \frac{U_{CC} - U_{BEQ}}{R_b} \qquad (2-20)$$

硅管的 U_{BEQ} 约为 0.7 V, 锗管约为 0.3 V, 当 $U_{CC} \gg U_{BEQ}$ 时, 则可将 U_{BEQ} 略去, 即

$$I_{BQ} \approx \frac{U_{CC}}{R_b} \qquad (2-21)$$

根据半导体三极管的电流放大作用

$$I_{CQ} = \beta I_{BQ} \qquad (2-22)$$

根据图 2-24 可得

$$U_{CEQ} = U_{CC} - I_{CQ} R_c \qquad (2-23)$$

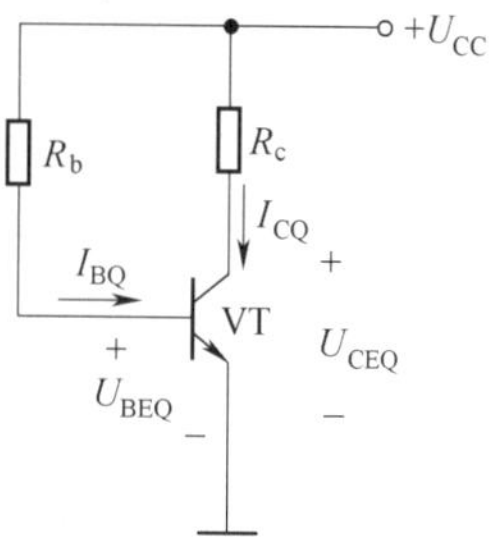

图 2-24　直流通道

2. 动态分析计算

动态分析是分析放大电路在动态工作时的性能, 主要是计算放大电路的性能参数电压放大倍数 A_u、输入电阻 r_i、输出电阻 r_o。有输入信号时, 半导体三极管的各极电流和电压瞬时值都是直流分量和交流分量的叠加, 我们主要研究交流分量的放大。动态分析最基本的方法是微变等效电路法。

(1)半导体三极管的微变等效电路

①半导体三极管输入回路线性化。当微小信号输入时, 三极管基极电流在输入特性曲线上的静态工作点 I_{BQ} 附近变化, 这个很小的变化范围可近似认为是直线段, 这就是三极管非线性特性"线性化"的依据。即"微变"能使半导体三极管的输入回路用一个线性模型来等效。

图 2-25 所示为半导体三极管的微变等效电路, 三极管共射极接法, 设置了合适的静态工作点 Q。由图 2-25(b)可以看出半导体三极管的输入特性曲线是非线性的, 但在输入小信号后, Q 点随输入信号在 $Q_1 \sim Q_2$ 之间波动, $Q_1 Q_2$ 工作段可近似为直线, 即 Δi_B 与 Δu_{BE} 之间是线性关系, 三极管的输入回路得到线性化, 则可用一个等效电阻 r_{be} 来表示输入回路, 如图 2-25(d)所示。r_{be} 称为晶体管的输入电阻, 表示为

$$r_{be} = \frac{\Delta u_{BE}}{\Delta i_B} = \frac{u_{be}}{i_b}$$

由于晶体管的输入特性曲线是非线性的, 随着静态工作点 Q 发生变动, r_{be} 的阻值也就不同。通常低频小功率的 r_{be} 采用近似公式计算

$$r_{be} \approx 300 + \frac{26\ mV}{I_{BQ}} = 300 + \beta \frac{26\ mV}{I_{CQ}} = 300 + (1 + \beta) \frac{26\ mV}{I_{EQ}} \qquad (2-24)$$

式中　I_{BQ}、I_{CQ}、I_{EQ}——分别是基极、集电极、发射极电流的静态值。r_{be} 值在几百欧到几千欧。

②半导体三极管输出回路线性化。图 2-25(c)所示是半导体三极管的输出特性曲线, 放大区是一组近似等距离平行的直线。当三极管工作在放大区时, 集电极电流 i_c 仅受基极电流 i_b 控制, 即 $i_c = \beta i_b$。因此可将三极管的输出回路等效成一个受控的电流源, 如图 2-25(d)所示, 电流源的大小就是 $i_c = \beta i_b$, 而电流源的内阻可从输出特性上求出, 即

$$r_{ce} = \frac{\Delta u_{CE}}{\Delta i_C} = \frac{u_{ce}}{i_c}$$

r_{ce} 也称为晶体管的输出电阻。在放大区 i_c 基本不随 u_{ce} 变化,表现出恒流特性,因此 r_{ce} 非常大,在画等效电路时一般不画出。

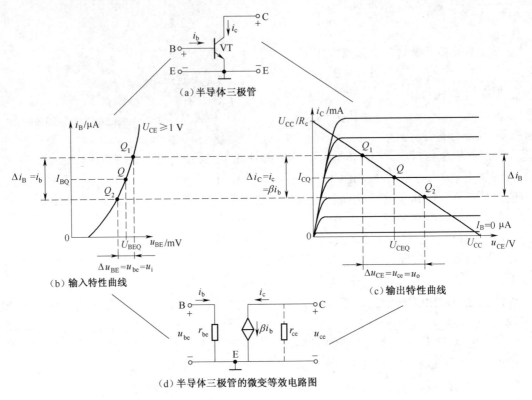

图 2-25　半导体三极管的微变等效

三极管线性化的微变等效电路如图 2-25(d)所示。

(2)放大电路的微变等效电路

用半导体三极管微变等效电路替代放大电路交流通道中的三极管就可得出放大电路的微变等效电路。将放大电路中的耦合电容 C_1 短接、C_2 短接,同时将直流电源 U_{CC} 对地短路,得到的电路即是放大电路的交流通路,如图 2-26(a)所示。放大电路的微变等效电路如图 2-26(b)所示。如果输入放大的是正弦信号,则可用相量来表示。

(3)动态参数的计算

由微变等效电路图 2-26(b),可计算放大电路的动态参数。

①电压放大倍数 A_u。放大电路输出电压与输入电压的比值叫做电压放大倍数,设输入输出为正弦信号、阻性负载,即

$$\dot{A}_u = \frac{\dot{U}_o}{\dot{U}_i} \tag{2-25}$$

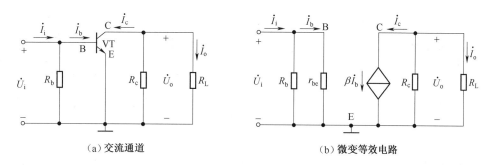

（a）交流通道 　　　　　（b）微变等效电路

图 2-26 共射基本放大电路的微变等效电路

$$\dot{U}_i = \dot{I}_b r_{be}$$

$$\dot{U}_o = -\dot{I}_c(R_L /\!/ R_c) = -\beta \dot{I}_b R'_L$$

$$\dot{A}_u = \frac{\dot{U}_o}{\dot{U}_i} = -\beta \frac{R'_L}{r_{be}} \tag{2-26}$$

式中 负号——表示输出电压与输入电压反相。

如果电路中输出端开路（$R_L = \infty$），则

$$A_u = -\beta \frac{R_c}{r_{be}} \tag{2-27}$$

②输入电阻 r_i

$$r_i = \frac{\dot{U}_i}{\dot{I}_i}$$

$$r_i = R_b /\!/ r_{be} \tag{2-28}$$

一般 $R_b \gg r_{be}$，上式可近似为

$$r_i \approx r_{be} \tag{2-29}$$

③输出电阻 r_o。将输入信号短路（$\dot{U}_i = 0$；当 $\dot{U}_i$ 为带内阻 R_s 的信号源 $\dot{U}_s$ 时，令 $\dot{U}_s = 0$、保留 R_s）、输出端开路（$R_L = \infty$），在输出端外加电压 $\dot{U}$，若产生的电流为 $\dot{I}$，此时因 $\dot{U}_i = 0$ 使 $\dot{I}_b = 0 \rightarrow \dot{I}_c = 0$，则

$$r_o = \frac{\dot{U}}{\dot{I}} = R_c \tag{2-30}$$

【例 2-1】 图 2-27（a）所示为共射放大电路。试画出它的直流通路，求静态工作点，画出它的微变等效电路，计算其电压放大倍数、输入电阻和输出电阻。

解：（1）放大电路的直流通路如图 2-27（b）所示，其静态工作点为

$$I_{BQ} \approx \frac{U_{CC}}{R_b} = \frac{12\ \text{V}}{300\ \text{k}\Omega} = 0.04\ \text{mA}$$

$$I_{CQ} = \beta I_{BQ} = 38 \times 0.04\ \text{mA} \approx 1.5\ \text{mA}$$

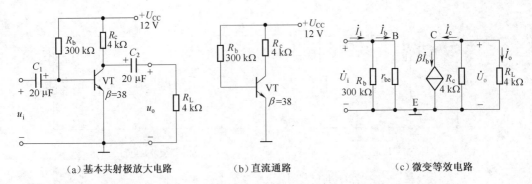

（a）基本共射极放大电路　　　（b）直流通路　　　（c）微变等效电路

图 2-27　例 2-1 题图

$$U_{CEQ} = U_{CC} - I_{CQ}R_c = 12\ V - 1.5\ mA \times 4\ k\Omega = 6\ V$$

（2）放大电路的微变等效电路如图 2-27（c）所示，其交流参数如下：

$$r_{be} \approx 300 + \beta\frac{26\ mV}{I_{CQ}} = \left(300 + 38 \times \frac{26\ m}{1.5\ m}\right)\Omega \approx 960\ \Omega \approx 1\ k\Omega$$

$$r_i \approx r_{be} \approx 960\ \Omega \approx 1\ k\Omega$$

$$r_o = R_c = 4\ k\Omega$$

$$R'_L = R_L\ /\!/\ R_c = \frac{R_L R_c}{R_L + R_c} = \frac{4\ k\Omega \times 4\ k\Omega}{4\ k\Omega + 4\ k\Omega} = 2\ k\Omega$$

$$A_u = -\beta\frac{R'_L}{r_{be}} = -38 \times \frac{2k\Omega}{1k\Omega} = -76$$

（五）输出波形失真与静态工作点的关系

当静态工作点设置不合适时，半导体三极管有可能会进入饱和区或截止区工作，使输入信号不能正常放大，从而在输出产生失真。这种失真是三极管的非线性特性造成的，因此称为非线性失真。

例如 Q 点过高时，放大的集电极电流 i_C 的正半周进入饱和区，产生上截幅失真，而输出电压 u_o 波形产生"下截幅"失真，波形如图 2-28（a）所示。解决饱和失真的办法是：调大基极偏置电阻 R_b，以减小 I_{BQ}，使 Q 点的位置下移。

当 Q 点过低时，输入信号的负半周将掉进截止区，产生截止失真，导致集电极电流 i_C 产生下截幅失真，而输出电压波形产生"上截幅"失真，波形如图 2-28（b）所示。解决截止失真的办法是：调小 R_b，使 Q 点上移。

可见，设置合适的静态工作点是非常重要的。若要考虑放大电路对于最大输入信号也能不失真放大，则最佳静态工作点应该设置在输出特性曲线的中心。

当输入信号 u_i 超出了最大范围，放大信号的最大值或最小值都将进入三极管的饱和区和截止区，同时产生饱和失真或截止失真，成为双失真。解决这种失真的办法是：调小输入信号的幅值。

（六）静态工作点的稳定

1. 温度对静态工作点的影响

对放大电路而言，即使静态工作点设置适合，也不一定能稳定。静态工作点不稳定的原

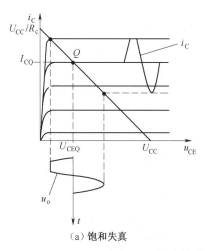

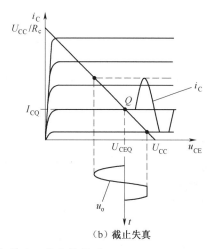

图 2-28　输出波形失真与静态工作点的关系

因很多,如电源电压波动、电路参数变化、三极管老化等,但主要原因是晶体管特性参数
(U_{BE}、β、I_{CBO})随环境温度变化造成的。从而使设置好的静态工作点 Q 发生较大的移动,严
重时将使输出波形产生失真。

当通电发热或环境温度 T 上升时,β 及 I_{CEO} 都会增大,使集电极电流明显增大,整个输
出特性的曲线簇上移,如图 2-29 所示。对于同样的 I_B,I_C 增大,静态工作点 Q 将上移,严重
时,会使三极管进入饱和区而失去放大能力,这是不希望的。

2. 稳定静态工作点的分压式偏置直流电流负反馈共射极放大电路

基本共射极放大电路结构简单,电压放大倍数比较大,缺点是静态不稳定。常用的稳定
静态工作点的电路是分压式偏置电路。如图 2-30 所示,电路的特点如下:

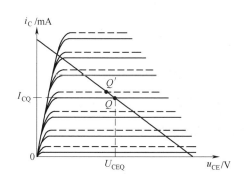

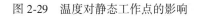

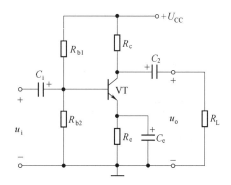

图 2-29　温度对静态工作点的影响　　　　图 2-30　分压式偏置共射极放大电路

(1)利用电阻 R_{b1} 和 R_{b2} 分压来稳定静态基极电位。直流通道如图 2-31 所示。设流过
电阻 R_{b1} 和 R_{b2} 的电流分别为 I_1 和 I_2,$I_1 = I_2 + I_{BQ}$,一般 I_{BQ} 很小,$I_1 \gg I_{BQ}$,可以近似认为 $I_1 \approx
I_2$,则 R_{b1} 和 R_{b2} 近似串联。这样,基极电位 V_{BQ} 由 R_{b2} 对电压 U_{CC} 的分压所决定。

基极电位为

$$V_{BQ} \approx \frac{R_{b2}}{R_{b1} + R_{b2}} U_{CC} \qquad (2-31)$$

基极电位与温度无关,即温度变化时,V_{BQ} 基本不变。

(2)利用发射极电阻 R_e 来获得反映电流 I_{EQ} 变化的信号,反馈到输入端,自动调节,使工作点稳定。稳定过程为:

$$T(℃) \uparrow \rightarrow I_{CQ} \uparrow \rightarrow I_{EQ} \uparrow \rightarrow V_E \uparrow \rightarrow U_{BE} \downarrow \rightarrow I_{BQ} \downarrow \rightarrow I_{CQ} \downarrow$$

不难看出 R_e 在稳定过程中起着直流电流负反馈的作用。适当选择 R_e 的大小,使 I_{CQ} 的上升量与下降量近似相等,则静态工作点稳定。

(3)静态分析计算。通常 $V_{BQ} \gg U_{BE}$,所以发射极电流

$$I_{EQ} = \frac{V_{BQ} - U_{BE}}{R_e} \approx \frac{V_{BQ}}{R_e} \qquad (2-32)$$

可见,I_{EQ} 与温度和三极管的参数 β 无关。

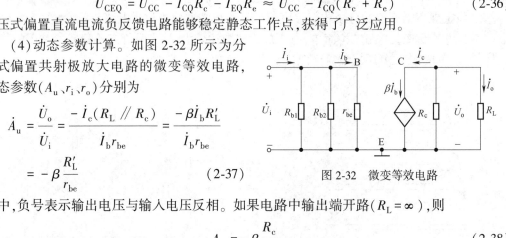

图 2-31　直流通道

$$I_{EQ} \approx \frac{V_{BQ}}{R_e} = \frac{R_{b2} U_{CC}}{(R_{b1} + R_{b2}) R_e} \qquad (2-33)$$

$$I_{CQ} \approx I_{EQ} \qquad (2-34)$$

$$I_{BQ} = \frac{I_{CQ}}{\beta} \qquad (2-35)$$

$$U_{CEQ} = U_{CC} - I_{CQ} R_c - I_{EQ} R_e \approx U_{CC} - I_{CQ}(R_c + R_e) \qquad (2-36)$$

分压式偏置直流电流负反馈电路能够稳定静态工作点,获得了广泛应用。

(4)动态参数计算。如图 2-32 所示为分压式偏置共射极放大电路的微变等效电路,动态参数(A_u、r_i、r_o)分别为

$$\dot{A}_u = \frac{\dot{U}_o}{\dot{U}_i} = \frac{-\dot{I}_c(R_L /\!/ R_c)}{\dot{I}_b r_{be}} = \frac{-\beta \dot{I}_b R_L'}{\dot{I}_b r_{be}}$$

$$= -\beta \frac{R_L'}{r_{be}} \qquad (2-37)$$

图 2-32　微变等效电路

式中,负号表示输出电压与输入电压反相。如果电路中输出端开路($R_L = \infty$),则

$$A_u = -\beta \frac{R_c}{r_{be}} \qquad (2-38)$$

$$r_i = R_{b1} /\!/ R_{b2} /\!/ r_{be} \approx r_{be} \qquad (2-39)$$

$$r_o = R_c \qquad (2-40)$$

综上所述,共射极放大电路的特点是电压放大倍数较高 $A_u \gg 1$;但输入电阻 r_i 较小,从信号源索取的电流较大,加重了信号源的负担,并使放大器获得的实际输入信号电压 u_i 较小;输出电阻 r_o 较大,带负载能力较差。因此该电路常作为多级放大电路的中间级,积累电压放大倍数。

【例 2-2】　在图 2-25 中,已知 $U_{CC} = 12\ V$,$R_c = R_e = 2\ k\Omega$,$R_{b1} = 20\ k\Omega$,$R_{b2} = 10\ k\Omega$,$R_L = 2\ k\Omega$,半导体三极管的 $\beta = 40$,试计算:(1)静态工作点。(2)输入电阻 r_i、输出电阻 r_o 和电压放大倍数 A_u。

解:(1)由式(2-33)~式(2-36),静态工作点为

$$I_{EQ} \approx \frac{V_{BQ}}{R_e} = \frac{R_{b2}U_{CC}}{(R_{b1} + R_{b2})R_e} = \frac{10 \times 12}{(10 + 20) \times 2} = 2\ (mA)$$

$$I_{CQ} \approx I_{EQ} = 2\ mA$$

$$I_{BQ} = \frac{I_{CQ}}{\beta} = \frac{2\ mA}{40} = 0.05\ mA$$

$$U_{CEQ} \approx U_{CC} - I_{CQ}(R_c + R_e) = 12 - 2 \times (2 + 2) = 4(V)$$

(2)交流参数为

$$r_{be} \approx 300 + \beta \frac{26\ mV}{I_{CQ}} = 300 + 40 \times \frac{26\ mV}{2\ mV} \approx 820\ \Omega$$

$$r_i = R_{b1}\ /\!/\ R_{b2}\ /\!/\ r_{be} \approx r_{be} = 820\ (\Omega)$$

$$r_o = R_c = 2(k\Omega)$$

$$R_L' = R_L\ /\!/\ R_c = \frac{R_L R_c}{R_L + R_c} = \frac{2\ k\Omega \times 2\ k\Omega}{2\ k\Omega + 2\ k\Omega} = 1\ k\Omega$$

$$A_u = -\beta \frac{R_L'}{r_{be}} = -40 \times \frac{1\ k\Omega}{820\ k\Omega} \approx -49$$

知识点五　射极输出器的基本分析

共集电极放大电路的输入电阻 r_i 大和输出电阻 r_o 小,能满足一些实际电子电路的要求。如图 2-33(a)所示为一个共集电极放大电路,图 2-33(b)、图 2-33(c)分别是它的直流通路和交流通路。由交流通路可知,输入信号从放大电路的基极与地之间引入,输出信号从放大电路的发射极与地之间引出,集电极是输入和输出的共用端,因此称共集电极放大电路。又因为输出信号是从发射极引出,故又称为射极输出器。

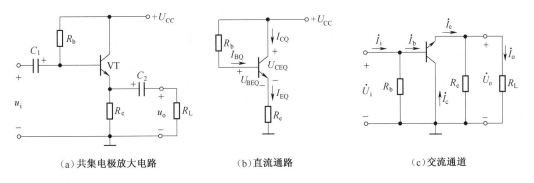

(a)共集电极放大电路　　　　　(b)直流通路　　　　　(c)交流通道

图 2-33　共集电极放大电路及其分解电路

（一）静态分析

由直流通路计算静态工作点

$$I_{BQ} = \frac{U_{CC} - U_{BEQ}}{R_b + (1 + \beta)R_e} \quad\quad (2\text{-}41)$$

$$I_{CQ} \approx I_{EQ} = \beta I_{BQ} \quad\quad (2\text{-}42)$$

$$U_{CEQ} = U_{CC} - I_{EQ}R_e \quad\quad (2\text{-}43)$$

射极输出器中的电阻 R_e 也能将反映电流 I_{EQ} 变化的信号,反馈到输入端以稳定工作点,其稳定过程为:

$$T\uparrow \rightarrow I_{CQ}\uparrow \rightarrow I_{EQ}\uparrow \rightarrow (I_{EQ}R_e)\uparrow \rightarrow V_{EQ}\uparrow \rightarrow U_{BE}\downarrow \rightarrow I_{BQ}\downarrow \rightarrow I_{CQ}\downarrow$$

适当选择 R_e 的大小,使 I_{CQ} 的上升量与下降量近似相等,则静态工作点稳定。

（二）动态分析

共集电极放大电路的微变等效电路如图 2-34 所示。根据微变等效电路计算动态参数如下:

1. 电压放大倍数 A_u

$$\dot{U}_o = \dot{I}_e(R_L \mathbin{/\mkern-5mu/} R_e) = (1 + \beta)\dot{I}_b R'_L$$

$$R'_L = R_L \mathbin{/\mkern-5mu/} R_e = \frac{R_L R_e}{R_L + R_e}$$

$$\dot{U}_i = \dot{U}_o + \dot{U}_{be} = \dot{I}_b r_{be} + \dot{I}_e R'_L = \dot{I}_b[r_{be} + (1 + \beta)R'_L]$$

$$\dot{A}_u = \frac{\dot{U}_o}{\dot{U}_i} = \frac{(1 + \beta)R'_L}{[r_{be} + (1 + \beta)R'_L]} \quad\quad (2\text{-}44)$$

在式(2-44)中,一般 $(1+\beta)R'_L \gg r_{be}$,故 $A_u \leqslant 1$,且输出电压和输入电压同相位,因此输出电压跟随输入电压,故该电路又称为射极跟随器。射极跟随器虽然无电压放大能力,但仍有电流放大能力,所以有功率放大作用。

2. 输入电阻 r_i

$$r'_i = \frac{\dot{U}_i}{\dot{I}_b} = \frac{\dot{I}_b[r_{be} + (1 + \beta)R'_L]}{\dot{I}_b} = r_{be} + (1 + \beta)R'_L$$

$$r_i = R_b \mathbin{/\mkern-5mu/} r'_i = R_b \mathbin{/\mkern-5mu/} [r_{be} + (1 + \beta)R'_L] \quad\quad (2\text{-}45)$$

通常 R_b 的阻值较大(几十千欧至几百千欧), R_e 的阻值也有几千欧,射极输出器的输入电阻较高,可达几十千欧到几百千欧,比共射极放大电路的输入电阻要大几十至几百倍。输入电阻大的原因是采用了交流串联负反馈。

3. 输出电阻 r_o

在图 2-34(a)中令 $\dot{U}_s = 0$、$R_L = \infty$,在输出端外加电压 $\dot{U}$,若产生的电流为 $\dot{I}$,如图 2-34(b)所示,则

$$r_o = \frac{\dot{U}}{\dot{I}} = \frac{\dot{U}}{\dot{I}_e + \beta\dot{I}_b + \dot{I}_b} = \frac{\dot{U}}{\dot{I}_e + (1 + \beta)\dot{I}_b} = \frac{\dot{U}}{\dfrac{\dot{U}}{R_e} + (1 + \beta)\dfrac{\dot{U}}{r_{be} + \dfrac{R_s R_b}{R_s + R_b}}}$$

$$= \cfrac{1}{\cfrac{1}{R_e} + \cfrac{1}{\cfrac{r_{be} + \cfrac{R_s R_b}{R_s + R_b}}{1 + \beta}}} = R_e \; // \; \cfrac{r_{be} + \cfrac{R_s R_b}{R_s + R_b}}{1 + \beta}$$

式中，R_s 为信号源内阻，通常较小，令 $R_s = 0$，则

$$r_o = R_e \; // \; \frac{r_{be}}{1 + \beta} \approx \frac{r_{be}}{1 + \beta} \tag{2-46}$$

可见，射极输出器的输出电阻 r_o 较小，通常为几欧至几百欧，所以共集电极电路带负载能力强。

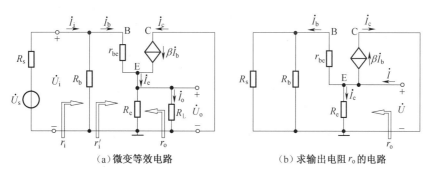

图 2-34　共集电极放大电路的微变等效电路

（三）射极输出器在电路中的特点及应用

共集电极放大电路的主要特点是：电压放大倍数小于近似等于 1；输入电阻大；输出电阻小。这些动态参数特点决定共集电极放大电路在电子电路中的广泛应用。

（1）利用它的输入电阻高的特点，可作多级放大电路的输入级，电路向信号源索取的电流小，能减轻信号源的负担。如果用作测量仪器的输入级，可提高测量精度。

（2）利用它的输电阻低的特点，可作多级放大电路的输出级，提高电路的带负载能力。

（3）两级共射放大电路直接相连，会因为输入输出阻抗不匹配而造成耦合中的信号损失，使放大倍数下降。共集电极放大电路由于输入电阻大可减轻前级放大电路的负担、输出电阻小可减小后级放大电路的信号源内阻，在两级放大电路中作缓冲级能起到阻抗转换和隔离的作用，从而提高前后两级的电压放大倍数。

 知识点六　场效应管放大电路的基本分析

（一）场效应管的基本知识

半导体三极管是一种电流控制型器件，当它放大工作时，必须有一定的基极电流，也就是说从信号源中吸取电流才能放大信号，其输入电阻较低。场效应管则是利用电压改变电场强弱来控制半导体材料的导电能力，是一种电压控制型器件。场效应管的输入电阻很大

（约几百兆欧以上），输入端几乎不吸取电流，除此之外它还具有热稳定性好、低噪声、抗辐射能力强、便于集成等优点，因此在电子电路中得到了广泛的应用。

场效应管按其结构可分为绝缘栅场效应管和结型场效应管两大类。绝缘栅场效应管由于制造工艺简单，广泛应用于集成电路。我们主要学习绝缘栅型场效应管的结构、符号及特性。

1. 绝缘栅场效应管的结构及电路符号

绝缘栅型场效应管又称金属-氧化物-半导体场效应管（Metal-Oxide-Semiconductor type Field Effect Transistor），缩写为 MOSFET，简称 MOS 管。MOS 管可分为增强型与耗尽型两种类型，每一种又分为 N 沟道和 P 沟道，即 NMOS 增强型管和 PMOS 增强型管、NMOS 耗尽型管和 PMOS 耗尽型管。

（1）NMOS 增强型管的结构示意图和电路符号

如图 2-35 所示为 N 沟道增强型 MOS 管的结构示意图和电路符号。它是以一块掺杂浓度较低的 P 型硅薄片作为衬底，在衬底上制成两个掺杂浓度很高的 N 区，用 N^+ 表示，然后在 P 型硅表面覆盖一层薄薄的二氧化硅（SiO_2）绝缘层，并在二氧化硅的表面及两 N^+ 型区的表面分别引出三个铝电极作为栅极 G、源极 S 和漏极 D，这就制成了 N 沟道增强型 MOS 管。通常将衬底 B 与源极 S 接在一起使用。由于栅极与源极、漏极以及衬底之间是绝缘的，故称绝缘栅型器件。图 2-35（b）是增强型 NMOS 的电路符号，箭头向内表示 N 沟道。若采用 N 型硅作衬底，源极、漏极为 P^+ 型，则导电沟道为 P 沟道，其符号与 N 沟道类似，只是箭头方向朝外，如图 2-35（c）所示。

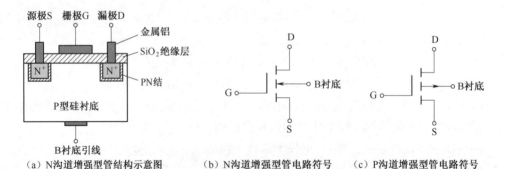

（a）N沟道增强型管结构示意图　　（b）N沟道增强型管电路符号　　（c）P沟道增强型管电路符号

图 2-35　NMOS 增强型管的结构示意图和电路符号、PMOS 增强型管电路符号

增强型 MOS 管导电沟道的特点是没有原始导电沟道，需在外电压电场的作用下才能形成导电沟道。

（2）NMOS 耗尽型管的结构示意图和电路符号

NMOS 耗尽型管的结构与 NMOS 增强型管的结构相似，不同的是 NMOS 耗尽型管的导电沟道是在制造过程中形成的。通常在制作 SiO_2 绝缘层时事先掺入一些金属正离子，这些正离子产生了一个垂直于 P 型衬底的纵向电场，使漏、源之间的 P 型衬底表面上感应出较多的电子，形成 N 型反型层原始导电沟道，其结构如图 2-36（a）所示，图 2-36（b）和图 2-36（c）分别为 NMOS 耗尽型管的电路符号和 PMOS 耗尽型管的电路符号。

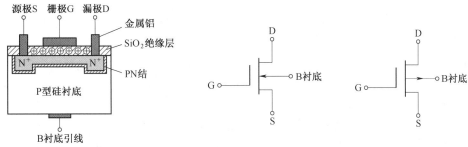

（a）N沟道耗尽型管结构示意图　　（b）N沟道耗尽型管电路符号　　（c）P沟道耗尽型管电路符号

图 2-36　NMOS 耗尽型管的结构示意图和电路符号、PMOS 耗尽型管电路符号

2. 绝缘栅场效应管的特性

场效应管的基本特性可以由转移特性曲线和输出特性曲线来描述。

1）NMOS 增强型管的特性

NMOS 增强性管的转移特性曲线和输出特性曲线如图 2-37 所示。

（1）转移特性

转移特性就是指在 u_{DS} 保持不变的前提下，栅-源电压 u_{GS} 对漏极电流 i_D 的控制特性。从图 2-37（a）中可以看出：当 $u_{GS} < U_{GS(th)}$ 时，$i_D \approx 0$，这相当于半导体三极管输入特性曲线的死区；当 $u_{GS} = U_{GS(th)}$ 时，通电沟道开始形成，随着 u_{GS} 增大，i_D 逐渐增大，即 i_D 开始受到 u_{GS} 控制，i_D 与 u_{GS} 之间的关系可近似表示为

$$i_D = I_{D0} \left[\frac{u_{GS}}{U_{GS(th)}} - 1 \right]^2 \tag{2-47}$$

式中

I_{D0}——$u_{GS} = 2U_{GS(th)}$ 时的 i_D 值（mA）；

$U_{GS(th)}$——增强型 NMOS 管的开启电压（V）。

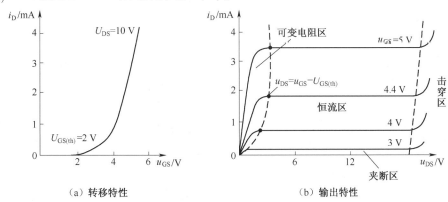

（a）转移特性　　　　　　　　　（b）输出特性

图 2-37　增强型 NMOS 管的特性曲线

（2）输出特性

输出特性曲线表示在 $u_{GS} > U_{GS(th)}$ 并保持不变时，漏极电流 i_D 与漏-源电压 u_{DS} 之间的关

系,如图 2-37(b)所示。

①可变电阻区。可变电阻区是 u_{DS} 相对较小的区域,如图 2-37(b)中虚线与纵轴之间的区域。u_{DS} 较小时可不考虑 u_{DS} 对导电沟道的影响,当 u_{GS} 为一定值时,导电沟道电阻也一定,i_D 与 u_{DS} 基本上成线性关系。即 u_{GS} 保持一定,沟道电阻也为一定值;而当 u_{GS} 变化时,其沟道电阻的大小会随 u_{GS} 变化,u_{GS} 越大,沟道电阻越小,曲线越陡。因此将这个区域称为可变电阻区。

②恒流区(饱和区)。恒流区又称为线性放大区,为图 2-37(b)中所示曲线水平的部分,表示当 $u_{DS} > [u_{GS} - U_{GS(th)}]$ 时,栅-源电压 u_{DS} 与漏极电流 i_D 之间的关系。在恒流区内,i_D 几乎不随 u_{DS} 变化,趋于饱和,具有恒流性质,所以这个区域又称饱和区。i_D 受 u_{GS} 的控制,当 u_{GS} 增大时,i_D 随之增大,曲线表现为一簇平行于横轴的直线,因此 MOS 管是电压控制电流器件。

③夹断区。夹断区指 $u_{GS} < U_{GS(th)}$ 的区域,此时,漏极电流 i_D 极小,几乎不随 u_{DS} 变化,夹断区也称截止区。

④击穿区。当 u_{DS} 过大时,场效应管的 i_D 会急剧增加,管子将损坏,这个特点的区域叫击穿区。场效应管在击穿区已不能正常工作。

2)NMOS 耗尽型管的特性

与增强型 MOS 管相比,耗尽型 MOS 管在 u_{DS} 为常数、$u_{GS} = 0$ 时,漏、源极间已经导通,流过的是原始导电沟道的漏极电流 I_{DSS}。当 $u_{GS} < 0$ 时,即加反向电压,导电沟道变窄,i_D 减小;u_{GS} 负值愈高、沟道愈窄,i_D 也就愈小。当 u_{GS} 达到一定负值时,导电沟道夹断,$i_D \approx 0$,此时的 u_{GS} 称为夹断电压 $U_{GS(off)}$。如图 2-38(a)、(b)所示分别为 NMOS 耗尽型管的转移特性曲线和输出特性曲线。可见,耗尽型绝缘栅场效应管无论栅-源电压 u_{GS} 是正是负或零,都能控制漏极电流 i_D,这个特点使它的应用更具灵活性。一般情况下,NMOS 耗尽型管工作在负栅-源电压的状态。

在 $U_{GS(off)} \leqslant u_{GS} \leqslant 0$ 范围内,耗尽型 MOS 管的转移特性可近似表示为

$$i_D = I_{DSS}\left[1 - \frac{u_{GS}}{U_{GS(off)}}\right]^2 \tag{2-48}$$

式中

I_{DSS}——$u_{GS} = 0$ 时的漏极饱和电流(mA);

$U_{GS(off)}$——夹断电压(V)。

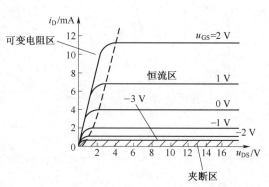

(a)转移特性　　　　　　　　　　　　(b)输出特性

图 2-38　耗尽型 NMOS 管的特性曲线

3. 场效应半导体三极管的主要参数

（1）开启电压 $U_{GS(th)}$。当 u_{DS} 为某固定值时，开始形成导电沟道的栅-源电压 u_{GS} 值，称为开启电压 $U_{GS(th)}$。它适用于增强型管。

（2）夹断电压 $U_{GS(off)}$。在测试电压 u_{DS} 值下，当漏极电流 i_D 趋于零时（或按规定等于一个微小电流，例如 $1\ \mu A$），所测得的栅-源反向偏置电压 u_{GS} 值，称为夹断电压 $U_{GS(off)}$。对于 N 沟道场效应管，$U_{GS(off)} < 0$；对于 P 沟道场效应管，$U_{GS(off)} > 0$。它适用于耗尽型管。

（3）漏极饱和电流 I_{DSS}。在 $u_{GS} = 0$ 的条件下，外加的漏-源电压 u_{DS} 使场效应管工作在恒流区时的漏极电流，称为漏极饱和电流 I_{DSS}。耗尽型管才有 I_{DSS}。

（4）漏-源击穿电压 $U_{(BR)DS}$。使漏极电流 i_D 从恒流值急剧上升时的漏-源电压值就是击穿电压 $U_{(BR)DS}$ 值。使用时 u_{DS} 不允许超过 $U_{(BR)DS}$，否则会烧坏管子。

（5）栅-源击穿电压 $U_{(BR)GS}$。使二氧化硅绝缘层击穿时的栅-源电压值叫做栅-源击穿电压 $U_{(BR)GS}$，一旦绝缘层被击穿将造成短路现象，使管子损坏。

（6）直流输入电阻 R_{GS}。在漏-源之间短路的条件下，栅-源之间加一定电压时的栅-源直流电阻值，一般在 $10^{10}\ \Omega$ 左右。

（7）最大耗散功率 P_{DM}。类似于半导体三极管中的耗散功率 P_{CM}，场效应管的漏极耗散功率 $p_D = i_D u_{DS}$，P_{DM} 指允许耗散在场效应管上的最大功率，是决定管子温升的参数。为了安全工作，场效应管的 $p_D < P_{DM}$。

（8）低频互导（跨导）g_m。在 u_{DS} 为规定值时，漏极电流的变化量与栅-源电压变化量之比，称为跨导或互导，即

$$g_m = \left. \frac{di_D}{du_{GS}} \right|_{u_{DS} = 常数} \tag{2-49}$$

g_m 是转移特性曲线上工作点处切线的斜率。g_m 是表征场效应管放大能力的一个重要参数，g_m 越大，场效应管的放大能力越好，即 u_{GS} 对 i_D 的控制能力越强。g_m 可以从转移特性曲线上求取，其单位为毫西门子（mS），g_m 的大小一般为零点几到几毫西门子。

4. 使用 MOS 管的注意事项

（1）MOS 管栅-源之间的电阻很高，使得栅极的感应电荷不易泄放，因极间电容很小，故会造成电压过高使绝缘栅击穿。因此，保存 MOS 管应使三个电极短接，避免栅极悬空。

（2）焊接 MOS 管时，对工作台、操作人应有防静电措施，电烙铁的外壳应良好地接地，或烧热电烙铁后切断电源再焊。测试 MOS 管时，应先接好线路再去除电极之间的短接，测试结束后应先短接各电极。测试仪器应有良好的接地。

（3）有些 MOS 管将衬底引出，故有 4 个管脚，这种管子漏极与源极可互换使用。但有些 MOS 场效应半导体三极管在内部已将衬底与源极接在一起，只引出 3 个电极，这种管子的漏极与源极不能互换。

（4）在使用场效应管时，要注意漏-源电压、漏-源电流及耗散功率等，不要超过规定的最大允许值。

5. 场效应管与半导体三极管的比较

场效应管与半导体三极管虽然都是半导体器件，它们的差异在于：

（1）场效应管是电压控制器件,由栅-源电压控制漏极电流;半导体三极管是电流控制器件,通过基极电流控制集电极电流。

（2）场效应管参与导电的载流子只有多数载流子,称单极型器件;而半导体三极管是多子和少子同时参与导电,称双极型器件。

（3）场效应管的输入电阻很高,一般在 10^8 Ω 以上;而三极管的输入电阻较低,一般只有几百欧至几十千欧。

（4）场效应半导体三极管的温度稳定性好,而半导体三极管的温度稳定性较差。

（5）场效应管受温度、辐射的影响小,噪声系数低;而三极管容易受温度、辐射等外界因素影响,噪声系数也大。

（6）如果场效应管的衬底不与源极相连,其漏极与源极可以互换使用;但三极管的集电极与发射极不能互换使用。

（二）场效应管放大电路的基本分析

场效应晶体管具有输入电阻高和噪声低等突出优点,因此多用在多级放大电路的输入级放大微弱信号。场效应管的栅极 G、漏极 D 和源极 S 分别与半导体三极管的基极 B、集电极 C 和发射极 E 相对应,因此也可以有三种接法,即共源、共漏和共栅放大电路。我们仅以 NMOS 耗尽型管为例,讨论共源场效应管放大电路的静态分析和动态分析。场效应管放大电路应设置合适的偏置,偏置的形式通常有两种:自偏压式和分压偏置式。

1. 分压偏置式共源极放大电路

如图 2-39 所示为分压偏置式共源极放大电路。

1）各元器件的作用

VT:场效应管,电压控制元件,由栅-源电压 u_{GS} 控制漏极电流 i_D。

R_{G1}、R_{G2}:分压电阻,使栅极得到偏置电压,改变 R_{G1} 的阻值可以调整放大电路的静态工作点。

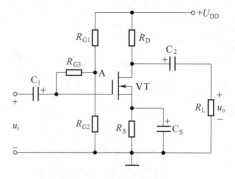

图 2-39　分压偏置式放大电路

R_{G3}、R_{G3} 阻值非常大,以保持较高的输入电阻,减小 R_{G1}、R_{G2} 对交流信号的分流作用。

R_D:漏极负载电阻,作用相当于集电极负载电阻 R_c,可将漏极电流 i_D 转换为输出电压。

R_S:源极电阻,不仅决定栅-源偏压 U_{GSQ},还具有电流负反馈稳定静态工作点的作用。

C_S:源极旁路电容,使 R_S 不消耗交流信号,输出 u_o 不会被衰减。

C_1、C_2:耦合电容,起隔断直流、耦合交流信号的作用。电容量一般在 0.01～10 μF 范围内,比半导体三极管放大电路的耦合电容小。

2）静态分析

由电路的直流通路可求出静态工作点（U_{GSQ}、I_{DQ}、U_{DSQ}）。直流通道如图 2-40 所示,由于场效应管的输入电阻很高,可以认为直流栅极电流 $I_{GQ}=0$,即

$$V_{GQ} = V_A = \frac{R_{G2}}{R_{G1} + R_{G2}} U_{DD} \qquad (2\text{-}50)$$

$$U_{GSQ} = V_{GQ} - I_{DQ}R_S = \frac{R_{G2}}{R_{G1} + R_{G2}} U_{DD} - I_{DQ}R_S$$

$$(2\text{-}51)$$

式(2-48)可写成 $I_{DQ} = I_{DSS}\left(1 - \dfrac{U_{GSQ}}{U_{GS(off)}}\right)^2$

联立求解式(2-48)、式(2-51)可得到 I_{DQ} 和 U_{GSQ}。

$$U_{DSQ} = U_{DD} - I_{DQ}(R_D + R_S) \qquad (2\text{-}52)$$

图 2-40　直流通道

3)动态分析

(1)场效应管的微变等效电路

场效应管的微变等效电路如图 2-41 所示。

即
$$\dot{I}_D = g_m \dot{U}_{GS} \qquad (2\text{-}53)$$

(2)分压偏置式共源极放大电路的微变等效电路

分压偏置式共源极放大电路的微变等效电路如图 2-42 所示。

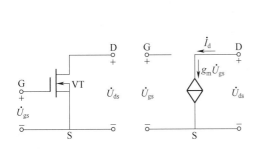

图 2-41　场效应管微变等效电路图　　图 2-42　分压偏置式共源极放大电路的微变等效电路

①电压放大倍数 A_u

$$\dot{U}_o = -\dot{I}_D(R_D /\!/ R_L) = -g_m\dot{U}_{GS}R_L' = -g_m\dot{U}_iR_L'$$

$$\dot{A}_u = \frac{\dot{U}_o}{\dot{U}_i} = -g_mR_L' \qquad (2\text{-}54)$$

式中　负号表示输出电压与输入电压反相,$R_L' = R_D /\!/ R_L$。

②输入电阻 r_i

$$r_i = R_{G3} + (R_{G1} /\!/ R_{G2}) \qquad (2\text{-}55)$$

通常,选择 $R_{G3} \gg (R_{G1} /\!/ R_{G2})$,故有

$$r_i \approx R_{G3} \qquad (2\text{-}56)$$

③输出电阻 r_o

$$r_o = R_D \qquad (2\text{-}57)$$

R_D一般为几百欧到几千欧,故输出电阻较大。

2. 自偏压式共源极放大电路

图 2-43 所示为自偏压式共源极放大电路。由于耗尽型管在 $u_{GS}=0$,因存在原始导电沟道有漏极电流 I_{DSS}。静态时,当 I_{DQ} 流过源极电阻 R_S 时形成 $I_{SQ}R_S$ 压降($I_{GQ}=0$,$I_{DQ}=I_{SQ}$),又因为 $I_G=0$,R_G 上的电压降为 0,则栅极电阻 R_G 把源极电阻 R_S 上的 $I_{DQ}R_S$ 压降加到栅极,即为栅-源极间提供了一个负偏置电压 $U_{GSQ}=-I_DR_S$,使管子工作在放大状态。由于 U_{GSQ} 是依靠自身的漏极电流 I_{DQ} 产生的,故称自偏压。由于自偏压使栅-源间的偏置电压为负,所以自偏压式电路只适用于耗尽型场效应管。

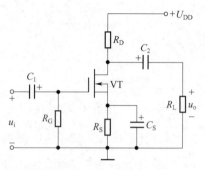

图 2-43　自偏压式放大电路

自偏压电路比较简单,电路的静态分析和动态分析由学习者自己进行。

模块3　多级放大电路的基本分析

单管放大电路的放大倍数一般为几十倍。而在实际应用中放大器的输入信号非常微弱,有时可低到毫伏或微伏数量级,要把微弱的信号放大到足够大并能带动负载,仅靠单管放大电路是不够的,必须将几个单管放大电路用适当的方式连接成多级放大电路对微弱信号进行连续放大,才能满足实际需要。另外,单管放大电路的输入电阻和输出电阻很难满足信号源或负载的要求,采用多级放大电路就能解决这些问题。

 知识点一　多级放大电路的基本组成

图 2-44 所示为多级放大电路的组成方框图,其中与信号源相连的第一级放大电路称为输入级,主要作用是引入输入的电压信号 u_i 并对小信号进行初步放大;与负载相连的末级放大电路称为输出级;位于输入级和输出级之间的各级放大电路统称为中间级,主要作用是累积电压放大倍数。在多级放大电路中,每两个单级放大电路之间的连接方式称为耦合。常用的级间耦合有变压器耦合、阻容耦合、直接耦合和光电耦合。

图 2-44　多级放大电路框图

 知识点二　级间耦合方式及特点

1. 变压器耦合方式

前级放大电路的输出端通过变压器连接到后级的输入端,这样的连接方式称为变压器耦合,如图 2-45 所示。由于变压器只变换交流、不变换直流电,也具有隔直通交作用。用变压器的原边取代前级电路的集电极电阻、副边接到后级电路输入端,当电流流过原边时,副边会产生相应的电流和电压并加到下一级三极管的基极和发射极之间,实现了交流信号的传递。变压器耦合的优点是:各级静态工作点互不影响,便于电路的设计与调试;可以进行阻抗变换,实现阻抗匹配,满足功率放大的需求。其缺点是:低频特性较差,不能变化缓慢的直流信号,体积大且重,不利于集成化。

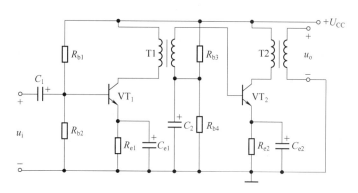

图 2-45　两级变压器耦合放大电路

2. 阻容耦合

前级放大电路的输出端通过耦合电容连接到后级的输入端,这样的连接方式称为阻容耦合,如图 2-46 所示为两级阻容耦合放大电路。两级之间通过电容 C_2 耦合。阻容耦合的优点是:由于电容器有"通交隔直"的作用,前一级与后级之间直流通路互不相通,各级静态工作点互相独立,电路的设计与调试比较方便。在分立元件放大电路中得到普遍应用。阻容耦合的缺点是:由于耦合电容的存在,不利于电子电路的集成化;当输入信号的频率较低时,耦合电容的容抗明显增大,产生较大的电压降,使信号传输受到衰减,会减小放大倍数,不适合放大低频信号,更不能放大变化缓慢的直流信号。耦合电容一般约为几微发到几十微发。

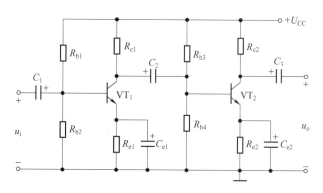

图 2-46　两级阻容耦合放大电路

3. 直接耦合

将前级的输出端直接与后级的输入端相连,这样的连接方式称为直接耦合。直接耦合多级放大电路能放大变化缓慢的直流信号,有较好的低频特性,多用于集成电路内部。由于直接耦合多级放大电路级间直流通路是相通的,带来了两个新问题:一是级间静态工作点相互影响的问题;二是零点漂移的问题。在此我们只讨论静态工作点的问题,零点漂移问题在后续的差动放大电路中会得到解决。解决级间静态工作点相互影响问题的措施之一如图2-47所示,为了配合前级电路 U_{CEQ1} 较大的情况,用稳压管取代三极管 VT_2 的发射极电阻 R_{e2},由于稳压管的动态电阻小,不会衰减输出信号;又因其直流电阻较大,能保证 U_{CEQ1} 不会被后级的 U_{BEQ2} 拉低。稳压管必须串联合适的限流电阻 R,以保证稳压管正常工作。

4. 光电耦合

前级放大电路的输出信号通过光电耦合器传送给后级的输入端,这样的连接方式称为光电耦合。如图2-48所示。前级的输出信号通过发光二极管转换为光信号,光信号照射在光敏三极管上还原为电信号送到后级输入端。光电耦合的优点是:抗干扰能力强,且前后级间的电气隔离性能好。光电耦合既可传输交流信号,又可传输直流信号;既可实现前后级的电隔离,又便于集成化。

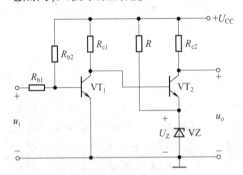

图2-47 两级直接耦合放大电路　　图2-48 两级光电耦合放大电路

知识点三　多级放大电路的性能指标

我们以两级阻容耦合放大电路为例多级放大电路的性能指标进行估算。如图2-49所示为两级阻容耦合放大电路及其微变等效电路。

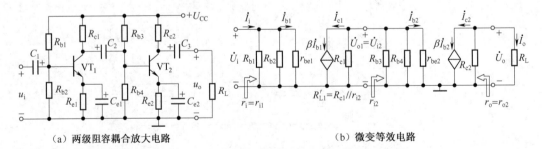

（a）两级阻容耦合放大电路　　　　（b）微变等效电路

图2-49 两级阻容耦合放大电路及其微变等效电路

1. 电压放大倍数

由图2-49(b)可知,第一级的负载电阻 R_{L1} 就是第二级的输入电阻 r_{i2},即 $R_{L1}=r_{i2}$;第二

级的输入电压 u_{i2} 就是第一级的输出电压 u_{o1}，即 $u_{i2}=u_{o1}$。根据已学的单级放大电路电压放大倍数的计算方法可得各级电路的电压放大倍数

$$\dot{A}_{u1} = \frac{\dot{U}_{o1}}{\dot{U}_i} = -\beta_1 \frac{R'_{L1}}{r_{be1}} \tag{2-58}$$

$$\dot{A}_{u2} = \frac{\dot{U}_{o2}}{\dot{U}_{i2}} = -\beta_2 \frac{R'_{L2}}{r_{be2}} \tag{2-59}$$

式中，$R'_{L1}=R_{C1}//r_{i2}$；$R'_{L2}=R_{C2}//R_L$。

两级放大器的总电压放大倍数为

$$\dot{A}_u = \frac{\dot{U}_o}{\dot{U}_i} = \frac{\dot{U}_o}{\dot{U}_{i2}} \cdot \frac{\dot{U}_{i2}}{\dot{U}_i} = \frac{\dot{U}_o}{\dot{U}_{i2}} \cdot \frac{\dot{U}_{o1}}{\dot{U}_i} = \dot{A}_{u1} \cdot \dot{A}_{u2} \tag{2-60}$$

对于电阻性负载，推广到 n 级放大电路

$$A_u = A_{u1} \times A_{u2} \times \cdots \times A_{un} \tag{2-61}$$

即 n 级放大电路的总电压放大倍数为各级放大电路的电压放大倍数之积。

电压放大倍数在工程中用常用对数形式来表示，称为电压增益，用字母 G_u 表示，单位为分贝（dB），定义式为

$$G_u = 20\lg|A_u|\ (\text{dB}) \tag{2-62}$$

若用分贝表示，则总增益为各级增益的代数和，即

$$\begin{aligned}G_u(\text{dB}) &= 20\lg|A_{u1}A_{u2}\cdots A_{un}| = 20\lg|A_{u1}| + 20\lg|A_{u2}| + \cdots + 20\lg|A_{un}| \\ &= G_{u1} + G_{u2} + \cdots + G_{un}\end{aligned} \tag{2-63}$$

2. 输入电阻 r_i 和输出电阻 r_o

由图 2-49（b）可知，多级放大电路的输入电阻就是第一级放大电路的输入电阻，即

$$r_i = r_{i1} \tag{2-64}$$

3. 输出电阻

由图 2-49（b）可知，多级放大电路的输出电阻就是末级放大电路的输出电阻，即

$$r_o = r_{o2} \tag{2-65}$$

所以 n 级放大电路的输出电阻 $r_o=r_{on}$。

需要注意的是多级放大电路的结构不同，其输入电阻和输出电阻的估算不同。例如将图 2-49 中的第一级或第二级放大电路换成射极输出器，则由学习者自行分析。

模块 4　功率放大电路的基本分析

功率放大器就是指用在多级放大电路末级，不但向负载提供足够大的输出电压，而且能向负载提供足够大的输出电流，即能向负载提供较大功率输出的放大电路。多级放大电路的输出级一般是功率放大电路，以输出一定的功率带动负载工作，例如让扬声器发声、驱动电机运转、控制继电器闭合或断开等。

知识点一　功率放大器的特点和要求

功率放大器与电压放大器相比,电压放大器的目的是放大电压,输入信号小,主要技术指标是电压放大倍数、输入电阻、输出电阻,不要求输出功率一定大;功率放大器输入的是放大后的电压、电流信号,讨论的指标主要是最大不失真输出功率、功率放大器的效率、晶体管的管耗功率等。根据功率放大器在电路中的作用,功率放大器的特点和对功率放大器的基本要求是:

1. 输出功率要尽可能大

为了获得尽可能大的输出功率,功放管的输出电压和电流就必须足够大,应尽可能在接近极限的条件下工作但不能超过极限参数,否则功放管容易损坏。即 u_{CE} 小于接近于 $U_{(BR)CEO}$;i_C 小于接近于 I_{CM};P_C 小于接近于 P_{CM}。功放管的极限工作区如图 2-50 所示。

2. 效率要高

功率放大器输出的功率是依靠功放管将直流电源提供的直流电能转换成交流电能而来的。在转换中,功放管本身也存在静态功耗,

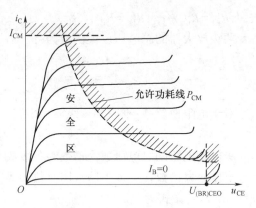

图 2-50　功放管的极限工作区

尽管如此,我们还是希望直流电源提供的能量尽可能多的被转换成交流能量输出,以带动负载工作。所谓效率,就是负载获得的输出功率 P_o 与直流电源供给的功率 P_E 的比值。表达式为

$$\eta = \frac{P_o}{P_E} \times 100\% \tag{2-66}$$

η 值越大,就意味着效率越高。

3. 失真要小

功放管的特性曲线是非线性的,管子又工作在大信号状态,工作时很容易超出特性曲线的线性范围,输出功率越大,非线性失真越严重。因此要求输出功率尽可能大,同时非线性失真尽量小。

4. 散热要好

由于功放管工作时电流较大,集电结的温度会比较高,必须考虑管子的散热问题。对大功率功放管而言,一般都会加装散热板,降低结温,以增大其输出功率。

知识点二　功率放大器的分类

1. 按功放管的工作状态分

按功放管工作状态,低频功率放大器一般分为:甲类、乙类和甲乙类功率放大器三种,其工作波形如图 2-51 所示。

甲类功率放大器的静态工作点设在线性区的中部,有合适的静态工作点。在输入信号

的整个周期内,功放管均处于导通状态。当输入信号为幅度适当的正弦波时,输出波形也为完整的正弦波形,如图 2-51(a)所示。

乙类功率放大器的静态工作点设在 $I_{BQ}=0$ 的输出特性曲线上,没有提供静态。在输入信号的整个周期内,功放管只有半个周期处于导通状态,而另半个周期处于截止状态。当输入信号为幅度适当的正弦波时,输出波形为半个周期的正弦波形,但是存在非线性失真,其工作波形情况如图 2-51(c)所示。因此,只有采用两只晶体管轮流工作,分别放大正、负半周的信号,才能在输出端得到完整的波形输出。

甲乙类功率放大电器的静态工作点靠近截止区的位置,略高于乙类,提供了尽量小的静态,三极管处于微导通状态,工作波形情况见图 2-51(b)所示。利用两管轮流交替工作,分别放大正、负半周的信号,可得到完整的波形输出。

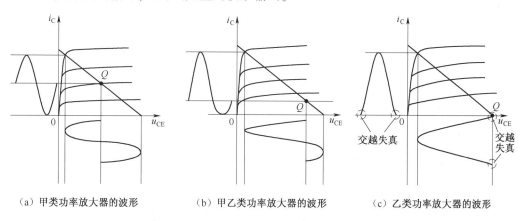

(a)甲类功率放大器的波形   (b)甲乙类功率放大器的波形   (c)乙类功率放大器的波形

图 2-51 甲类、乙类和甲乙类三种功率放大器的工作波形

甲类功率放大电器结构简单、线性好、失真小,但是功放管的静态管耗大,使得甲类功率放大器的效率低,理想效率只能达到 50%;乙类功率放大器静态管耗小,理想效率可达到 78.5%,但是波形失真严重,需要改进;甲乙类功率放大电路是在乙类基础上设置了尽可能低的静态,使管子微导通,减小了乙类功率放大器的非线性失真,但是电路比较复杂,效率在 50%~78.5% 之间。因此,追求不失真的输出时,功放电路仍然采用甲类功放器。

2. 按电路结构来分

按电路结构,功率放大电路又分为:单管功率放大电路,变压器耦合功率放大电路、无输出变压器的功率放大电路(OTL)、无输出电容的功率放大电路(OCL)和桥式推挽功率放大电路(BTL)。目前使用较多的是互补对称功率放大电路,常见的有 OTL 电路和 OCL 电路,这两种电路效率较高、频响特性好、便于集成,在集成功率放大电路中得到广泛应用。

 知识点三 乙类互补对称功率放大电路

(一)电路组成及工作原理

1. 电路组成

图 2-52 所示是双电源互补功率放大电路,又称无输出电容的功率放大电路,简称 OCT

电路。VT_1 为 NPN 型管，VT_2 为 PNP 型管，两管参数对称。将两管基极连在一起作输入端，将两管发射极连在一起作输出端接负载 R_L，两管都无静态偏置电路因而都工作在乙类状态。电路采用双电源供电，NPN 管的集电极接 $+U_{CC}$，PNP 管的集电极接 $-U_{CC}$，这样就构成了基本的 OCL 互补对称功率放大电路。

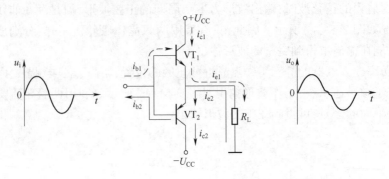

图 2-52　双电源互补功率放大电路(OCL 电路)

2. 工作原理

(1)静态分析

当输入信号 $u_i = 0$ 时，功放管 VT_1、VT_2 都工作在截止区，此时 I_{BQ}、I_{CQ}、I_{EQ} 均为零，负载上无电流通过，输出电压 $u_o = 0$。

(2)动态分析

①当输入信号为正半周时，$u_i > 0$，功放管 VT_1 导通、VT_2 截止，VT_1 管的射极电流 i_{e1} 经电源 $+U_{CC}$ 自上而下流过负载，在 R_L 上形成正半周输出电压，$u_o > 0$，且 $u_o \approx u_i$。

②当输入信号为负半周时，$u_i < 0$，功放管 VT_2 导通、VT_1 截止，VT_2 管的射极电流 i_{e2} 经电源 $-U_{CC}$ 自下而上流过负载，在 R_L 上形成负半周输出电压，$u_o < 0$，且 $u_o \approx u_i$。

③由于这种功率放大电路的静态工作点位于截止区，因此称为乙类功率放大器。

(二)功率和效率的估算

1. 输出功率 P_o

$$P_o = U_o I_o = \frac{1}{2} U_{om} I_{om} = \frac{U_{om}^2}{2R_L} \tag{2-67}$$

输出信号不失真的最大振幅电压为

$$U_{om} = U_{CC} - U_{CES}$$

若忽略 U_{CES}，则

$$U_{om} \approx U_{CC}$$

因此，最大不失真输出功率为

$$P_{om} = \frac{1}{2R_L}(U_{CC} - U_{CES})^2 \approx \frac{U_{CC}^2}{2R_L} \tag{2-68}$$

2. 直流电源提供的功率 P_E

由于在 u_i 一个周期内两个管子轮流工作半个周期，每个电源也只提供半个周期的电

流,所以各管的集电极平均电流为

$$I_C = I_{C1} = I_{C2} = \frac{1}{2\pi}\int_0^{\pi} I_{Cm}\sin\omega t \, d(\omega t) = \frac{I_{Cm}}{\pi}$$

两个直流电源供给的总功率

$$P_E = 2U_{CC}I_C = \frac{2U_{CC}I_{Cm}}{\pi}$$

当输出电压最大时,电源供给的总功率最大

$$P_{Em} = \frac{2U_{CC}^2}{\pi R_L} \tag{2-69}$$

3. 最大效率

$$\eta = \frac{P_{om}}{P_{Em}} = \frac{\dfrac{U_{CC}^2}{2R_L}}{\dfrac{2U_{CC}^2}{\pi R_L}} = \frac{\pi}{4} = 78.5\% \tag{2-70}$$

4. 管耗 P_V

两只功放管总的最大耗散功率 $P_{Vm} = P_E - P_{om}$,经计算得 $P_{Vm} = 0.4P_{om}$,每只功放管的最大管耗

$$P_{Vm1} = P_{Vm2} = 0.2P_{om} \tag{2-71}$$

 知识点四　交越失真及其消除

在乙类功率放大器中,因没有设置偏置电压,静态时 U_{BEQ} 和 I_{CQ} 均为零,而功放管发射结有死区电压,对硅管而言,在信号电压 $|u_i| < 0.5$ V 时管子不导通,输出电压 u_o 仍为零,因此在信号过零附近的正负半波交接处无输出信号,出现了非线性失真,称为交越失真,如图 2-53 所示。

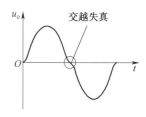

图 2-53　交越失真波形

为了在 $|u_i| < 0.5$ V 时仍有输出信号,从而消除交越失真,必须设置基极偏置电压,如图 2-54 所示。

 知识点五　甲乙类互补对称功率放大电路

(一)甲乙类互补对称 OCL 功率放大电路

乙类互补对称 OCL 功率放大电路如图 2-54 所示。在两管的基极间加上两个二极管 VD_1、VD_2,偏置电路由 R_1、R_3、R_P、VD_1、VD_2 组成,静态时仔细调整 R_P 的阻值,一是使 VT_1 的基极电位比 A 点电位高约 0.5 V、VT_2 的基极电位比 A 点电位低约 0.5 V,这样 VT_1 和 VT_2 就处于微导通状态;二是使 A 点电位为零,保证在静态时负载 R_L 无电流流过,以降低静态损耗。甲乙类功率放大电路的静态工作点位于放大区,但靠近截止区,管子 VT_1、VT_2 处于微导通工作状态,接近乙类工作,一旦在输入端加上信号,就可以使功放管迅速进入放大

区,有利于消除交越失真。当有交流信号输入时,因 VD_1、VD_2 在导通时的动态电阻很小,因而可以认为加到两互补管基极的交流信号基本相等,输出波形正负半波基本对称。由于两管交替工作时有一定的导通重叠时间,这样就克服了交越失真。

(二)甲乙类互补对称 OTL 功率放大电路

OCL 功率放大器需要用两个电源来供电,给使用带来不便,且在输入信号的一个周期内每个电源的工作时间只有半个周期,电源利用率低。因此又设计出了单电源的互补对称功率放大电路,即无输出变压器的功率放大器 OTL。甲乙类互补对称 OTL 功率放大电路如图 2-55 所示。R_P 为静态工作点调节电位器,用来调整 A 点的静态电位等于 $U_{CC}/2$,于是电容 C 上的电压也等于 $U_{CC}/2$。当有信号 u_i 输入时,在 u_i 的正半周,VT_1 导通,VT_2 截止,有电流流过负载 R_L,同时向 C 充电;在负半周时,VT_2 导通,VT_1 截止,已充电的电容 C 代替电源 $-U_{CC}$ 向 VT_2 供电,并通过负载 R_L 放电。只要使输出回路的充放电时间常数 $R_L C$ 远大于信号周期 T,就可以认为在信号变化过程中,电容两端电压基本保持不变。

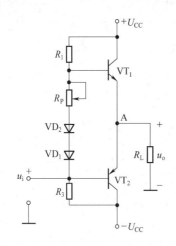

图 2-54 甲乙类 OCL 功率放大电路

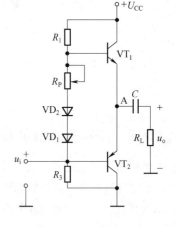

图 2-55 甲乙类 OTL 功率放大电路

采用单电源供电后,由于每个管子的工作电压不是原来的 U_{CC},而是 $U_{CC}/2$,计算输出功率和效率时,只要将式(2-58)、式(2-60)中的 U_{CC} 用 $U_{CC}/2$ 代替即可,可见 OTL 的输出功率比 OCL 的要小。与双电源互补对称电路相比,单电源互补对称电路的优点是少用一个电源,使用方便;缺点是由于电容 C 在低频时的容抗可能比 R_L 大,所以 OTL 电路的低频响应较差。

模块5　差动放大电路的基本分析

前面我们提到过,直接耦合的多级放大电路能放大变化缓慢的"直流信号"(温度、压力、转速等物理量通过传感器转换为的弱电信号),具有良好的低频特性,但是也会带来"零点漂移"问题。能放大直流信号的电路又称为直流放大器,直流放大器显然可以放大交流信号。直接耦合在电路设计时解决了静态工作点相互牵制的问题,同样要处理好"零点漂移"的抑制问题。

 知识点一　零点漂移

对于直流放大器的要求是:当输入信号为零时,输出电压也应该为零,即零入零出。而实际的直接耦合放大电路,其输入端短接处于静态,在输出端用直流毫伏表进行测量,表针会时快时慢不规则摆动,表明有不规则变化的电压输出,这种现象称为零点漂移,简称零漂。如图 2-56 所示。放大电路级数越多,零漂越严重,尤其是第一级的零漂会被后面电路逐级放大,到输出端有可能将有用信号淹没掉,导致测量和控制系统出错。

引起零点漂移的原因是电源电压的波动、半导体器件参数随温度的变化,其中温度影响是产生零漂的最主要的原因。抑制零漂的方法有很多,实际应用中最常见也最有效的措施是采用差动放大电路。

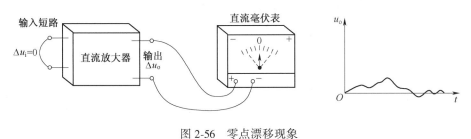

图 2-56　零点漂移现象

 知识点二　基本差动放大电路

(一)电路结构

如图 2-57 所示为差动放大电路最基本的电路形式,它是由两个完全对称的单管共射放大电路通过发射极耦合而成,图中 VT_1、VT_2 的特性及对应的电阻参数一致,即 $R_{c1} = R_{c2} = R_c$,$R_{b11} = R_{b21}$,$R_{b12} = R_{b22}$。u_{iD} 是输入电压,它经对称电阻 R_1、R_2 分压为 u_{iD1} 与 u_{iD2},分别加到 VT_1 和 VT_2 的基极,经过共射放大电路放大后分别获得输出电压 u_{o1} 和 u_{o2},输出电压 $u_o = u_{o1} - u_{o2}$。

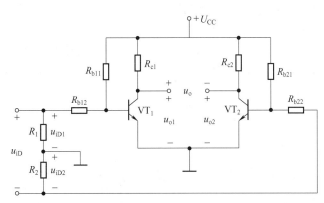

图 2-57　基本差动放大电路

（二）抑制零漂的原理

因左右两个放大电路完全对称，所以在输入信号 $u_{iD}=0$ 时，$u_{o1}=u_{o2}$，因此输出电压 $u_o=0$，即表明放大器具有零输入时零输出的特点。

当温度变化时，VT_1、VT_2 的输出电压 u_{o1} 和 u_{o2} 同时发生变化，但由于电路对称，两管的输出变化量（零漂）相同，即 $\Delta u_{o1}=\Delta u_{o2}$，则 $u_o=0$。可见利用两管的零漂在输出端被减掉，可以有效地抑制零漂。

（三）差模信号和差模放大倍数

输入信号 u_{iD} 被 R_1、R_2 分压为大小相等、极性相反的一对输入信号 u_{iD1} 和 u_{iD2}，分别输入到 VT_1 和 VT_2 两管的基极，此信号称为"差模信号"，即 $u_{iD1}=u_{iD}/2$，$u_{iD2}=-u_{iD}/2$。差模信号是有用的输入信号，简称"有用信号"。因左右电路对称，电放大倍数 $A_{u1}=A_{u2}=A_u$，则放大器对差模信号的放大倍数 A_{uD} 为

$$A_{uD}=\frac{u_{oD}}{u_{iD}} \tag{2-72}$$

$$A_{uD}=\frac{u_{oD}}{u_{iD}}=\frac{u_{oD1}-u_{oD2}}{u_{iD}}=\frac{A_{u1}u_{iD1}-A_{u2}u_{iD2}}{u_{iD}}=A_u \tag{2-73}$$

可见基本放大器的差模放大倍数 A_{uD} 等于电路中每个单管共射放大电路的放大倍数 A_u，以多一倍的元件换来了对零点漂移抑制能力的提高。

（四）共模信号和共模抑制比

在两个输入端分别加上大小相等、极性相同的信号，此信号称为"共模信号"。共模信号就是零漂信号和伴随输入信号一起加入的干扰信号，对左右两侧电路有"相同的影响"，即 $u_{iC}=u_{iC1}=u_{iC2}$，这种输入方式称为共模输入。共模信号是无用的输入信号，简称"无用信号"。共模电压放大倍数定义为

$$A_{uC}=\frac{u_{oC}}{u_{iC}} \tag{2-74}$$

对于电路完全对称的差动放大器，其共模输出电压 $u_{oC}=u_{oC1}-u_{oC2}=0$，则

$$A_{uC}=0 \tag{2-75}$$

在理想情况下，由于温度变化、电源电压波动等原因所引起的两管的输出电压漂移量 Δu_{o1} 和 Δu_{o2} 相等，它们分别折合为各自的输入电压漂移也必然相等，即为共模信号。可见零点漂移等效于共模输入。实际上，放大器不可能绝对对称，故共模放大输出信号不为零。因此共模放大倍数 A_{uC} 越小，则表明抑制零漂能力越强。

差动放大电路常用共模抑制比 K_{CMR} 来衡量放大电路对有用信号的放大能力以及同时对无用信号的抑制能力，其定义是

$$K_{CMR}=\left|\frac{A_{uD}}{A_{uC}}\right| \tag{2-76}$$

共模抑制比越大，放大器抑制零漂和干扰的能力越强，性能就越好。

（五）实际输入信号

实际输入信号是差模信号与共模信号共存的信号。当两个输入端的实际输入信号为

u_{i1}、u_{i2}，则

$$u_{i1} = \frac{1}{2}(u_{i1} + u_{i2}) + \frac{1}{2}(u_{i1} - u_{i2}) = u_{iC} + \frac{1}{2}u_{iD} \tag{2-77}$$

$$u_{i2} = \frac{1}{2}(u_{i1} + u_{i2}) - \frac{1}{2}(u_{i1} - u_{i2}) = u_{iC} - \frac{1}{2}u_{iD} \tag{2-78}$$

$$u_{iD} = u_{i1} - u_{i2} \tag{2-79}$$

$$u_{iC} = \frac{u_{i1} + u_{i2}}{2} \tag{2-80}$$

此时，输出放大电压 u_o 中，也是差模放大输出信号 u_{oD} 与共模放大输出信号 u_{oC} 共存，即

$$u_o = u_{oD} + u_{oC} = A_{uD}u_{iD} + A_{uC}u_{iC} = A_{uD}(u_{i1} - u_{i2}) + A_{uC}\left(\frac{u_{i1} + u_{i2}}{2}\right) \tag{2-81}$$

 知识点三 差动放大电路的输入输出方式

差动放大器输入端可采用双端输入和单端输入两种方式，双端输入是将信号加在两个晶体管的基极，如图 2-57、图 2-58 所示。单端输入则是将信号加在一只晶体管的基极和公共端，而另一只管子的输入端接地，如图 2-59、图 2-60 所示。不论是双端输入还是单端输入，其输入电阻均为单管共射放大电路输入电阻的 2 倍，即 $r_{id} \approx 2(R_{b1}+r_{be1})$。

差动放大器的输出端可采用双端输出和单端输出两种方式，双端输出时负载 R_L 接在 VT_1 和 VT_2 的集电极之间，此时差模电压放大倍数等于单管共射放大电路的放大倍数，$R_L' = R_c // \frac{1}{2}R_L$，输出电阻 $r_{oD} = 2R_c$，如图 2-57、图 2-58 所示。单端输出时，负载 R_L 接在 VT_1 或 VT_2 的集电极与"⊥"之间，另一个管子不输出，此时 $R_L' = R_c // R_L$，差模电压放大倍数 A_{uD} 和输出电阻 r_{oD} 均比双端输出减小一半，如图 2-59、图 2-60 所示。双端输出的 K_{CMR} 比单端输出的 K_{CMR} 大。

由于差动放大器有两种输入方式和两种输出方式，因此差动放大器共有四种连接方式：

(1) 双端输入、双端输出，如图 2-58 所示。

(2) 双端输入、单端输出，如图 2-59 所示。

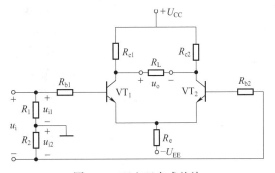

图 2-58 双入双出式差放

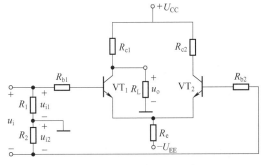

图 2-59 双入单出式差放

（3）单端输入、双端输出，如图 2-60 所示。

（4）单端输入、单端输出，如图 2-61 所示。

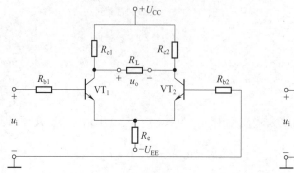

图 2-60　单入双出式差放

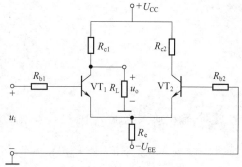

图 2-61　单入单出式差放

耦合发射极上的电阻 R_e 具有电流负反馈作用，能稳定静态工作点，在差分放大电路中还能消耗共模信号。由于左右两侧电路中的差模信号电流大小相等、方向相反，当差模信号电流流过电阻 R_e 时相互抵消，因此流过电阻 R_e 的差模信号电流为 0，R_e 两端的差模信号电压为 0，即 R_e 对差模信号相当于短路。而左右两侧电路中的共模信号电流大小、方向都一样，当共模信号电流流过电阻 R_e 时为每侧电路的两倍，即 R_e 对每侧电路的共模信号都相当于 $2R_e$ 的消耗作用。可见，R_e 越大，对共模信号的抑制能力越强。R_e 增大后，为了保证每侧电路的 U_{CEQ} 正常值，需要加 $-U_{EE}$，双电源供电。恒流源电路具有直流电阻小、交流电阻无穷大及电流恒定的特点，因此在设计差分放大电路时采用恒流源电路来代替电阻 R_e，可以有效提高差放的共模抑制比。

项 目 小 结

半导体三极管是由两个 PN 结构成的一种半导体电流控制器件，它是通过较小的基极电流去控制较大的集电极电流，即 $i_C = \beta i_B$，三个电极的电流关系为 $i_E = i_B + i_C$。

半导体三极管称 BJT 管，有 NPN 型和 PNP 型两大类。半导体三极管输入输出特性曲线反映了半导体三极管的性能。发射结正偏、集电结反偏时，半导体三极管工作在放大区，相当于一个电流控制的恒流源；发射结与集电结均正偏，工作在饱和区，相当于一个闭合的开关；发射结与集电结均反偏，工作在截止区相当于一个断开的开关。半导体三极管具有"放大"和"开关"功能，其"放大"功能用于模拟电子技术中、"开关"功能用于数字电子技术中。半导体三极管一定要工作在安全区。

半导体场效应管简称 FET，是电压控制型器件，它利用栅-源电压控制漏极电流。MOS增强型和 MOS 耗尽型是常用的场效应管。

放大器的功能是把微弱的电信号放大，放大器的核心器件是半导体三极管（场效应管）。要想实现放大作用，必须满足发射结正偏、集电结反偏这个条件，并且要设置合适的

静态工作点 Q。

半导体三极管基本放大电路有三种接法(三种组态),即共射极接法、共基极接法和共集电极接法。通常用直流通道来计算放大电路的静态工作点,用微变等效电路来分析计算放大电路的动态性能指标,电压放大倍数、输入电阻、输出电阻。根据动态性能指标的特点对放大电路进行应用。

场效应管放大电路与晶体管放大电路原理相似,也要设置合适的静态工作点 Q。

多级放大器主要有阻容耦合、变压器耦合、直接耦合和光电耦合方式。它的电压放大倍数为各级电压放大倍数之积,它的输入电阻为输入级电路的输入电阻,它的输出电阻为输出级电路的输出电阻。多级放大器能够将微弱电信号放大到实际需要的幅值。

功率放大电路的任务是向负载提供符合要求的交流功率,因此主要考虑的是失真要尽量小,输出功率要尽量大,晶体管的损耗要尽量小,效率要尽量高。主要技术指标是输出功率、管耗、效率、非线性失真等。

直接耦合放大电路称为直流放大器,它存在有级间静态工作点互相牵制和零点漂移两个特殊问题,级间静态工作点互相牵制的问题在设计多级放大电路时解决,零点漂移问题采用差分放大电路来解决。差分放大电路又四种输入输出方式,都能有效地抑制共模信号,同时放大差模信号。

综 合 习 题

1. 填空题

(1)一个半导体三极管由_____个 PN 结构成,分别是_____结和_____结。

(2)场效应管是一种_____控制器件,其电流不含_____载流子。

(3)场效应管有_____种载流子参与导电,称单极性晶体管;半导体三极管有_____种载流子参与导电,称双极性晶体管。

(4)半导体三极管具有放大作用的外部工作条件是_____结正向偏置,_____结反向偏置。

(5)半导体三极管在电路中的三种基本连接方式分别是_____、_____、_____。

(6)工作在放大区的共射极半导体三极管,当 I_B 从 20 μA 增大至 40 μA 时,I_C 从 2 mA 增大至 4 mA,其直流电流放大系数 $\overline{\beta}=$_____、交流电流放大系数 $\tilde{\beta}=$_____。

(7)设半导体三极管处在放大状态,3 个电极的电位分别是 $V_E = 2$ V,$V_B = 2.7$ V,$V_C = 8$ V。该管是_____型,是用半导体_____材料制成。

(8)设半导体三极管处在放大状态,3 个电极的电位分别是 $V_E = 0$ V,$V_B = -0.3$ V,$V_C = -5$ V。该管是_____型,是用半导体_____材料制成。

(9)对于直流通道而言,放大器中的输入与输出耦合电容可视作_____;对于交流通道而言,放大器中的输入与输出耦合电容可视作_____,直流电源可视作_____。

(10)放大电路的公共端就是电路中各点电位的_____点,也称_____点,在电路原理图中用_____符号表示。

(11)放大电路有输入信号时,晶体管的各个电流和电压瞬时值都含有_____分量和_____分量,而所谓放大,只考虑其中的_____分量。

(12)半导体三极管共集电极放大电路中的输出 u_o 与输入 u_i_____相位。

(13)乙类功放电路的输出会产生_____失真。

(14)OCL 是_____电源功放电路,OTL 是_____电源功放电路。

(15)为了抑制零点漂移,集成运放的输入级采用_____电路。

(16)差动放大电路的对称性越好,其抑制零漂的能力就越_____、共模抑制比 K_{CMR} 就越_____。

(17)差动放大电路的对称性越差,其抑制零漂的能力就越_____、共模抑制比 K_{CMR} 就越_____。

2. 判断题

(1)半导体三极管是以小基极电流控制大的集电极电流,即电流控制器件 ( )

(2)半导体三极管本身就能放大电压信号。 ( )

(3)半导体三极管只能放大直流电流,不能放大交流电流。 ( )

(4)只要半导体三极管的 I_C 小于极限值 I_{CM},三极管就不会损坏。 ( )

(5)只要半导体三极管的管压降 U_{CE} 小于极限值 $U_{(BR)CEO}$,三极管就不会损坏。
( )

(6)放大电路必须有合适的静态工作点。 ( )

(7)对于放大电路而言,合适的静态一定是最佳静态。 ( )

(8)共射极放大电路输出电压 u_o 下截幅失真是截止失真。 ( )

(9)共射极放大电路输出电压 u_o 上截幅失真是截止失真。 ( )

(10)共射极放大电路输出电压 u_o 出现双失真是因为静态工作点不合适。 ( )

(11)共集电极电路不能放大信号的电压,因此不能放大信号的功率。 ( )

(12)从交流通道来看,如果 u_i 从半导体三极管的基极输入、u_o 从三极管的发射极输出,则集电极因 U_{CC} 短路接地,此为共集电极电路。 ( )

(13)射极输出器的优点是输出等效电阻 r_o 小,适合带负载。 ( )

(14)场效应管利用栅-源电压 U_{GS} 控制漏极电流 I_D。 ( )

(15)增强型 NMOS 管的栅源电压 U_{GS} 为负电压才能开启导电沟道。 ( )

(16)保存和使用 MOS 管时,都要避免栅极悬空,否则会击穿绝缘栅。 ( )

(17)功率放大器常用在多级放大电路的最末级接负载。 ( )

(18)甲乙类功率放大电路的输出信号会产生交越失真。 ( )

(19)多级放大电路总的电压放大倍数(增益)是各级放大电路的电压放大倍数之和。
( )

(20)直接耦合多级放大电路输入级产生的零漂危害最严重。 ( )

(21)直接耦合的多级放大电路只能放大直流信号,不能放大交流信号。 ( )

(22)差分放大电路的主要作用是积累电压放大倍数 A_u。 ( )

3. 选择题

(1) 半导体三极管的穿透电流 I_{CEO} 受温度影响很大,它是_____。

  A. 正向工作电流　　　　　　　　B. 反向饱和电流

  C. 多子流　　　　　　　　　　　D. 空穴流

(2) 在单管共射极放大电路中,若测得 U_{CEQ} 约为电源电压值,则该晶体管处于_____状态。

  A. 放大　　　　　B. 截止　　　　　C. 饱和　　　　　D. 击穿

(3) 在某放大器中若测得半导体三极管发射结的正向电压等于电源电压,则该放大器中三极管发射结的内部可能处于_____状态。

  A. 放大　　　　　B. 开路　　　　　C. 截止　　　　　D. 击穿

(4) 在单管共射极放大电路中,若测得 U_{CEQ} 约为 0.3 V,则该晶体管处于_____状态。

  A. 放大　　　　　B. 截止　　　　　C. 饱和　　　　　D. 击穿

(5) 如果半导体三极管的集电极不用,则基极和发射极之间可以当做_____器件使用。

  A. 晶体管　　　　B. 固定电阻　　　C. 二极管　　　　D. 大容量电容

(6) 在相同条件下,阻容耦合放大电路的零点漂移比直接耦合放大电路的_____。

  A. 大　　　　　　B. 小　　　　　　C. 一样　　　　　D. 不确定

(7) 半导体三极管低频放大电路中的偏置电阻是指_____。

  A. R_c　　　　　B. R_e　　　　　C. R_L　　　　　D. R_b

(8) 基本共射放大电路中,基极电阻 R_b 的作用是_____。

  A. 限制基极电流,使晶体管工作在放大区,并防止输入信号短路

  B. 把基极电流的变化转化为输入电压的变化

  C. 保护信号源

  D. 防止输出电压被短路

(9) 如果基本共射极放大器中 R_c 两端的电压约等于 U_{CC},则放大器中的半导体三极管处于_____。

  A. 放大　　　　　B. 饱和　　　　　C. 击穿　　　　　D. 截止

(10) 电压放大电路的静态最佳,当输入小信号 u_i 增大到一定值时,输出 u_o 会产生_____。

  A. 饱和失真　　　　　　　　　　B. 截止失真

  C. 饱和截止双失真　　　　　　　D. 交越失真

(11) 半导体三极管共射极放大电路中,调节_____可以使输出 u_o 最大而不失真。

  A. R_c　　　　　B. R_e　　　　　C. R_L　　　　　D. R_b

(12) 改善共射极放大电路输出电压 u_o 下截幅失真的措施是_____。

  A. 调小基极电阻　　　　　　　　B. 调大基极电阻

  C. 调小集电极电阻　　　　　　　D. 调大集电极电阻

（13）要使电压放大器具有较强的带负载能力,应减小放大器的_____参数。

    A. A_u B. r_i C. r_o D. R_L

（14）射极输出器的电压放大倍数 A_u 值_____。

    A. 约大于等于 1   B. 约小于等于 1

    C. 为 0   D. 为无穷大

（15）场效应晶体管是_____载流子导电,半导体三极管是_____载流子导电。

    A. 1 种,2 种   B. 2 种,1 种

    C. 1 种,1 种   D. 2 种,2 种

（16）耗尽型 MOS 管的栅源电压 U_{GS}_____。

    A. 只能是正电压   B. 只能是负电压

    C. 可正可负   D. 不能等于零

（17）在多级放大电路中,若后级输入电阻越大,则后级对前级的影响就越_____。

    A. 大   B. 小   C. 不确定   D. 无影响

（18）n 级放大电路的输出电阻 r_o 等于_____。

    A. r_{o1} B. r_{o2} C. $r_{o(n-1)}$ D. r_{on}

（19）在直接耦合放大电路中,_____级的零漂电压危害最大。

    A. 第一级   B. 最末级   C. 中间级   D. 不确定

（20）差动放大器的输入输出有_____种不同的连接方式。

    A. 3   B. 4   C. 2   D. 1

4. 分析回答

（1）某三极管的输出特性曲线如图 2-62 所示,试求:

①估算三极管的极限参数 P_{CM}、I_{CM}、$U_{(BR)CEO}$;质量参数 β 和 I_{CEO};

②若它的工作电压 $U_{CE}=15$ V,则工作电流 I_C 最大不得超过多少?

（2）如图 2-63 所示,半导体三极管处于放大工作状态,试求:

①基极? 集电极? 发射极? ②$I_B = I_C = I_E = ?$ ③$\beta = ?$ ④是 NPN 管? 还是 PNP 管?

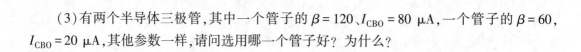

图 2-62　题 4-(1)图   图 2-63　题 4-(2)图

（3）有两个半导体三极管,其中一个管子的 $\beta = 120$、$I_{CBO} = 80$ μA,一个管子的 $\beta = 60$,$I_{CBO} = 20$ μA,其他参数一样,请问选用哪一个管子好? 为什么?

（4）各三极管的实测对地电压数据如图 2-64 所示，试分析各管是处于放大、截止或饱和状态中的哪一种状态？或有可能损坏？

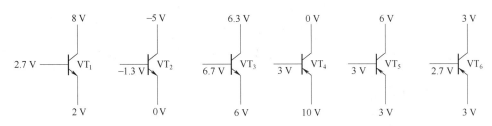

图 2-64　题 4-（4）图

（5）试比较半导体三极管和场效应管的异同点。

（6）试说明图 2-65 所示曲线是哪种类型场效应管的转移特性曲线？

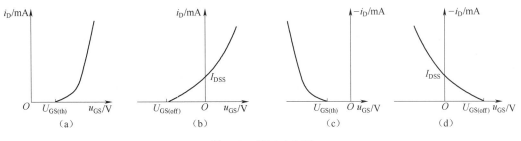

图 2-65　题 4-（6）图

（7）复合管的管型如何判定？

（8）在单管共射放大电路中输入正弦交流电压，并用示波器观察输出端 u_o 的波形，若出现图 6-66 所示的失真波形，试分别指出各属于什么失真？可能是什么原因造成的，应如何调整参数以改善波形？

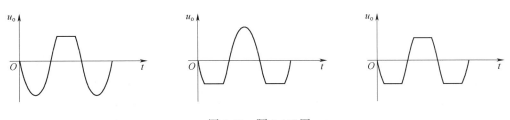

图 2-66　题 4-（8）图

（9）多级放大电路有几种耦合方式？各种耦合方式的特点有哪些？

（10）什么是功率放大器？与电压放大器相比，功率放大器有何特点？一般的电压放大器是否有功率放大作用？

（11）低频功率放大器一般分为那几类？它们的工作状态有何不同？

（12）乙类互补功率放大器会产生什么失真？为改善纯乙类互补功率放大器的失真，所加的直流偏置是否越大越好？

（13）什么是直流放大器？直流放大器存在什么问题？解决措施是什么？直流放大器

是否只能放大直流信号？

（14）什么是零点漂移？产生零点漂移的主要原因是什么？有什么危害？哪级放大电路的零点漂移危害最大？克服零点漂移最有效的方法是什么？

（15）什么是差分放大电路的差模输入信号、共模输入信号？

（16）双端输出和单端输出差分放大电路各是怎样抑制零点漂移的？

5. 分析计算

（1）共射极放大电路如图 2-67 所示，试求解：

①估算静态工作点 Q；

②画出放大电路的微变等效电路；

③求电压放大倍数 A_u，输入电阻 r_i，和输出电阻 r_o。

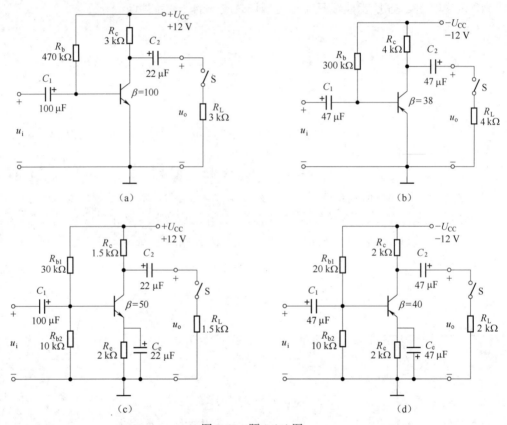

图 2-67　题 5-（1）图

（2）射极输出器电路如图 2-68 所示，$\beta = 100$。试求：

①电路的静态工作点。

②电路的电压放大倍数、输入电阻、输出电阻。

③若闭合开关 S，则会引起电路的哪些动态参数发生变化？如何变化？

（3）两级阻容耦合放大电路如图 2-69 所示。已知：$U_{CC} = 12\ V$，$\beta_1 = \beta_2 = 100$，$R_{b1} =$

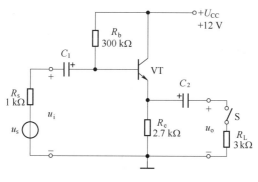

图 2-68　题 5-(2) 图

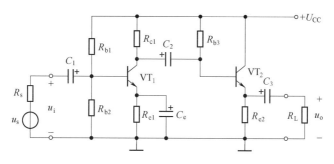

图 2-69　题 5-(3) 图

$40\ \text{k}\Omega, R_{b2} = 20\ \text{k}\Omega, R_{b3} = 430\ \text{k}\Omega, R_{c1} = 3\ \text{k}\Omega, R_{e1} = 2\ \text{k}\Omega, R_{e2} = 3\ \text{k}\Omega, R_L = 3\ \text{k}\Omega$，信号源电压有效值 $U_s = 10\ \text{mV}, R_s = 1\ \text{k}\Omega, r_{be1} = 1.6\ \text{k}\Omega, r_{be2} = 1.9\ \text{k}\Omega$，试求：①两级放大电路的 A_u、r_i、r_o。②输出电压 U_o 为多大？

（4）分压式偏置场效应管放大电路如图 2-70 所示。已知：$U_{DD} = 18\ \text{V}, R_{G1} = 200\ \text{k}\Omega$，$R_{G2} = 51\ \text{k}\Omega, R_{G3} = 5\ \text{M}\Omega, R_D = 20\ \text{k}\Omega, R_S = 10\ \text{k}\Omega, g_m = 2\ \text{mA/V}$。试求：电路的电压放大倍数、输入电阻和输出电阻。

（5）乙类功放电路如图 2-71 所示，电源 $U_{CC} = 18\ \text{V}$，负载 $R_L = 16\ \Omega$，试求：

①输入电压有效值 $U_i = 9\ \text{V}$，电路的输出功率 P_o、电源供给的功率 P_E、效率 η。

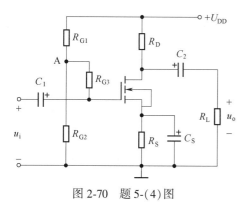

图 2-70　题 5-(4) 图

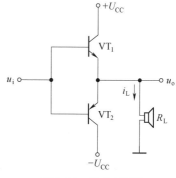

图 2-71　题 5-(5) 图

②输入信号 u_i 的幅值 $U_{im} = 18$ V 时,电路的输出功率 P_o、电源供给的功率 P_E、效率 η。

③输入信号 u_i 的幅值 $U_{im} = 20$ V 时,电路的输出功率 P_o、电源供给的功率 P_E、效率 η。

(管子导通时发射结的压降以及 U_{CES} 均可忽略)

6. 分析故障

试分析图 2-72 所示电路能否起到放大电压信号? 如果不能,请加以改正。

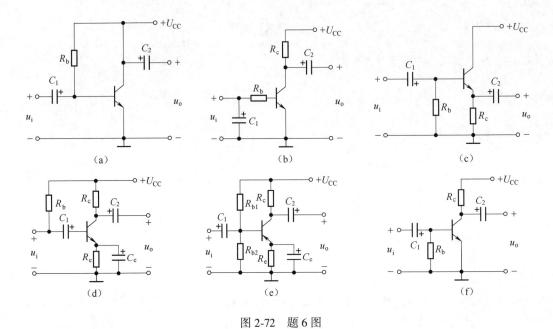

图 2-72 题 6 图

项目三　集成运算放大器的基本应用与测试

 能力目标

1. 能简单识别、检测集成运算放大器。
2. 能完成集成运算放大器线性应用电路的基本制作与测试。
3. 能查找集成运算放大器线性应用电路的常见故障。

知识目标

熟悉集成运算放大器的主要参数;掌握集成运算放大器的理想特性及分析依据;掌握集成运算放大器线性应用电路的基本分析计算;了解集成运算放大器的非线性应用基本电路。具体任务见表3-1。

表3-1　项目工作任务单

序号	任　　务	序号	任　　务
1	小组制订工作计划,明确工作任务	4	完成线性应用电路的功能测试与故障排除
2	根据应用要求,画出电路连接图	5	小组讨论总结并编写项目报告
3	根据电路连接图制作应用电路		

(一)目标

1. 进一步熟悉集成运算放大器的管脚。
2. 应用集成运算放人器组成基本运算电路。
3. 学习集成运放线性应用电路故障分析。
4. 培养良好的操作习惯,提高职业素质。

(二)器材

所用器材见表3-2。

表3-2　实作器材清单

共用器材				同频同相信号获取电路			
器材名称	规格型号	电路符号	数量	器材名称	规格型号	电路符号	数量
运放	LM358	集成块	1	色环电阻	RJ-0.25-4.7k		2
稳压电源仪	YB1718		1		RJ-0.25-2k		1
信号发生器	YB32020		1		RJ-0.25-5.1k		1

续上表

共用器材				同频同相信号获取电路			
器材名称	规格型号	电路符号	数量	器材名称	规格型号	电路符号	数量
示波器	YB43025		1	反相加法电路			
万用表	VC890C+		1		RJ-0.25-20k	R_1	1
毫伏表	DA-16		1		RJ-0.25-10k	R_2	1
信号线	×1		若干		RJ-0.25-6.2k	R_3	1
导线			若干		RJ-0.25-100k	R_4	1
电压跟随器				减法电路			
色环电阻	RJ-0.25-10k	R	1		RJ-0.25-20k	R_1	1
反相比例运算电路					RJ-0.25-10k	R_2	1
色环电阻	RJ-0.25-10k	R_1、R_2	2		RJ-0.25-100k	R_3、R_4	2
色环电阻	RJ-0.25-100Ω	R_3	1				
同相比例运算电路							
色环电阻	RJ-0.25-10k	R_1、R_2	2				
色环电阻	RJ-0.25-100Ω	R_3	1				

(三)原理与说明

集成运算放大器的基本运算电路有：比例运算、加法运算、减法运算、积分和微分运算等。基本运算电路通常由集成运放外加负反馈电路构成,集成运放必须工作在线性范围内,才能保证输出与输入电压间具有一定的函数关系；同时由于开环电压增益很高,必须外加深度负反馈电路,利用不同的反馈电路获得不同的数学运算。集成运放线性应用电路一般框图如图 3-1 所示,框图中各部分的作用说明如下：

图 3-1 线性应用电路框图

1. 输入、输出

输入可以是直流电,也可以是正弦交流信号；输出与输入同频率,可以同相、可以反相。所有输入电压、输出电压均是对地而言。

2. 集成运算放大器

运算放大器工作在开环状态时,由于运放的开环电压增益接近于无穷大,所以输入的电压只能很小,仅几个毫伏甚至更小,否则输出电压就超过线性区,失去线性放大作用,因此运放开环工作时的线性区很窄。

3. 深度负反馈

运算放大器只有引入深度负反馈,才能扩大线性区的应用,因此引入负反馈是集成运放在线性区工作的特征。

(四)电路安装与测试

1. 电压跟随电路

按图 3-2 连接电路,输入信号 u_i 分别为 1 kHz、500 mV_{rms} , 1 kHz、1V_{rms} , 1 kHz、3V_{rms} ,用

晶体管毫伏表测试电路输出电压有效值 U_o,并将结果填入表 3-3 中。同时用示波器观察 u_i 和 u_o 信号。

2. 反相比例电路

按图 3-3 连接电路,输入信号 u_i 为 1 kHz、100 mV$_{rms}$,1 kHz、200 mV$_{rms}$,1 kHz、300 mV$_{rms}$,用晶体管毫伏表测试电路输出电压 U_o 有效值,并将结果填入表 3-4 中。同时用示波器观察 u_i 和 u_o 信号。

3. 同相比例电路

按图 3-4 连接电路,输入信号 u_i 为 1 kHz、100 mV$_{rms}$,1 kHz、200 mV$_{rms}$,1 kHz、300 mV$_{rms}$,用晶体管毫伏表测试电路输出电压 U_o 有效值,并将结果填入表 3-5 中。同时用示波器观察 u_i 和 u_o 信号。

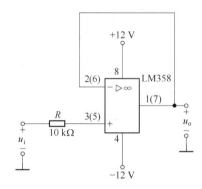

图 3-2　电压跟随电路

表 3-3

U_o ＼ U_i	0.5 V	1 V	2 V
测量值			
计算值			

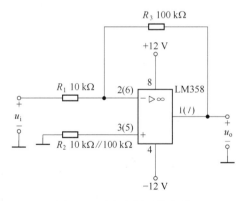

图 3-3　反相比例运算电路

表 3-4

U_o ＼ U_i	0.1 V	0.2 V	0.3 V
测量值			
计算值			

4. 同频同相信号产生电路

为了能比较直观地用晶体管毫伏表在输出端测出两个信号相加或相减的结果,电路中 U_{i1}、U_{i2} 必须采用同相位、同频率的信号,因此 U_{i1}、U_{i2} 从信号发生器输出端通过两路电阻分压后取得,电路如图 3-5 所示。

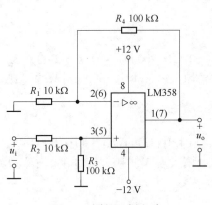

图 3-4 同相比例电路

表 3-5

U_o \ U_i	0.1 V	0.2 V	0.3 V
测量值			
计算值			

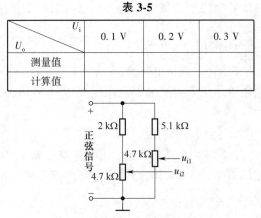

图 3-5 同频同相信号产生电路

5. 反相加法电路

按图 3-6 连接电路,接入 u_{i1}、u_{i2} 信号。按表 3-6 进行各项测试,并把测试结果填入表 3-6 中。

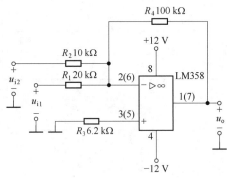

图 3-6 反相加法电路

表 3-6

U_{i1}	U_{i2}	R_3	U_o（测量值）	U_o（理论值）
0.2 V	0.4 V	6.2 kΩ		
断开	0.4 V	10 kΩ		
0.4 V	0.2 V	6.2 kΩ		
0.4 V	接地	20 kΩ		

※6. 减法运算电路

按图 3-7 连接电路,接入 u_{i1}、u_{i2} 信号,按表 3-7 进行各项测试,并把测试结果填入表 3-7 中。

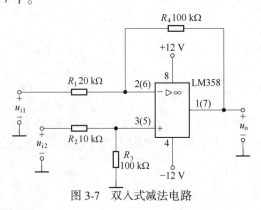

图 3-7 双入式减法电路

表 3-7

U_{i1}	U_{i2}	$U_{i2}-U_{i1}$	U_o（测量值）	U_o（理论值）
0.2V	0.4V			
0.4V	0.2V			
0.4V	接地			

思考

1. 简要分析理论值与测试值之间产生的误差原因。

2. 同相比例运算电路的输入信号是正弦波,但输出信号变成了矩形波,试分析电路出现了什么故障?

3. 你怎样从实验中理解输出与输入"同相"或"反相"?

4. 说明反相求和电路中有一个信号开路或接地对输出电压的影响。

5. 反相求和电路与减法电路中,若 U_{i1} 和 U_{i2} 是频率、相位相同的信号,测试结果和计算结果是什么关系?若 U_{i1} 和 U_{i2} 是频率、相位不相同的信号,测试结果和计算结果又是什么关系?

实作考核

项目	步骤	分数	序号	考核内容及评分标准	配分	扣分	得分	备注
反相比例运算电路测试	电路连接	20	1	正确选择元器件。元件选择错误一个扣2分。直至扣完为止	10			
			2	导线测试。电路测试时,导线不通引起的故障不能自己查找排除,一处扣2分。直至扣完为止	10			
	电路测试	50	3	元件测试。先测试电路中的关键元件,如果在电路测试时出现元件故障不能自己查找排除,一处扣2分。直至扣完为止	10			
			4	正确接线。每连接错误一根导线扣2分;输入输出接线错误每处扣3分。直至扣完为止	10			
			5	用示波器观察输入、输出波形。调试电路,示波器操作错误扣5分,不能看到输入信号波形扣5分,不能看到输出波形扣5分。直至扣完为止	15			
			6	用晶体管毫伏表测量输出电压有效值。正确使用晶体管毫伏表进行输出测量,填表,每错一处扣3分;毫伏表操作不规范扣5分。直至扣完为止	15			
	回答	10	7	原因描述合理	10			
	整理	10	8	规范操作,不可带电插拔元器件,错误一次扣5分	5			
			9	正确穿戴,文明作业,违反规定,每处扣2分	2			
			10	操作台整理,测试合格应正确复位仪器仪表,保持工作台整洁,每处扣3分	3			
时限		10		时限为45 min,每超1 min扣1分。	10			
合计					100			

注意:操作中出现各种人为损坏,考核成绩不合格且按照学校相关规定赔偿。

知识链接

模块1 认识与检测集成运算放大器

知识点一 集成电路简介

前面我们所学的电路都是分立元件电路,它体积大、焊点多、工作可靠性差,很难满足先进电子设备的要求。集成电路是利用半导体制造工艺,将整个电路中的元件包括连接导线制作在一块半导体硅基片上,然后进行外部封装的固体组件。外型封装有圆形、扁平式、双列直插式和单列直插式等,如图3-8所示。与分立元件电路相比,集成电路具有体积小、重量轻、功耗小、外部连线少、焊点少等优点,从而大大提高了设备的可靠性,降低了成本,促进了电子电路的应用。

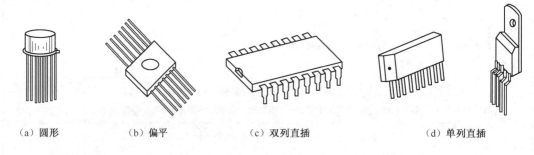

（a）圆形　　　（b）扁平　　　（c）双列直插　　　（d）单列直插

图3-8 集成电路的外壳封装形式

集成电路按用途可分为通用型和专用型,专用型也称特殊型。通用型集成电路一般有多种用途,如集成运算放大器;专用型集成电路有特定用途,如专门为电视接收机、手机、智能仪器仪表等开发的集成芯片。

模拟集成电路的一些特点与其制造工艺是紧密相关的,主要有以下几点:

（1）不用电感,少用大电容。在集成电路工艺中还难于制造电感及容量大于500 pF的电容,因此集成运放各级之间均采用直接耦合,以方便集成化。必须使用电感和大电容的地方,采用外接的形式。

（2）用有源器件代替无源器件。在集成电路中制作三极管工艺简单,而制作大电阻所占用的面积要比三极管所占用的面积大,因此用恒流源来代替高阻值的电阻,二极管、稳压管等也采用把晶体管的发射极、基极、集电极三者适当组配使用。

（3）电路结构与元件参数具有良好的对称性。电路各元件是在同一硅片上,又是通过相同的工艺过程制造出来的,容易制作两个特性相同的管子或两个阻值相等的电阻。

（4）集成电路的输入级一般采用差分放大电路,目的是抑制共模信号放大差模信号。

知识点二　集成运放的基本组成

集成运算放大器是一种典型的模拟集成电路,因最初用于各种模拟信号的运算,故称为集成运算放大器,简称集成运放。集成运算放大器是具有高电压增益、高输入电阻、低输出电阻的直接耦合多级放大电路,能放大直流信号和较高频率的交流信号,在信号运算、信号处理、信号测量及波形产生等方面获得广泛应用,有"万能放大器"之称。

型号各异的集成运算放大器一般均由输入级、中间级、输出级以及偏置电路所组成,其基本组成框图如图 3-9 所示。

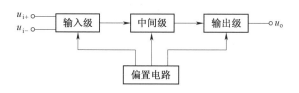

图 3-9　集成运算放大器组成框图

1. 输入级

输入级是抑制共模信号(零点漂移和干扰信号)、放大微弱电信号的关键一级,它将决定整个运放性能的优劣。因此要求输入级有高的差模增益,高的输入电阻,共模抑制比 K_{CMR} 很大。故输入级都采用差分放大电路。

2. 中间级

中间级主要进行电压放大,提高整个运放的增益,一般由共射极放大电路组成。

3. 输出级

是运放的末级,与负载相接,主要作用是输出一定幅度的电压或电流,以驱动负载工作。因此要求输出级输出电阻低、非线性失真小、效率高。输出级一般由互补对称电路或射极输出器组成。

4. 偏置电路

偏置电路的作用是为上述各级电路提供稳定、合适的偏置电流,使各级电路能有合适的静态工作点。一般由各种恒流源组成,这样还能大大地减少偏置电阻的数量,有利于电路的集成。

由于运算放大器内部电路相当复杂,我们主要是学习和掌握如何使用集成运算放大器,熟悉它的管脚功能、主要参数及外部电特性。

知识点三　集成运放的外形与图形符号

集成运放的外形封装常用双列直插形,双列直插形管脚号的识别是:管脚朝外,缺口向左,从左下脚开始为1,逆时针排列。比如 LM358 是 8 管脚的双集成运放,各管脚号及功能如图 3-10 所示。需要注意的是集成运放种类很多,不同型号的用途不同,管脚功能也不同,使用前必须查阅相关的手册和说明。

集成运算放大器的图形符号如图 3-11 所示。u_+ 为同相输入端,由此端输入信号,输出信号与输入信号同相;u_- 为反相输入端,由此端输入信号,输出信号与输入信号反相;u_o 为输出端;$+U_{CC}$ 接正电源,$-U_{CC}$ 接负电源;" $\triangleright A_{uo}$ "符号表示双入单出、开环电压放大倍数。

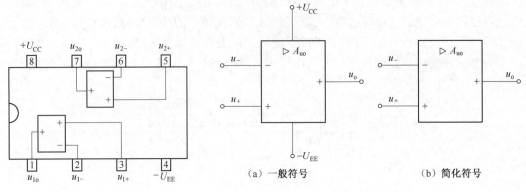

图 3-10　LM358 管脚功能图　　　　　　图 3-11　集成运算放大器的图形符号

（a）一般符号　　　　　（b）简化符号

知识点四　集成运放的主要参数

集成运算放大器的参数是合理选用和正确地使用运算放大器的依据,集成运算放大器的参数很多,这里仅介绍一些主要参数,其他参数可查阅手册。

1. 开环电压放大倍数 A_{uo}

A_{uo} 是指集成运放工作在线性区,在无外加反馈情况下的空载差模电压放大倍数 $A_{uo} = \left| \dfrac{u_o}{u_+ - u_-} \right|$。它是决定运算精度的主要因素,其值越大,性能越好。用分贝表示为 $20 \lg |A_{uo}|$,A_{uo} 一般约为 $10^4 \sim 10^7$,即 $80 \sim 140$ dB,目前高增益的运放可达 170 dB。A_{uo} 与频率有关,当频率高于某值后随频率的升高而减小。

2. 差模输入电阻 r_{id}

r_{id} 是指运放在开环条件下,两个输入端的差模电压增量与由它所引起的电流增量之比值,即差模信号输入时的开环输入电阻。r_{id} 越大,从信号源索取的电流越小,性能越好,目前 r_{id} 最高达 10^{12} Ω。

3. 开环输出电阻 r_o

r_o 是指运放在开环、且负载开路时的输出电阻。r_o 反映运放带负载的能力,r_o 越小,带负载能力越强。一般约为 $20 \sim 200$ Ω。

4. 共模抑制比 K_{CMR}

K_{CMR} 用来综合衡量运放放大差模信号的能力和抑制共模信号(零漂和干扰)的能力,K_{CMR} 越大,运放对共模信号的抑制能力越强,一般在 $65 \sim 80$ dB 之间。

5. 输入失调电压 U_{IO}

理想集成运放,当输入电压为零时,输出电压也为零(不加调零装置)。但实际运放的差分输入级很难做到完全对称,当输入电压为 0 时,输出电压 $u_o \neq 0$。为了使实际运放符合零输入零输出的要求,必须在输入端加入一个直流补偿电压,该电压称为输入失调电压 U_{IO}(mV)。U_{IO} 的大小反应了差放输入级的不对称程度,显然其值越小越好,一般 $U_{IO} < 2$ mV,高质量的在 1 mV 以下。

6. 输入失调电流 I_{IO}

I_{IO} 是指输入电压为零时,输入端两侧管子的静态基极电流之差的绝对值。I_{io} 反映了输入级差分对管的不对称程度,一般为 μV 级,其值越小越好。

7. 温度漂移

运放的温度漂移是零点漂移的主要来源,它是由输入失调电压 U_{IO} 和输入失调电流 I_{IO} 随温度的漂移所引起的。温度漂移不能通过调零电路予以消除。一般约为 ±(10~20) μV/℃。

8. 额定输出电压 U_{omax}

U_{omax} 是指运放在标称电源电压及额定输出电流情况下,为保证输出波形不出现明显的非线性失真,所能提供的最大电压峰值。

9. 最大差模输入电压 $U_{iD\,max}$

U_{iDmax} 是指两输入端所能承受的最大差模电压值。若输入信号超过此值,则会使输入级管子的发射结反向击穿,造成运放不能正常工作。

10. 最大共模输入电压 U_{oCmax}

$U_{oC\,max}$ 是指运放所能承受的最大共模输入电压值。超过 U_{oCmax} 值,运放的共模抑制比将显著下降。

知识点五　集成运放的理想特性及分析依据

(一)理想特性

实际的集成运算放大器具有良好的性能指标:开环电压放大倍数 $\to\infty$;差模输入电阻 $r_{id}\to\infty$;开环输出电阻 $r_o\to 0$;共模抑制比 $K_{CMR}\to\infty$。由于实际运算放大器的上述指标足够大,接近理想化的条件,因此在分析时用理想运算放大器代替实际运放所引起的误差并不严重,在工程上是允许的。把实际运放看成是理想运算放大器,这不仅使讨论和分析带来方便,而且通过理论分析和实际测试表明,这样的替代是符合实际的。

集成运算放大器的理想特性是:

(1)开环差模电压增益 $A_{uo}\to\infty$;

(2)差模输入电阻 $r_{id}\to\infty$;

(3)输出电阻 $r_o\to 0$;

(4)共模抑制比 $K_{CMR}\to\infty$;

(5)输入失调电压、输入失调电流及温度漂移均为 0。

理想运算放大器的图形符号如图 3-12 所示,图中的"∞"表示开环电压放大倍数 $A_{uo}\to\infty$。

图 3-13 为运算放大器的传输特性曲线,图 3-13(a)所示是理想化特性曲线,理想化特性曲线无线性区;图 3-13(b)所

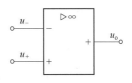

图 3-12　理想运放图形符号

示是实际运放特性曲线,分为线性区和饱和区。实际运算放大器可工作在线性区,也可工作在饱和区,但分析方法截然不同。

当运算放大器工作在线性区时,它是一个线性放大元件,u_o 和 $(u_+ - u_-)$ 成线性关系,满足:

$$u_o = A_{uo}(u_+ - u_-) \tag{3-1}$$

由于 A_{uo} 很高,即使输入毫伏级以下的信号,也足以使输出电压饱和,其饱和值为 $\pm U_{o(sat)}$,在数值上接近正、负电源电压。另外,由于干扰,在线性区工作很难稳定。所以,要使运算放大器工作在线性区,通常引入"深度负反馈"。

当运算放大器的工作范围超出线性区进入饱和区(非线性区)时,输出电压和输入电压不再满足式(3-1)表示的关系,此时输出只有两种可能,即

$$u_+ > u_- \text{ 时},u_o = + U_{o(sat)} \tag{3-2}$$

$$u_+ > u_- \text{ 时},u_o = - U_{o(sat)} \tag{3-3}$$

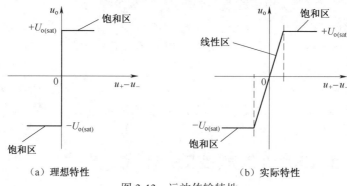

（a）理想特性　　　　　　　　　（b）实际特性

图 3-13　运放传输特性

【例 3-1】　某集成运算放大器如图 3-8 所示,其正负电源电压为 $\pm 15V$,开环电压放大倍数 $A_{uo} = 2 \times 10^5$,输出最大电压为 ± 13 V。分别加入下列输入电压,求输出电压及极性。(1) $u_+ = 15$ μV, $u_- = -10$ μV;(2) $u_+ = -5$ μV, $u_- = 10$ μV;(3) $u_+ = 0$ V, $u_- = 5$ mV;(4) $u_+ = 15$ mV, $u_- = 0$ V。

解: 由式(3-1)得

$$u_+ - u_- = \frac{u_o}{A_{uo}} = \frac{\pm 13 \text{ V}}{2 \times 10^5} = \pm 65 \text{ μV}$$

可见,当两个输入端 u_+ 和 u_- 之间的电压绝对值小于 65 μV 时,输入与输出满足式(3-1),否则就满足式(3-2)和式(3-3),因此有

(1) $u_o = A_{uo}(u_+ - u_-) = 2 \times 10^5 \times (15 + 10) \times 10^{-6}$ V $= + 5$ V

(2) $u_o = A_{uo}(u_+ - u_-) = 2 \times 10^5 \times (-5 - 10) \times 10^{-6}$ V $= - 3$ V

(3) $u_o = -13$ V

(4) $u_o = +13$ V

(二)两个重要的理论分析依据

1. 由于 $A_{uo} \to \infty$,而输出电压是有限电压,从式(3-1)可知 $u_+ - u_- = u_o/A_{uo} \approx 0$,即

$$u_+ \approx u_- \tag{3-4}$$

式(3-4)说明同相输入端和反相输入端之间相当于短路。由于不是真正短路,故称"虚短"。

2. 由于运算放大器的差模输入电阻 $r_{id} \to \infty$,而输入电压 $u_i = u_+ - u_-$ 是有限值,两个输入端电流

$$i_+ = i_- = u_i / r_{id} \approx 0 \tag{3-5}$$

式(3-5)说明同相输入端和反相输入端之间相当于断路。由于不是真正的断路,故称"虚断"。

运算放大器工作在线性区时,依据"虚短"、"虚断"两个重要的概念对运放组成的电路进行分析,极大地简化了分析过程。

训练:识别和检测集成运算放大器 LM358

集成运放 LM358 的管脚功能图如图 3-10 所示。

1. 将运放 1 的第 8 脚接稳压电源+12 V、第 4 脚接稳压电源−12 V;再将反相输入端第 2 脚接地、同相输入端 3 脚悬空;用万用表直流电压挡测得第 1 脚输出电压为−12 ~ −10 V,如图 3-14(a)所示。

2. 运放 1 的第 8 脚接稳压电源+12 V、第 4 脚接稳压电源−12 V;再将同相输入端 3 脚接地、反相输入端第 2 脚悬空;用万用表直流电压挡测得第 1 脚输出电压为 10~12,如图 3-14(b)所示。

3. 以上两种情况都满足,则说明运放集成块是好的。

4. 依法可检测运放 2 的好坏。

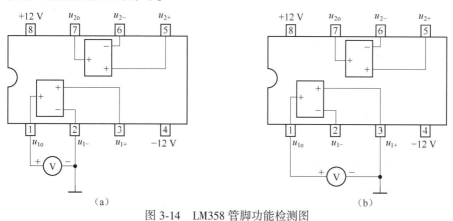

图 3-14　LM358 管脚功能检测图

模块2　集成运算放大器的线性应用

知识点一　负反馈放大电路

在放大电路中引入负反馈,就是负反馈放大电路。大多数放大电路都要引入某种形式

的负反馈,引入负反馈后虽然会降低电压放大倍数,但是可以改善放大电路的性能,如可以稳定静态工作点、稳定放大倍数、改变输入和输出电阻、拓展通频带、减小非线性失真等。

(一)反馈的基本概念

反馈是指将放大电路输出信号 $\dot{X}_o$(电压或电流)的部分或全部通过某一途径(反馈网络)回送到输入端的过程。反馈放大电路由基本放大电路和反馈网络组成,组成方框图如图 3-15 所示,是一个闭合的环路,因此反馈放大电路又称"闭环"放大电路,其闭环放大倍数用 $\dot{A}_f$ 表示。如图 3-16 所示,没有反馈网络的放大电路称为"开环"放大电路,实际上就是基本放大电路,其放大倍数用 $\dot{A}$ 表示。反馈网络一般由线性元件组成,主要作用是传输反馈信号,用反馈系数 $\dot{F}$ 表示。

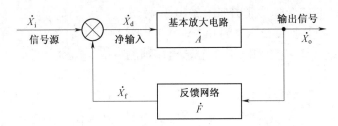

图 3-15　反馈放大电路(闭环)框图

图中符号"⊗"表示输入信号 $\dot{X}_i$ 与反馈信号 $\dot{X}_f$ 的比较环节,输入信号 $\dot{X}_i$ 与反馈信号 $\dot{X}_f$ 在"⊗"处叠加后产生基本放大电路的净输入信号 $\dot{X}_d$:基本放大电

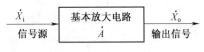

图 3-16　无反馈放大电路(开环)框图

路(开环)的放大倍数 $\dot{A} = \dot{X}_o / \dot{X}_d$;反馈网络的反馈系数 $\dot{F} = \dot{X}_f / \dot{X}_o$;反馈放大电路(闭环)的放大倍数 $\dot{A}_f = \dot{X}_o / \dot{X}_i$。

$\dot{X}$ 表示信号量(电压或电流),设信号量为正弦量,故用相量表示。

(二)反馈类型的判断方法

1. 有、无反馈的判断

有、无反馈,就是看电路中有无反馈网络,即在放大电路的输出端与输入端之间有无电路连接,如果有电路连接,就有反馈,否则就无反馈。反馈网络一般由电阻或电容组成。

2. 正、负反馈的判断

若回送的反馈信号 $\dot{X}_f$ 削弱了输入信号 $\dot{X}_i$,而使放大电路的放大倍数降低,则称负反馈,$\dot{X}_d = \dot{X}_i - \dot{X}_f$;若反馈信号 $\dot{X}_f$ 增强了输入信号 $\dot{X}_i$,则为正反馈,$\dot{X}_d = \dot{X}_i + \dot{X}_f$。

判断正反馈或负反馈一般用"瞬时极性法"。首先在放大器输入端假设输入信号的瞬时极性"+"或"-",再依次按相关点的相位变化推出各点对公共端交流瞬时极性,最后根据反馈回输入端的反馈信号 $\dot{X}_f$ 的瞬时极性看其效果,如果使净输入信号减少的是负反馈,如果使净输入信号增加的是正反馈。

如图 3-17(a)所示,净输入 $u_d = u_i - u_f$、图 3-17(b)所示净输入 $i_d = i_i - i_f$,它们都是负反馈。如图 3-18(a)所示净输入 $u_d = u_i + u_f$、图 3-18(b)所示净输入 $i_d = i_i + i_f$,它们都是正反馈。三极管的净输入是 u_{be} 或 i_b,集成运放的净输入是 $(u_+ - u_-)$ 或 $i_+(i_-)$。

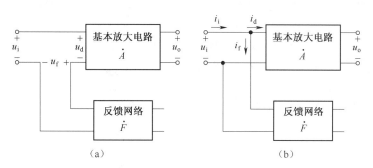

图 3-17　负反馈、串联反馈、并联反馈的判断

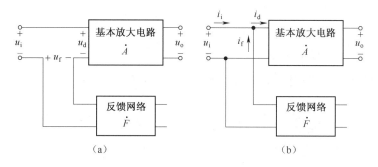

图 3-18　正反馈、串联反馈、并联反馈的判断

3. 交、直流反馈的判断

直流通道中所具有的反馈称为直流反馈。在交流通道中所具有的反馈称为交流反馈。例如共射极分压式偏置放大电路(图 2-30)中,由于电容 C_e 的旁交作用使发射极电阻 R_e 上只有直流反馈信号,并且使净输入 U_{BEQ} 减少,所以是直流负反馈。直流负反馈的目的是稳定静态工作点,所以分压式偏置放大电路能稳定静态工作点。再例如射极输出器(图 2-33)中的发射极电阻 R_e 没有旁交电容 C_e,所以 R_e 既存在于直流通道中也存在于交流通道中,交、直流负反馈都有。

反馈网络中串入电容 C,为交流反馈;反馈网络中只有电阻 R,为交、直流反馈。

交流负反馈的目的是改善放大电路的性能,我们主要学习交流负反馈。

4. 串联、并联反馈的判断

如果输入信号 u_i 与反馈信号 u_f 在输入端相串联,且以电压相减的形式出现,即 $u_d = u_i - u_f$,为串联反馈。如图 3-17(a)所示。判别方法是:将输入端短路,若反馈信号仍存在,则为串联反馈。

如果输入信号 i_i 与反馈信号 i_f 在输入端并联且以电流相减的形式出现,即 $i_d = i_i - i_f$,为并联反馈,如图 3-17(b)所示。判别方法是:将输入端短路,若反馈信号不存在,使净输入信号为 0,则为并联反馈。

5. 电流、电压反馈的判断

如果反馈网络与输出电压两端并联,即反馈信号取自于输出电压,即 $x_f \propto u_o$,则为电压反馈,如图 3-19(a)所示。判别方法是:将输出端短路,即令 $u_o = 0$,如反馈信号也为 0,则为电压反馈。

如果反馈网络与输出回路串联,即反馈信号取自于输出电流,$x_f \propto i_o$,则为电流反馈,如图 3-19(b)所示。判别方法是:将输出端短路,即令 $u_o = 0$,如反馈信号仍存在,则为电流反馈。

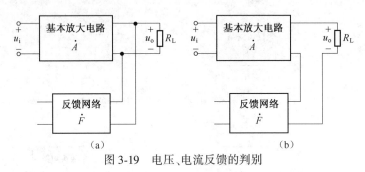

图 3-19　电压、电流反馈的判别

(三)负反馈放大器的四种组态

综合上述反馈类型,负反馈有四种组态(类型):电压并联负反馈、电压串联负反馈、电流并联负反馈、电流串联负反馈。

(1)如图 3-20 所示电路,假设同相输入端输入信号的瞬时极性为"⊕",则输出端瞬时极性也为"⊕", $u_o > 0$,反馈量 $u_f = R_1 u_o / (R_f + R_1) > 0$, $u_f \propto u_o$,是电压反馈,从输入端看,净输入 $u_d = u_i - u_f$,因此是串联反馈;$u_i > 0$、$u_f > 0$,u_d 减小,是负反馈。反馈组态为电压串联负反馈。

(2)如图 3-21 所示电路,假设反相输入端输入信号的瞬时极性为"⊕",则输出端瞬时极性为"⊖", $u_o < 0$,反馈量 $i_f = -u_o / R_f > 0$(反相输入端"虚地"),$i_f \propto u_o$,是电压反馈;从输入端看,净输入 $i_d = i_i - i_f$,因此是并联反馈;$i_i > 0$、$i_f > 0$,i_d 减小,是负反馈。反馈组态为电压并联负反馈。

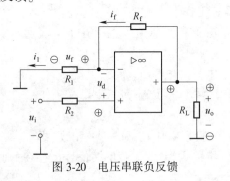

图 3-20　电压串联负反馈

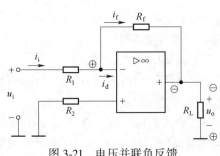

图 3-21　电压并联负反馈

（3）如图 3-22 所示电路，从输入端看，净输入 $u_d = u_i - u_f$，是串联反馈；由于反相输入端"虚断"，R_1 与 R_f 是串联关系，反馈量 $u_f = i_f R_1 = R_1 R i_o / (R_1 + R_f + R) > 0$（分流公式），$u_f \propto i_o$，是电流反馈；$u_i > 0$、$u_f > 0$，$u_d$ 减小，是负反馈。反馈组态为电流串联负反馈。

（4）如图 3-23 所示电路，从输入端看，净输入 $i_d = i_i - i_f$，是并联反馈。由于反相输入端"虚地"，R_f 与 R 相当于并联的关系，所以反馈量 $i_f = -R i_o / (R_f + R) > 0$（分流公式），$i_f \propto i_o$，是电流反馈；$i_i > 0$、$i_f > 0$，$i_d$ 减小，是负反馈。反馈组态为电流并联负反馈。

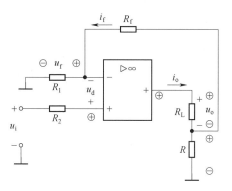

图 3-22　电流串联负反馈

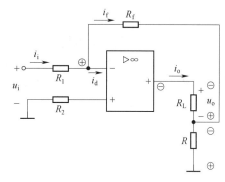

图 3-23　电流并联负反馈

从上述的分析可以得出一般经验：

①反馈电路直接从 u_o 端引出的，是电压反馈；反馈电路是通过一个与负载串联的电阻上引出的，是电流反馈。

②输入信号和反馈信号分别加在两个输入端上的，是串联反馈；加在同一个输入端上的，是并联反馈。

③反馈信号使净输入信号减小的，是负反馈；否则，是正反馈。

④由分立元件组成的反馈电路，可仿照集成运放组成的反馈电路的分析方法进行分析，其关键是要能准确地将分立元件电路的输入、输出端子与集成运放的输入、输出端子对应起来。

（四）负反馈对放大器性能的影响

1. 降低放大倍数及提高放大倍数的稳定性

根据图 3-15，可以推导出负反馈的放大电路（闭环）的放大倍数为

$$\dot{A}_f = \frac{\dot{X}_o}{\dot{X}_i} = \frac{\dot{X}_o}{\dot{X}_d + \dot{X}_f} = \frac{\dot{X}_o / \dot{X}_d}{1 + \dot{X}_f / \dot{X}_d} = \frac{\dot{A}}{1 + \dot{A}\dot{F}} \tag{3-6}$$

$\dot{F}$ 反映反馈量的大小，其数值 F 在 $0 \sim 1$ 之间，$F = 0$，表示无反馈；$F = 1$，则表示输出量全部反馈到输入端。显然有负反馈时，$A_f < A$。

上式中的（$1 + \dot{A}\dot{F}$）是衡量负反馈程度的一个重要指标，称为反馈深度。（$1 + AF$）值越大，放大倍数 A_f 越小。当 $AF \gg 1$ 时称为深度负反馈，此时 $A_f \approx 1/F$，可以认为放大电路的放

大倍数只由反馈电路决定,而与基本放大电路无关。运算放大器负反馈电路都能满足深度负反馈的条件,这一点在运放的线性应用会得到验证。

负反馈能提高放大倍数的稳定性不难理解。例如,由于某种原因使输出信号减小,则反馈信号也相应减小,于是净输入信号增大,随之输出信号也相应增大,这样就抑制了输出信号的减小,使放大电路能比较稳定地工作。如果引入的是深度负反馈,则放大倍数 $A_f \approx 1/F$,反馈网络一般由线性元件组成,基本不受外界因素变化的影响,这时放大电路的工作则非常稳定。

2. 改善非线性失真

如图 3-24 所示,假定输出的失真波形是正半周大、负半周小,负反馈信号电压 u_f 与输入信号 u_i 进行叠加后使净输入信号 u_d 产生预失真,即正半周小、负半周大。这种失真波形通过放大器放大后正好弥补了放大器的缺陷,使输出信号比较接近于正常波形。但是,如果原信号 u_i 本身就有失真,引入负反馈也无法改善。

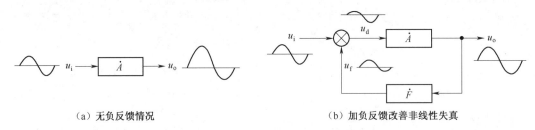

（a）无负反馈情况　　　　　　　　　（b）加负反馈改善非线性失真

图 3-24　加负反馈改善非线性失真

3. 拓展通频带

通频带是放大电路的重要指标,放大器的放大倍数和输入信号的频率有关。定义放大倍数为最大放大倍数的 $\sqrt{2}/2$ 倍以上所对应的频率范围为放大器的通频带。在一些要求有较宽频带的音、视频放大电路中,引入负反馈是拓展频带的有效措施之一。

放大器引入负反馈后,将引起放大倍数的下降,在中频区,放大电路的输出信号较强,反馈信号也相应较大,使放大倍数下降得较多;在高频区和低频区,放大电路的输

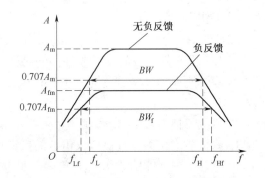

图 3-25　负反馈展宽放大器通频带

出信号相对较小,反馈信号也相应减小,因而放大倍数下降得少些。如图 3-25 所示,加入负反馈之后,幅频特性变得平坦,通频带变宽。

4. 对输入电阻和输出电阻的影响

（1）负反馈对输入电阻的影响取决于反馈信号在输入端的连接方式。串联负反馈使输入电阻增大,并联负反馈使输入电阻减小。

在图 3-26 所示电路中,当信号源 u_i 不变时,引入串联负反馈后 u_f 抵消了 u_i 的一部分,所

以基本放大电路的净输入电压 u_d 减小,使输入电流 i_i 减小,从而引起输入电阻 r_{if}($r_{if}=u_i/i_i$)比无反馈的输入电阻 r_i 增加。反馈越深,r_{if} 增加越多。输入电阻增大,减小了向信号源索取的电流,电路对信号源的要求降低了。

并联负反馈由于输入电流 i_i($i_i=i_d+i_f$)的增加,致使输入电阻 r_{if}($r_{if}=u_i/i_i$)减小,如图 3-27 所示,并联负反馈越深,r_{if} 减小越多,有利于引入电流。

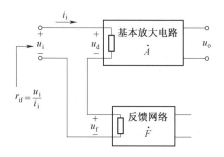

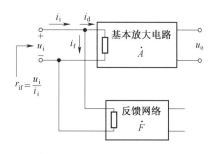

图 3-26　串联负反馈提高输入电阻　　　　　图 3-27　并联负反馈降低输入电阻

(2)负反馈对输出电阻的影响取决于输出端反馈信号的取样方式。电压负反馈减小输出电阻,目的是稳定输出电压;电流负反馈增大输出电阻,目的是稳定输出电流。

如果是电压负反馈,从输出端看放大电路,可用戴维南等效电路来等效,如图 3-28(a)所示。等效电路中的电阻就是放大电路的输出电阻,等效电路中的电压源就是放大电路空载时的输出电压 u_{OC}。理想状态下,输出电阻为零,输出电压为恒压源特性,这意味着电压负反馈越深,输出电阻越小,输出电压越稳定,越接近恒压源特性。所以电压负反馈能够减小输出电阻,稳定输出电压,增强带负载能力。

如果是电流负反馈,从输出端看,放大电路可等效为电流源与电阻并联的形式来讨论,如图 3-28(b)所示。等效电阻中的电阻仍然为输出电阻,电流源为空载时输出端的短路电流 i_{SC}。理想状态下,输出电阻为无穷大,输出电流为恒流源特性。这意味着电流负反馈越深,输出电阻越大,输出电流越稳定,越接近恒流源特性。所以电流负反馈能够增加输出电阻,稳定输出电流。

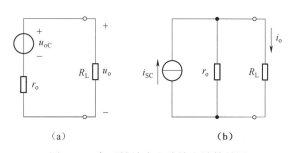

图 3-28　负反馈放大电路输出端等效图

知识点二　信号运算电路

运放的线性应用电路可实现比例、求和、减法、积分、微分及对数等基本运算。这些运算电路都要引入深度负反馈,使运放工作在线性区。我们主要学习比例、反相求和以及减法基本运算电路。

(一)反相比例运算

图 3-29 所示为反相比例运算电路。输入信号 u_i 经电阻 R_1 接到集成运放的反相输入端,同相输入端经电阻 R_2 接"地"。输出电压 u_o 经电阻 R_f 接回到反相输入端。在实际电路中,为了保证运放的两个输入端处于平衡状电路态,应使 $R_2 = R_1 /\!/ R_f$。在图 3-29 中,应用"虚断"和"虚短"的概念可知,从同相输入端流入运放的电流 $i_+ = 0$,R_2 上没有压降,因此 $u_+ = 0$。在理想状态下 $u_+ = u_-$,所以

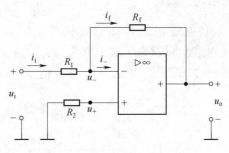

图 3-29 反相比例运算电路

$$u_- = 0 \tag{3-7}$$

虽然反相输入端的电位等于零电位,但实际上反相输入端没有接"地",这种现象称为"虚地"。"虚地"是反相运算放大路的一个重要特点。

假设 u_i 为 $\oplus$,则 u_o 为 $\ominus$。由于"虚断",$i_- = 0$,所以 $i_1 = i_f$,可得

$$i_1 = \frac{u_i - u_-}{R_1} = \frac{u_i}{R_1}$$

$$i_f = \frac{u_- - u_o}{R_f} = -\frac{u_o}{R_f}$$

$$\frac{u_i}{R_1} = -\frac{u_o}{R_f}$$

故

$$u_o = -\frac{R_f}{R_1} u_i \tag{3-8}$$

闭环电压放大倍数为

$$A_{uf} = \frac{u_o}{u_i} = -\frac{R_f}{R_1} \tag{3-9}$$

式中负号代表输出与输入反相,输出与输入的比例由 R_f 与 R_1 的比值来决定,而与集成运放内部各项参数无关,说明电路引入了深度负反馈,保证了比例运算的精度和稳定性。从反馈组态来看,反相比例运算属于电压并联负反馈,输入电阻等于外接元件 R_1 的阻值、输出电阻为 0。由于同相端接地,反相端为"虚地",运放输入端共模电压为 0。当 $R_f = R_1$ 时,$u_o = -u_i$,这就是反相器。

【例 3-2】 电路如图 3-29 所示,已知 $R_1 = 2\ k\Omega$,$u_i = 2\ V$,试求下列情况时的 R_f 及 R_2 的阻值。

(1) $u_o = -6\ V$。

(2)电源电压为 $\pm 13\ V$,输出电压达到极限值。

解:由式(3-8)得

(1)
$$R_f = -\frac{u_o}{u_i} R_1 = -\frac{-6}{2} \times 2\ k\Omega = 6\ k\Omega$$

$$R_2 = R_1 /\!/ R_f = 2\ k\Omega /\!/ 6\ k\Omega = 1.5\ k\Omega$$

（2）设饱和电压 $U_{o(sat)} = \pm 13\ V$，则

$$R_f = -\frac{-U_{o(sat)}}{u_i}R_1 = -\frac{-13}{2} \times 2\ k\Omega = 13\ k\Omega$$

$$R_2 = R_1 /\!/ R_f = 2\ k\Omega /\!/ 13\ k\Omega \approx 1.73\ k\Omega$$

当 $R_f > 13\ k\Omega$ 时，输出电压饱和。

（二）同相比例运算

图 3-30 所示为同相比例运算电路。图 3-30（a）中信号 u_i 接到同相输入端，R_f 引入负反馈。在同相比例运算的实际电路中，也应使 $R_2 = R_1 /\!/ R_f$，以保证两个输入端处于平衡状态。

假设 u_i 为⊕，则 u_o 为⊕。由 $u_+ \approx u_-$ 及 $i_+ = i_- \approx 0$，可得

$$u_- \approx u_+ = u_i \text{ 及 } i_1 \approx i_f$$

$$i_1 = -\frac{u_-}{R_1} = -\frac{u_+}{R_1}$$

$$i_f = \frac{u_- - u_o}{R_f} = -\frac{u_o - u_+}{R_f}$$

$$-\frac{u_+}{R_1} = -\frac{u_o - u_+}{R_f}$$

$$u_o = (1 + \frac{R_f}{R_1})u_+ \tag{3-10}$$

于是

$$u_o = (1 + \frac{R_f}{R_1})u_i$$

闭环放大倍数

$$A_{uf} = \frac{u_o}{u_i} = (1 + \frac{R_f}{R_1}) \tag{3-11}$$

式（3-10）更有一般性，当同相输入端的前置电路结构较复杂时，如图 3-30（b）所示，只需将 u_+ 代入式（3-10）便可求得输出电压 u_o。

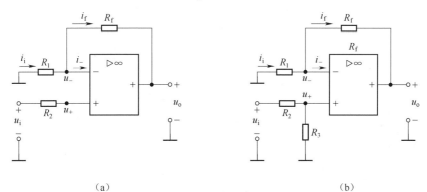

（a）   （b）

图 3-30 同相比例运算电路

$$u_+ = \frac{R_3}{R_2 + R_3}u_i$$

$$u_o = (1 + \frac{R_f}{R_1}) \frac{R_3}{R_2 + R_3} u_i \qquad (3\text{-}12)$$

式(3-10)、式(3-12)都说明了输出电压与输入电压的大小成正比,且相位相同,电路实现了同相比例运算。一般 A_{uf} 值恒大于1,但当 $R_f = 0$ 或 $R_1 = \infty$ 或 $R_f = 0$、$R_1 = \infty$ 时,$A_{uf} = 1$,$u_o = u_i$,这种电路称为电压跟随器,其性能优于射极输出器,如图3-31所示。

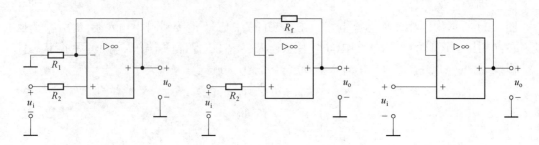

图3-31 电压跟随器 $u_o = u_i$

从反馈组态来看,同相比例运算电路属于电压串联负反馈,电路的输入电阻为无穷大,输出电阻均为0。由于是深度负反馈,A_{uf} 仅取决于外部电路 R_1、R_f 的取值,而与运放的参数无关。由于 $u_+ = u_- = u_i$,相当于集成运放两输入端存在和输入信号相等的共模输入信号。

(三)反相加法运算

加法运算就是对若干个信号进行求和,又称求和比例运算,有反相加法运算电路,也有同相加法运算电路,我们主要学习反相加法运算电路。

如图3-32所示为反相加法运算电路,即在反相比例电路的反相输入端,增加若干个输入支路。直流平衡电阻 $R_2 = R_{11}//R_{12}//R_{13}//R_f$。

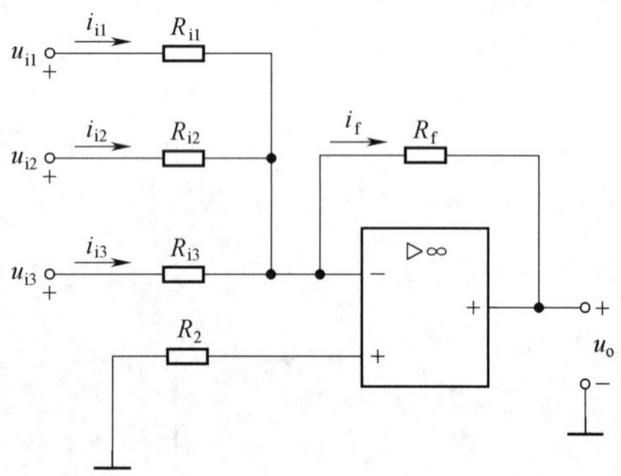

由理想运放的"虚短""虚断"概念,即有 $i_+ = i_- \approx 0$,$u_- \approx u_+ \approx 0$,所以 $i_{11} + i_{12} + i_{13} \approx i_F$,可得

$$\frac{u_{i1}}{R_{i1}} + \frac{u_{i2}}{R_{i2}} + \frac{u_{i3}}{R_{i3}} = -\frac{u_o}{R_f}$$

所以
$$u_o = -R_f \left(\frac{u_{i1}}{R_{i1}} + \frac{u_{i2}}{R_{i2}} + \frac{u_{i3}}{R_{i3}} \right) \qquad (3\text{-}13)$$

图3-32 反相加法运算电路

当 $R_{i1} = R_{i2} = R_{i3} = R$ 时,则

$$u_o = -\frac{R_f}{R}(u_{i1} + u_{i2} + u_{i3}) \qquad (3\text{-}14)$$

当 $R_{i1} = R_{i2} = R_{i3} = R_f = R$ 时,则

$$u_o = -(u_{i1} + u_{i2} + u_{i3}) \qquad (3\text{-}15)$$

可见,输出电压的大小反映了各输入电压之和,该电路实现了求和运算。

（四）减法运算

减法运算又称差动比例运算,如图 3-33 所示,信号同时从两个输入端加入(双入式),用来实现两个输入信号相减。从电路结构上来看,它是反相输入比例运算和同相输入比例运算的组合,利用叠加原理即可求出输出电压 u_o。

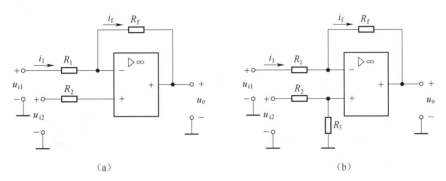

（a）　　　　　　　　　　　（b）

图 3-33　减法运算电路

如图 3-33（a）所示,u_{i1} 单独作用时,将 u_{i2} 短路(即 $u_{i2}=0$),此时输出电压为 u_{o1},由反相比例运算放大电路分析可得

$$u_{o1} = -\frac{R_f}{R_1} u_{i1}$$

u_{i2} 单独作用时,将 u_{i1} 短路(即 $u_{i1}=0$),此时输出电压为 u_{o2},由同相比例运算放大电路分析可得

$$u_{o2} = \left(1 + \frac{R_f}{R_1}\right) u_{i2}$$

根据线性叠加原理,可得输出电压 u_o 为

$$u_o = u_{o1} + u_{o2} = -\frac{R_f}{R_1} u_{i1} + \left(1 + \frac{R_f}{R_1}\right) u_{i2} = \left(1 + \frac{R_f}{R_1}\right) u_{i2} - \frac{R_f}{R_1} u_{i1} \tag{3-16}$$

当满足 $R_f = R_1$ 时,上式即为

$$u_o = 2u_{i2} - u_{i1} \tag{3-17}$$

如图 3-33（b）所示,u_{i1} 单独作用时,将 u_{i2} 短路(即 $u_{i2}=0$),此时输出电压为 u_{o1},由反相比例运算放大电路分析可得

$$u_{o1} = -\frac{R_f}{R_1} u_{i1}$$

u_{i2} 单独作用时,将 u_{i1} 短路(即 $u_{i1}=0$),此时输出电压为 u_{o2},由同相比例运算放大电路分析可得

$$u_{o2} = \left(1 + \frac{R_f}{R_1}\right) u_+ = \left(1 + \frac{R_f}{R_1}\right) \times \frac{R_3}{R_2 + R_3} u_{i2}$$

根据线性叠加原理,可得输出电压 u_o 为

$$u_o = u_{o1} + u_{o2} = -\frac{R_f}{R_1}u_{i1} + \left(1 + \frac{R_f}{R_1}\right) \times \frac{R_3}{R_2 + R_3}u_{i2} = \left(1 + \frac{R_f}{R_1}\right) \times \frac{R_3}{R_2 + R_3}u_{i2} - \frac{R_f}{R_1}u_{i1}$$

当满足 $R_1 = R_2$、$R_3 = R_f$ 时，上式即为

$$u_o = \frac{R_f}{R_1}(u_{i2} - u_{i1}) \tag{3-18}$$

当满足 $R_3 = R_2 = R_1 = R_f$ 时，上式即为

$$u_o = u_{i2} - u_{i1} \tag{3-19}$$

由式（3-18）可得闭环放大倍数 A_{uf}

$$A_{uf} = \frac{u_o}{u_{i2} - u_{i1}} = \frac{R_f}{R_1} \tag{3-20}$$

由于电路存在共模输入，为了保证运算精度，应尽量选用共模抑制比高的运算放大器，还应提高元件的对称性。

知识点三　信号转换电路

在自动控制系统和测量系统中，经常需要把待测电压转换成与之成正比的电流、或把待测电流转换成与之成正比的电压，利用运放的线性应用电路就可以实现。

（一）电压-电流转换电路

电压-电流转换电路又称互导放大电路，经常用在驱动继电器、模拟仪表、激励显象管的偏转线圈等信号转换场合。如图 3-34 所示为驱动浮置负载的电压-电流转换电路，图 3-34（a）为反相输入式，图 3-34（b）为同相输入式。

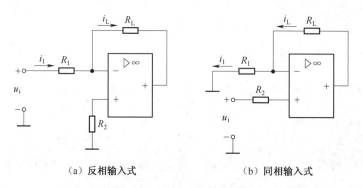

（a）反相输入式　　　　　　　（b）同相输入式

图 3-34　电压-电流转换电路

如果负载 R_L 两端都不接地称为浮置。图 3-34（a）所示是电流并联负反馈电路。按理想运放分析，$u_- = u_+ \approx 0$，$i_+ = i_- \approx 0$，则流过 R_L 的电流是

$$i_L = i_1 = \frac{u_i}{R_1} \tag{3-21}$$

可见 i_L 与输入电压 u_i 成正比，与负载 R_L 无关。而且只要 u_i 稳定，i_L 就稳定不变。

图 3-34（b）所示是电流串联负反馈电路。按理想运放分析，$u_+ = u_- \approx u_i$，$i_+ = i_- \approx 0$，则流过 R_L 的电流是

$$i_L = i_1 = \frac{u_-}{R_1} = \frac{u_i}{R_1}$$ (3-22)

其效果与反相输入式电压-电流转换器相同,而且输入电阻极高,几乎不需要从信号源索取电流,电路精度也高。由于采用同相输入式,存在共模输入,应选用共模抑制比高的运算放大器。

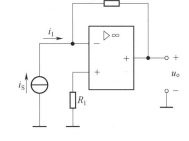

(二)电流-电压转换电路

如图 3-35 所示为电流-电压转换电路,为电压并联负反馈。在理想条件下,$u_+ = u_- \approx 0$,$i_+ = i_- \approx 0$,运放反相输入端"虚地"。

图 3-35 电流-电压转换电路

则 $$i_f = i_i$$

$$u_o = -i_f R_f = -i_i R_f$$ (3-23)

可见,电路的输出电压 u_o 与输入电流 i_i 成正比,只要 i_i 稳定,R_f 精度高,u_o 就稳定。

模块3 集成运算放大器的非线性应用

知识点一 集成运放非线性工作特性

集成运放在非线性区应用时,电路一般接成开环或正反馈形式,而且只有"虚断"这个重要特性,不再有"虚短"特性。根据集成运放的传输特性,当理想运算放大器工作在非线性状态时有如下特性:

(1)当 $u_+ > u_-$ 时,输出电压 $u_o = +U_{o(sat)}$;

(2)当 $u_+ < u_-$ 时,输出电压 $u_o = -U_{o(sat)}$。

集成运放的非线性应用电路在波形产生、变换和整形以及模数转换等方面有着广泛的应用。

电压比较电路简称电压比较器,它是一种模拟信号处理电路,将模拟信号输入电压 u_i 与参考电压(基准电压)U_R 进行大小值比较,用输出电压 u_o 反映比较结果。输出结果用正、负两值表示即可。因此,应用集成运放构成电压比较器时,集成运放工作在非线性区(饱和区)。我们主要学习开环状态工作的电压比较器,即单门限电压比较器,如图 3-36 所示。

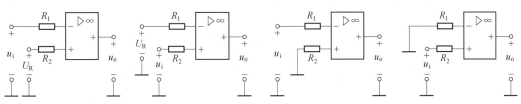

(a)同相电压比较器　　(b)反相电压比较器　　(c)过零电压比较器一　　(d)过零电压比较器二

图 3-36 开环电压比较器

知识点二 开环电压比较器

（一）反相输入开环电压比较器

图 3-36(a)所示为反相输入开环电压比较器,输入信号 u_i 加在运放的反相输入端,参考电压 U_R 加在运放的同相输入端。由图可知,当 $u_i > U_R$ 时,由于运放的开环电压增益 $A_{uo} \to \infty$,此时运放处于负向饱和状态,输出电压 $u_o = -U_{o(sat)}$;当 $u_i < U_R$ 时,运放处于正向饱和状态,输出电压 $u_o = +U_{o(sat)}$。由此可见,该电路电压传输特性如图 3-37(a)所示。

（二）同相输入开环电压比较器

图 3-36(b)所示为同相输入开环电压比较器,输入信号 u_i 加在反相输入端,参考电压 U_R 加在同相输入端。工作原理与反相输入电压比较器相同,其电压传输特性如图 3-37(b)所示。

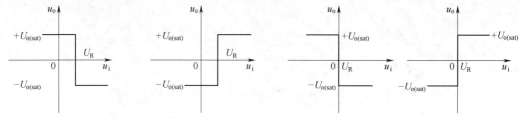

（a）同相电压比较器传输特性　（b）反相电压比较器传输特性　（c）过零电压比较器传输特性

图 3-37　电压传输特性（$U_R > 0$、$U_R = 0$）

（三）过零电压比较器

在反相输入和同相输入开环电压比较器中,参考电压 U_R 的取值可以大于零、小于零或等于零。如果参考电压 $U_R = 0$,则输入电压 u_i 每次过零时,输出电压就会产生突变,此为过零比较器,常用于信号的过零检测,如图 3-36(c)所示。其电压传输特性如图 3-37(c)所示。

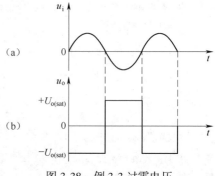

【例 3-3】 电路如图 3-36(c)所示,当输入信号 u_i 为正弦波时,试画出图中 u_o 的波形。

解: 当输入信号为如图 3-38(a)所示的正弦波时,每次过零点,比较器的输出将产生一次电压跳变,其高电平、低电平均受运放电源电压的限制。

图 3-38　例 3-3 过零电压比较器的波形变换

因此,输出电压 u_o 波形为具有正负极性的方波,如图 3-38(b)所示。

模块4　集成运算放大器的几个使用注意问题

知识点一 元器件选用

集成运放的类型按其技术指标可分为通用型、高精度型、高速型、低功耗型、大功率型、高阻型等;按其内部元件电路可分为双极型(由 BJT 构成)和单极型(由 FET 构成);按每一片集成块中运放的数目可分为单运放、双运放和四运放。选用集成运算放大器时不能盲目求"新",要根据电路实际要求的额定值、直流参数、交流参数等综合因素来选择符合要求的产品。一般生产厂家对自己的产品都配有使用说明书,在使用前要仔细查阅有关手册,了解引脚排列和所需的外接电路;在使用中根据管脚图和图形符号正确连接外部电路。

 ### 知识点二　保护电路

集成运放使用时,常会出现这样故障:

(1)输出端不慎对地短路或接到电源造成过大的电流损坏;

(2)输出端接有电容性负载,输出瞬间电流过大损坏;

(3)输入信号过大,输入级过压或过流损坏;

(4)电源极性接反或电源电压过高损坏,等等。因此有必要采取相应的保护措施。

(一)输入端保护电路

运放的差模输入电压有一定的范围,当输入端所加的差模和共模电压过高时,轻者可使输入级晶体管 β 值下降,使放大器性能变坏,重者可使管子永久性损坏。为此,常在运放输入端接入反相并联的二极管作为保护,将输入电压限制在二极管的正向电压以内。如图 3-39 所示,当输入差模电压较大时,二极管 VD(或稳压管 VZ)导通,从而保护运放不致损坏。图中 R_1、R_2 均为限流电阻。

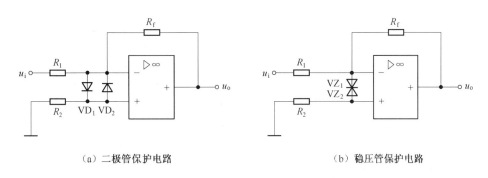

（a）二极管保护电路　　　　　　　　　（b）稳压管保护电路

图 3-39　输入端保护电路

(二)输出端保护电路

输出端保护电路在运放过载或输出与地短路时,保护运放不致损坏。如图 3-40 所示,一般运放的输出电流应限制在 5 mA 以内,当负载电阻较小时,限流电阻 R_3 限制了运放的输出电流。电路正常工作时,输出电压的幅值小于稳压管的稳定电压 U_Z,稳压管支路相当于开路,不起作用。当输出电压的幅值大于稳压管的稳定电压 U_Z 时,两对接的稳压管中总有一个工作在反向击穿状态,另一个正向导通,从而使输出电压限制在 $\pm U_Z$ 范围内。

(三)电源保护电路

为防止正、负电源接反或电源电压过高,常采用二极管来保护,如图 3-41 所示。

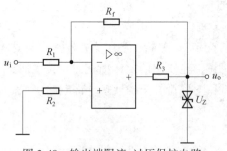

图 3-40　输出端限流、过压保护电路

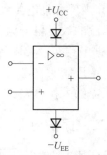

图 3-41　电源保护电路

项 目 小 结

集成运算放大电路是高增益的直接耦合多级放大电路,主要优点是输入电阻高、开环增益大、零点漂移小。从内部结构上看,它由输入级、中间级、输出级及偏置电路四个部分组成。输入级通常采用差分放大电路,用以抑制共模信号同时放大差模信号;中间级一般由共射放大电路组成,用以提高电压增益;输出级要求带负载能力强,通常采用互补对称射极跟随器,其作用是输出一定的功率;偏置电路由各种恒流源电路组成,用以提供各级电路的合适的静态工作电流。

集成运算放大电路的理想特性有"三高一低":开环差模电压增益 $A_{od} = \infty$;输入电阻 $r_{id} = \infty$;输出电阻 $r_o = 0$;共模抑制比 $K_{CMR} = \infty$。

分析有运放组成的电路,首先要判断运放工作在什么区域。一般加负反馈工作在线性区,在线性区工作时的两个重要理论依据是:虚短($u_+ \approx u_-$)和虚断($i_+ = i_- \approx 0$)。开环或负反馈时运放工作在非线性区,只有虚断($i_+ = i_- \approx 0$)特征、没有虚短($u_+ \approx u_-$)特征,当 $u_+ > u_-$ 时输出 $u_o = +U_{o(sat)}$、当 $u_+ < u_-$ 时输出 $u_o = -U_{o(sat)}$。

集成运放有三种输入方式:反相单入式、同相单入式及差动双入式。运放外加深度负反馈工作在线性区可实现比例运算、加法和减法等各种运算。运放工作在非线性区,可实现电压比较、波形变换等。

放大电路引入负反馈,以降低放大倍数为代价来改善放大电路的性能。直流负反馈能稳定静态工作点;交流负反馈能改善放大电路动态性能:提高放大倍数的稳定性、扩展通频带、减小非线性失真、改变输入电阻和输出电阻。电压负反馈能减小输出电阻稳定输出电压;电流负反馈能增大输出电阻稳定输出电流;串联负反馈使输入电阻增大,减小向信号源索取的电流,信号源负担减轻;并联负反馈使输入电阻减小,有利于引入电流信号。讨论负反馈放大电路时主要考虑交流负反馈。在深度负反馈下,闭环增益只与反馈系数有关,而与放大电路本身无关,闭环增益十分稳定,在基本运算电路中得到验证。

综 合 习 题

1. 填空题

(1)集成运算放大器的内部包括_____、_____、_____和_____四个部分。

（2）理想运算放大器的条件是_____；_____；_____；_____。

（3）共模抑制比用来衡量放大器对_____信号的放大能力和对_____信号的抑制能力。

（4）由于干扰，运算放大器_____环线性工作很难稳定，所以要使运算放大器工作在线性区通常引入_____。

（5）放大电路引入电压负反馈，能使输出电阻_____，从而稳定输出_____。

（6）放大电路引入电流负反馈，能使输出电阻_____，从而稳定输出_____。

（7）放大电路引入串联负反馈，能使输入电阻_____，从而_____信号源的负担。

（8）放大电路引入并联负反馈，能使输入电阻_____，从而有利于引入_____信号。

（9）在放大电路中，若信号源内阻很小，则采用_____负反馈效果好；若信号源内阻大，则采用_____负反馈效果好。

（10）集成运算放大器线性应用必须加_____反馈。

2. 判断题、

（1）放大电路中引入负反馈会降低电压放大倍数以求稳定。　　　　　　（　　）

（2）放大电路中引入串联负反馈能使输入电阻 r_i 减小，有利于输入信号电流。（　　）

（3）负反馈不能改善原信号 u_i 本身带有的失真。　　　　　　　　　（　　）

（4）共射极基本电压放大电路是开环放大电路。　　　　　　　　　　（　　）

（5）射极输出器是闭环放大电路。　　　　　　　　　　　　　　　　（　　）

（6）运算放大器的线性应用是在运算放大器中引入深度负反馈。　　　（　　）

（7）运算放大器线性工作时，其两个输入端既"虚断"又"虚短"。　　（　　）

（8）运算放大器非线性工作时，其两个输入端只"虚断"不"虚短"。　（　　）

（9）运算放大器开环或引入正反馈时，当 $u_+>u_-$，输出为 $-U_{o(sat)}$。（　　）

（10）同相输入运算电路的 u_- 端不仅"虚短"而且"虚地"。　　　（　　）

（11）反相输入运算电路的 u_- 端 只"虚短"不"虚地"。　　　　　（　　）

3. 选择题

（1）集成运放芯片 LM358 的第 8 脚是　　　　端。

　　A. 负电源　　　　B. 输出端　　　　C. 电源正极　　　　D. 反相输入端

（2）负反馈是指反馈回输入端的信号_____了输入信号。

　　A. 增强　　　　B. 削弱　　　　C. 不影响　　　　D. 不确定

（3）在放大电路中引入负反馈会_____电压放大倍数。

　　A. 增大　　　　B. 不改变　　　　C. 降低　　　　D. 不确定

（4）为了稳定静态工作点，分压式偏置共射电压放大电路中的发射极电阻引入的是_____。

　　A. 直流电流负反馈　　　　　　　　B. 交流电流负反馈

　　C. 交直流电流负反馈　　　　　　　D. 正反馈

（5）为了减小输出等效电阻 r_o，共集电极放大电路中的发射极电阻引入的是_____。

　　A. 直流电流负反馈　　　　　　　　B. 交流电流负反馈

C. 直流电流正反馈   D. 交流电流正反馈

(6) 理想运算放大器的开环差模输入电阻 r_{id} 是_____。

    A. 零   B. 无穷大   C. 几百千欧   D. 几千欧

(7) 集成运放电路实质上是一个_____。

    A. 直接耦合的多级放大电路   B. 阻容耦合的多级放大电路

    C. 变压器耦合的多级放大电路   D. 单级放大电路

(8) 运算放大器开环使用时，如果 $u_+ > u_-$，则输出 u_o 为_____。

    A. $-U_{o(sat)}$ B. $+U_{o(sat)}$ C. 0 V   D. 不确定

4. 分析回答

(1) 通用型集成运算放大器一般由哪几部分组成？每一部分主要作用是什么？主要采用什么电路？

(2) 集成运算放大器的输入失调电压 U_{IO}、输入失调电流 I_{IO} 的含义各是什么？

(3) 集成运算放大器的理想特性有哪些？

(4) 什么是"虚短""虚断""虚地"？

(5) 为了实现以下目的，需要引入何种类型的反馈。

①要求稳定静态工作点。②要求输入电阻高，输出电流稳定。③要得到一个由电流控制的电流源。④要得到一个阻抗变换器，输入电阻大，输出电阻小。⑤要求稳定放大倍数，扩展通频带。⑥判断图 3-42 所示的电路中是否引入了反馈？是直流反馈还是交流反馈？是正反馈还是负反馈？并指出引入的是哪种组态的交流负反馈。

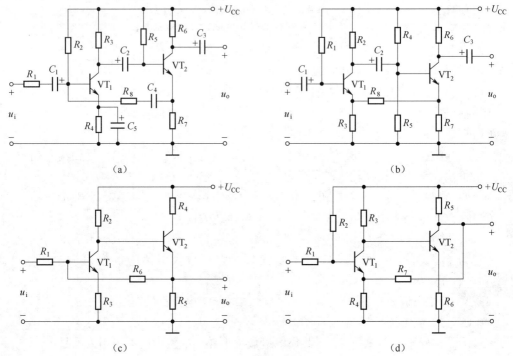

图 3-42   题 4-6 图

5. 分析计算

（1）由两级理想运算放大器组成的电路如图 3-43 所示，若输入电压值 $U_i = -0.6$ V，试求 u_{o1}、u_o 及 i_o 的值；运放 A_1 和 A_2 分别构成什么电路？

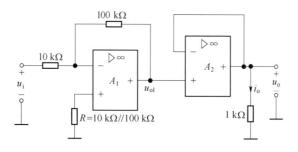

图 3-43　题 5-（1）图

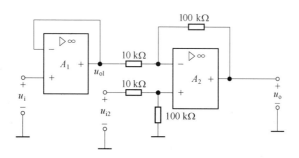

图 3-44　题 5-（2）图

（2）由两级理想运算放大器组成的电路如图 3-44 所示，若输入电压值 $U_{i1} = 0.2$ V、$U_{i2} = 0.4$ V，试求 u_{o1} 和 u_o 的值；运放 A_1 和 A_2 分别构成什么电路？

（3）如图 3-45 所示为反相比例求和电路，若输入电压值 $U_{i1} = -0.8$ V、$U_{i2} = 0.2$ V、$U_{i3} = 0.4$ V，试用叠加原理求 u_o 的值。

（4）由两级理想运算放大器组成的电路如图 3-46 所示，若输入电压值 $U_i = 0.36$ V，试求输出电压 u_{o1} 和 u_o 的值；运放 A_1 和 A_2 分别构成什么电路？

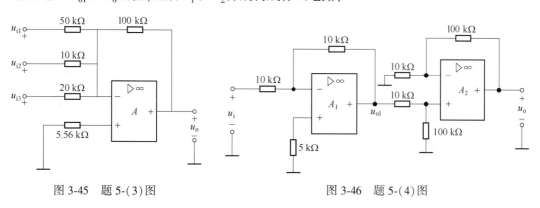

图 3-45　题 5-（3）图　　　　　　　　　　　图 3-46　题 5-（4）图

（5）由两级理想运算放大器组成的电路如图 3-47 所示，求 u_o 的值。

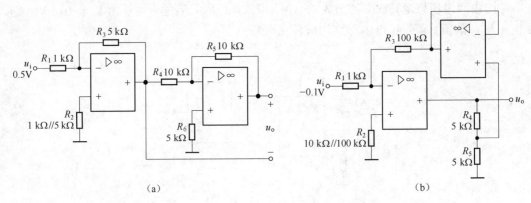

图 3-47　题 5-（5）图

（6）如图 3-48（a）所示电路，集成运放的 $U_{o(sat)} = \pm 10$ V，画出 u_o 的输出波形。

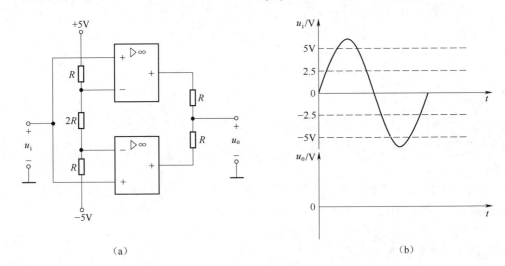

图 3-48　题 5-（6）图

6. 分析故障

（1）某同学在用示波器观察 LM358 构成的比例运算电路的输入、输出电压波形时，发现输入信号是正弦波，但输出信号是变成了矩形波，试分析电路可能出现了什么故障？

（2）如图 3-49 所示电路，扬声器能发声吗？若不能，请加以改正。

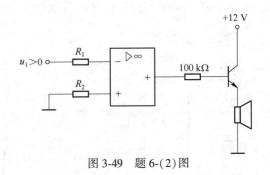

图 3-49　题 6-（2）图

阅读一　正弦波振荡器的基本分析与应用

 能力目标

1. 能用集成运算放大器构成 RC 桥式正弦波振荡电路。
2. 会分析三点式 LC 正弦波振荡电路能否实现振荡产生正弦波信号。
3. 会计算基本振荡电路的振荡频率。
4. 能利用示波器、频率计等设备观察、测量波形参数。

知识目标

1. 熟悉正弦波振荡器的概念、结构及自激振荡条件。
2. 熟悉 RC 正弦波振荡电路的基本组成、振荡条件及基本工作。
3. 熟悉 LC 正弦波振荡电路的基本组成、振荡条件及基本工作。
4. 熟悉晶体振荡器,了解其基本电路原理。

在模拟电子电路中,通常需要正弦波信号作输入信号 u_i。那么正弦波信号 u_i 是怎样产生的呢?

阅读一主要介绍正弦波信号的产生电路——正弦波振荡器。

振荡电路又叫波形发生器,分为自激式振荡电路和它激式振荡电路两种。自激式振荡电路是一种不需要外加激励信号(无输入信号),就能自动将直流能量转换成周期性交变能量,从而输出一定频率和一定幅值的信号的电路,这种不需要外接输入信号输出端就有信号输出的现象又称为自激振荡现象。

一、自激振荡的基本原理

要想使一个电路产生自激振荡,必须通过引入正反馈来实现,这种电路即为反馈式自激振荡电路。反馈式自激振荡电路主要由基本放大器(放大倍数为 $\dot{A}$)和正反馈网络(反馈系数为 $\dot{F}$)构成,其方框图如图 y1-1 所示。

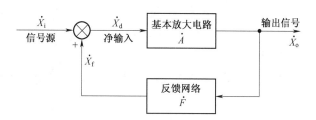

图 y1-1　反馈式自激振荡电路框图

1. 自激振荡条件

自激振荡条件的框图如图 y1-2 所示基本放大电路的开环增益为 $\dot{A} = \dot{X}_o / \dot{X}_d$，反馈网络的反馈系数为 $\dot{F} = \dot{X}_f / \dot{X}_o$，为使电路产生振荡，电路中应引入正反馈。用反馈信号 $\dot{X}_f$ 取代输入信号 $\dot{X}_d$，即有 $\dot{X}_f = \dot{X}_d$，这时 $\dot{X}_o = \dot{A}\dot{X}_d$ $= \dot{A}\dot{X}_f = \dot{A}\dot{F}\dot{X}_o$，由此可得自激振荡的条件

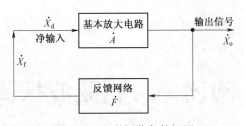

图 y1-2　自激振荡条件框图

$$\dot{A}\dot{F} = 1 \qquad\qquad (\text{y1-1})$$

式中的放大倍数及反馈系数均为相量表示，即 $\dot{A} = A\angle\varphi_A$，$\dot{F} = F\angle\varphi_F$，由此可得到自激振荡条件如下：

（1）振幅平衡条件

$$|\dot{A}\dot{F}| = 1，即\ AF = 1 \qquad\qquad (\text{y1-2})$$

基本放大器的放大倍数与反馈网络的反馈系数的乘积的模等于 1，使 $\dot{X}_f$ 和 $\dot{X}_d$ 的大小相等。

（2）相位平衡条件

$$\varphi_A + \varphi_F = 2n\pi \quad (n = 0,1,2\cdots\cdots) \qquad\qquad (\text{y1-3})$$

基本放大电路的相移 φ_A 和反馈网络的相移 φ_F 之和等于 $2n\pi$，其中 n 为整数，使 $\dot{X}_f$ 和 $\dot{X}_d$ 的相位相等，以保证是正反馈。

2. 自激振荡的建立与稳定

（1）自激振荡的建立过程

在实际应用中，当接通直流电源瞬间，由于电流的突变及电路中存在的噪声等引起的电扰动信号，都可以看作是振荡电路放大器的初始输入信号。这些电扰动信号中含有各种频率成分，由于振荡电路内有选频网络，其中只有某一频率 f_0 的信号分量能满足上述振荡条件，于是该 f_0 信号分量经过放大、正反馈、再放大、正反馈……，使每次反馈至输入端的信号 X_F 总是大于原输入信号 X_d，即 $X_F > X_d$，振荡电路即可起振，如图 y1-3 所示。

（2）起振条件

从起振过程可以知道，振荡电路起振的必要条件是

$$|\dot{A}\dot{F}| > 1 \qquad\qquad (\text{y1-4})$$

即起振的振幅条件为 $AF > 1$、相位条件为 $\varphi_A + \varphi_F = 2n\pi$。

（3）稳定过程

满足自激振荡条件的 f_0 信号分量，经过放大、正反馈……不断地增大幅度，其输出幅度是否会无限制地增大呢？我们知道，组成振荡器的基本放大电路中的半导体三极管具有饱

和、截止非线性特性,那么振荡器的输出信号幅度是不会无限制增大的,但输出波形却会严重失真。因此振荡电路中需要有稳定输出幅度的环节,以使振荡器起振后能自动地逐渐由起振条件过度到平衡条件,使振荡器的输出波形稳定而基本不失真,如图 y1-3 所示。振荡

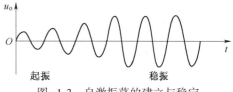

图 y1-3　自激振荡的建立与稳定

电路中除了利用半导体三极管的饱和、截止非线性来限制振幅外,通常还会引入负反馈电路来稳幅。

二、正弦波振荡器的基本组成及分类

振荡电路分为正弦波振荡电路和非正弦波振荡电路两大类,正弦波振荡器就是能通过自激振荡产生正弦波输出电压的电路。

1. 正弦波振荡器的基本组成

正弦波振荡器一般有以下几个组成部分。

(1)基本放大电路。基本放大电路能放大电压信号,提供能量。

(2)反馈电路。反馈电路满足相位平衡条件和幅度平衡条件形成正反馈。

(3)选频网络。在振荡电路中,由于起振信号通常为电扰动信号,它是一种不规则的非正弦信号,包含许多不同频率、不同幅值的正弦波信号,为了获得单一频率的正弦波输出信号,振荡电路必须引入选频网络,将所需频率(f_o)的信号逐渐放大形成输出信号,而将其他频率的信号加以抑制。这样,振荡电路才可以输出一定频率和一定幅度的正弦波。

在实际电路中,选频网络往往包含在正反馈网络或基本放大电路中。选频网络可以由 R、C 和 L、C 等电抗性元件组成。

(4)稳幅环节。稳幅环节是保证振荡器输出的正弦波稳定且基本不失真。

2. 正弦波振荡器的分类

由于应用背景不同,正弦波振荡器可以分为多种类型,按照工作频率高低可分为高频振荡器、低频振荡器;按照选频网络不同可分为 RC 振荡器、LC 振荡器、石英晶体振荡器等。

三、RC 正弦波振荡器

1. RC 正弦波振荡器的构成

RC 正弦波振荡器采用 RC 选频网络,是一种低频振荡电路。其振荡频率范围较宽,一般用来产生几赫兹到几百赫兹的低频信号。

常用的 RC 正弦波振荡器为 RC 桥式振荡电路(即文氏桥式 RC 串并联振荡电路),其典型结构如图 y1-4 所示。图中 RC 构成的串并联选频网络与放大器的同相输入端及输出端相连接,在电路中起选频及正反馈的作用;运算放大器 A 及其负反馈网络实现放大与稳幅作用。

2. RC 串并联网络的选频特性

RC 串并联选频网络的频率响应如图 y1-5 所示,图 y1-5(a)所示为 RC 串并联选频网络

的幅频响应,图 y1-5(b)所示为 RC 串并联选频网络的相频响应。令 ω 为输入电压的角频率、ω_o 为 RC 串并联选频网络的谐振角频率或选频角频率,分析计算 RC 串并联选频网络的电压传输系数可得:

当 $\omega = \omega_o = 1/RC$ 或 $f = f_o = 1/2\pi RC$ 时,幅频响应的幅值为最大值,电压传输系数

$$|\dot{F}|_{max} = 1/3 \qquad (y1\text{-}5)$$

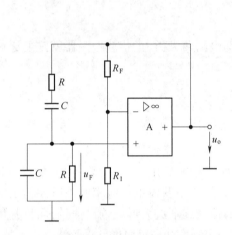

图 y1-4　RC 桥式正弦波振荡电路

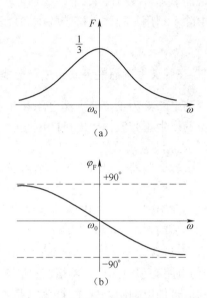

图 y1-5　RC 串并联选频网络的频率响应

而相频响应的相位角为零,即

$$\varphi_F = 0 \qquad (y1\text{-}6)$$

所以 $f_o = 1/2\pi RC$ 又称为 RC 振荡器的选频频率或谐振频率。

也就是说,在输入电压 u_F 的幅值一定而频率可调时,若有 $\omega = \omega_o = 1/RC$ 时,输出电压 u_o 的幅值最大,且输出电压是输入电压的 3 倍,同时输出电压与输入电压同相位;而当频率 $\omega \neq \omega_o$ 时,ω 离 ω_o 越远,输出幅度越小。因此,我们说 RC 串并联选频网络具有选频特性。

3. RC 桥式振荡电路的基本工作原理

从 RC 串并联选频网络的选频特性可知:当 $f=f_o$ 时,RC 串并联网络的相移 $\varphi_F = 0$;放大电路又是由具有电压串联负反馈的同相运算放大电路组成,即有 $\varphi_A = 0$,因此,$\varphi_F + \varphi_A = 0$,满足自激振荡的相位平衡条件,而对于其他频率的信号,RC 串并联网络的相移 $\varphi_F \neq 0$,则不满足相位平衡条件。同时由于串并联网络在 $f=f_o$ 时的电压传输系数 $|\dot{F}|_{max} = 1/3$,只要满足振幅条件 $|\dot{A}\dot{F}| > 1$,电路就能产生正弦振荡,因此要求放大电路的电压放大倍数 $A > 3$,这对于集成运放组成的同相比例运算电路来说很容易满足。由图 y1-4 分析可得放大电路的电压放大倍数为 $A = 1 + R_F / R_1$,只要适当选择 R_F 与 R_1 的值(使 $R_F \geq 2R_1$),就能实现 $A > 3$ 的要求。

　　由集成运算放大器构成的 RC 桥式振荡电路,电路简单,可方便地连续改变振荡频率,便于加负反馈稳幅,容易得到良好的振荡波形,适用于产生频率较低的正弦波信号。RC 选频网络的选频作用不如 LC 谐振荡回路,故 RC 振荡器的波形和稳定度比 LC 振荡器差。

　　【例 y1-1】　带稳幅环的 RC 桥式振荡器的仿真制作。

　　图 y1-6 所示为带稳幅环的 RC 串并联网络振荡器。

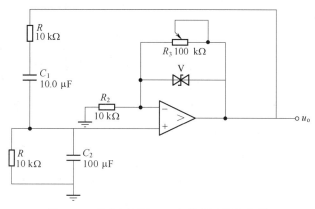

图 y1-6　带稳幅环的 RC 串并联网络振荡器

　　用 multisim 电路仿真软件仿真电路,调节电阻 R_3,使其由 0 逐渐增大,用示波器观察比较断开稳幅环和连接稳幅环两种情况下输出信号的变化,如图 y1-7 所示。也可以在电路板上实际制作电路并观察。

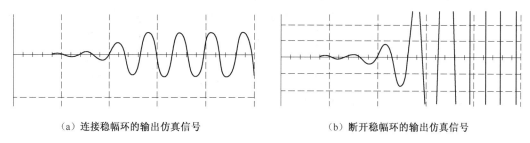

（a）连接稳幅环的输出仿真信号　　　　　　　（b）断开稳幅环的输出仿真信号

图 y1-7　断开、连接稳幅环两种情况下的仿真输出信号

四、LC 正弦波振荡器

　　LC 振荡器是采用电感器 L、电容器 C 并联电路作为选频网络的振荡器。它主要用来产生几兆赫兹以上的高、中频正弦波信号。常见的 LC 正弦波振荡电路有变压器互感耦合式振荡电路、电感反馈式振荡电路和电容反馈式振荡电路。

　　我们主要介绍 LC 电感三点式振荡电路和 LC 电容三点式振荡电路两种典型电路及应用。

　　1. LC 电感三点式振荡电路

　　（1）电路组成

　　电感三点式 LC 振荡电路又称哈特莱振荡电路,如图 y1-8(a)所示。半导体三极管及其偏置电路构成了共射基本放大电路;具有中间抽头的线圈 L_1、L_2 与电容 C 的并联回路构成选频网络;耦合电容 C_1、C_2 和旁路电容 C_e 对交流信号都可看成短路,电感线圈的三个端子分别与三极管的三个电极 c、e、b 相连,因而称为电感三点式振荡器。正反馈信号从电感线圈的 L_2 两端取出,经电容 C_1 耦合反馈到三极管的基极,为此又称作电感反馈式振荡电路。

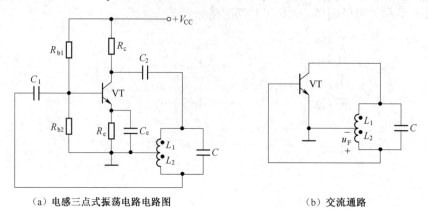

(a)电感三点式振荡电路电路图   (b)交流通路

图 y1-8　电感三点式振荡电路

(2)振荡条件

①相位平衡条件。在图 y1-8(b)交流通道中,由于电阻不影响相位,故而省去了电阻。设基极输入信号的瞬间极性为正,由于共发射极放大电路的反相作用,集电极电压极性与基极相反为负,则在 L_1 上的电压极性为上负下正,按照同名端极性从电感 L_2 两端获得的反馈信号也为上负下正,与基极瞬间极性相同,形成正反馈,满足相位平衡条件。

②振幅平衡条件。从图 y1-8(b)中可以看出,反馈电压 u_F 取自电感 L_2 两端(对"⊥"取 u_F),并通过 C_1 耦合到三极管基极,所以可通过改变线圈中间抽头的位置,调节 L_2 的匝数,来改变反馈电压的大小,当满足振幅条件 $AF>1$ 时,电路便起振。通常 L_2 的匝数是电感线圈总匝数的 $1/8 \sim 1/4$,就能满足振幅起振条件。

(3)振荡频率

$$f_o = \frac{1}{2\pi\sqrt{LC}} = \frac{1}{2\pi\sqrt{(L_1 + L_2 + 2M)C}} \qquad (\text{y1-7})$$

式中　L_1+L_2+2M——LC 回路的总电感。

　　　　M——L_1、L_2 的互感系数。

LC 电感三点式振荡电路的优点是调频方便,频率调节范围较大;L_1 和 L_2 之间耦合很紧,电路易起振,输出幅度大。缺点是反馈电压取自电感 L_2 的两端,它对高次谐波的阻抗大,反馈也强,因此在输出波形中含有较多的高次谐波成分,输出波形不理想。

2. 电容三点式振荡电路

(1)电路组成

电容三点式振荡电路又称为考毕兹振荡电路,如图 y1-9(a)所示。它的基本结构和电感三点式振荡电路类似,只是将电感三点式振荡电路中的电感 L_1 与 L_2 分别用电容 C_1、C_2 替代,将电容 C 用电感 L 替代,就构成了电容三点式振荡电路。从交流信号通路可以看出,选频网络中电容 C_1、C_2 的三个端点分别与三极管的三个电极 c、e、b 相连,因而称为电容三点式振荡器。正反馈信号从电容的 C_2 两端取出,经电容 C_3 耦合反馈到三极管的基极,为此又称作电容反馈式振荡电路。

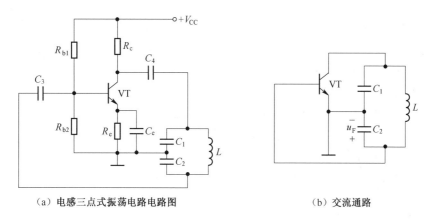

(a) 电感三点式振荡电路电路图　　　　　(b) 交流通路

图 y1-9　电容三点式振荡电路

(2) 振荡条件

① 相位平衡条件。分析该电路是否满足相位条件的方法与电感三点式振荡器相同,也满足相位平衡条件。

② 振幅条件。从图 y1-9(b) 中可以看出,反馈电压取自电容 C_2 两端,并通过 C_3 耦合到三极管基极,所以适当地选择 C_1、C_2 的数值,并使共射放大电路有足够的放大倍数,电路便可以起振。

(3) 振荡频率

$$f_o = \frac{1}{2\pi \sqrt{LC}} = \frac{1}{2\pi \sqrt{L \cdot \dfrac{C_1 C_2}{C_1 + C_2}}} \tag{y1-8}$$

LC 电容三点式振荡电路的优点是容易起振,振荡频率高,一般可以达到 100 MHz 以上;电路的反馈电压取自电容 C_2 两端的电压,而电容 C_2 对高次谐波的阻抗小,反馈电路中的谐波成分少,故振荡波形较好。缺点是调频不方便,因为 C_1、C_2 的大小既与振荡频率有关,也与反馈量有关,改变 C_1(或 C_2)时会影响反馈系数,从而影响反馈电压的大小,造成工作性能不稳定。

(4) 电容三点式改进电路

为了调节频率方便并提高振荡频率的稳定性,通常在电感 L 支路中串联一个可调的小电容 C_3,如图 y1-10 所示。$C_3 \ll C_1$、$C_3 \ll C_2$,回路总电容 C 为

$$\frac{1}{C} = \frac{1}{C_1} + \frac{1}{C_2} + \frac{1}{C_3} \approx \frac{1}{C_3}$$

该振荡电路的振荡频率为

$$f_o = \frac{1}{2\pi\sqrt{LC}} \approx \frac{1}{2\pi\sqrt{LC_3}} \quad (\text{y1-9})$$

需要注意的是,C_3 取值过小,闭环增益会下降很多,可能会因不满足振幅起振条件而停振。

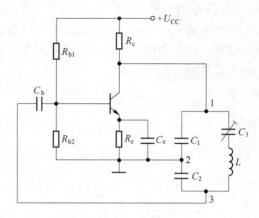

图 y1-10　电容三点式改进电路

五、石英晶体振荡器

随着通信及电子技术的发展,对振荡电路频率稳定度的要求越来越高。石英晶体振荡器也称石英晶体谐振器,是一种可以取代 LC 谐振回路的晶体谐振元件,它用来稳定频率和选择频率。一般 LC 振荡电路的频率稳定度只有 10^{-5} 量级,采用石英晶体振荡器的频率稳定度可达 $10^{-9} \sim 10^{-11}$ 量级,所以石英晶体振荡器适用于频率稳定度要求较高的场合。

1. 石英晶体的基本特性

石英晶片具有压电效应和反压电效应。石英晶体振荡器是利用石英晶体的压电效应制成的一种谐振电路。如果在晶片两侧极板上加交变电压,晶片就会按交变电压的频率产生机械振动,同时机械振动又会产生交变电场。但当外加交变电压的频率与晶片的机械振动频率相等时,晶片发生共振,机械振动的幅度最大,同时在晶片的两极板间产生的电场也最强,通过石英晶体的电流幅度达到最大,这种现象称为压电谐振,与 LC 回路的谐振现象十分相似,因此又称为石英晶体谐振器。石英晶体的谐振(固有频率)与晶片的切割方式、几何形状、尺寸等有关。

2. 石英晶体的等效电路

如图 y1-11(a)所示为石英晶体在电路中的符号和等效电路。在等效电路中,C_0 为晶片不振动时两极板间的静态电容,它的大小与晶片的几何尺寸、电极面积有关,一般约几个皮法(pF)到几十皮法;晶体机械振动的惯性等效为电感 L,其值一般为几十毫亨(mH)到几百毫亨;电容 C 等效晶片的弹性模量,C 的值很小,一般只有 $0.0002 \sim 0.1\text{pF}$;晶片振动时因摩擦而造成的损耗用 R 来等效,约为 100Ω。由于 L 很大,C 和 R 都很小,所以谐振器的品质因数($Q_0 = \frac{1}{R}\sqrt{\frac{L}{C}}$)极高,可达 $10^3 \sim 10^6$。因此利用石英谐振器组成的振荡电路可获得很高的频率稳定度。

如图 y1-11(b)所示为石英晶体谐振器在忽略 R 以后的电抗频率特性。由电抗频率特性可知,石英晶体有两个谐振频率,一个是 R、L、C 串联支路发生谐振时的串联谐振频率 f_s,另一个是 R、L、C 串联支路与 C_0 支路发生并联谐振时的并联谐振频率 f_p。

(1)串联谐振频率 f_s

当 R、L、C 串联支路发生谐振时,其串联谐振频率为

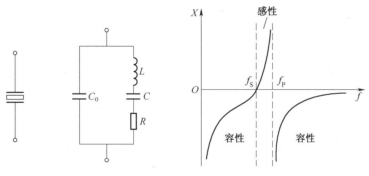

（a）石英晶体的符号和等效电路　　　　（b）石英晶体的电抗频率特性

图 y1-11　石英晶体等效电路及频率特性

$$f_s = \frac{1}{2\pi\sqrt{LC}} \qquad (y1\text{-}10)$$

串联谐振时该支路的等效电抗呈纯阻性,等效电阻为 R,阻值很小。在谐振频率下,整个电路的电抗等于 R 并联 C_0 容抗,由于 C_0 很小,其容抗远大于 R,因此,可近似认为石英晶体呈纯阻性,等效电阻为 R。

当工作频率小于串联谐振频率时,即 $f < f_s$ 时,R、L、C 串联支路呈容性,电容容抗为主导,石英晶体呈容性。

（2）并联谐振频率 f_p

当 $f > f_s$ 时,R、L、C 串联支路呈感性。呈感性的 R、L、C 串联支路与 C_0 发生并联谐振时的谐振频率为

$$f_p = \frac{1}{2\pi\sqrt{L\cdot\dfrac{CC_0}{C+C_0}}} = f_s\sqrt{1+\frac{C}{C_0}} \qquad (y1\text{-}11)$$

由于 $C \ll C_0$,则 f_s 与 f_p 很接近。当 $f < f_p$ 时,并联网络中 L 的感抗占主导,石英晶体呈感性;$f > f_p$ 时,并联网络中 C_0 的容抗占主导,石英晶体呈容性。

综上所述,频率在 $f_s \sim f_p$ 的窄小范围内,石英晶体呈感性;当频率为 f_s、f_p 时,石英晶体呈阻性;频率在此之外,石英晶体呈容性。

3. 石英晶体正弦波振荡电路

石英晶体振荡器的基本电路形式有两种,一类称为并联型,另一类称为串联型。

（1）并联型石英晶体振荡电路

如图 y1-12（a）所示为并联型石英晶体振荡电路。由于频率在 $f_s \sim f_p$ 的范围内石英晶体呈感性,因此在图中石英晶体作为电感取代了 LC 电容三点式振荡电路中的 L,C_1 和 C_2 串联后与石英晶体中的 C_0 并联。

振荡频率为

$$f_o = \frac{1}{2\pi\sqrt{L\cdot\dfrac{C(C_0+C')}{C+C_0+C'}}}, \qquad 其中\ C' = \frac{C_1 C_2}{C_1 + C_2}$$

由于 C、$C_0 \ll C_1$、C_2，所以 $f_o \approx \dfrac{1}{2\pi\sqrt{LC}} = f_p$，而与 C_1、C_2 关系不大。

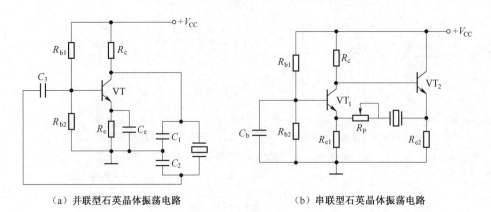

（a）并联型石英晶体振荡电路　　　　　　　（b）串联型石英晶体振荡电路

图 y1-12　并联型与串联型石英晶体振荡电路

（2）串联型石英晶体振荡电路

如图 y1-12（b）为串联型石英晶体振荡器电路。串联型晶体振荡电路是利用石英晶体在串联谐振频率 f_s 处阻抗最小的特性工作的，石英晶体作为反馈元件来组成振荡器。当石英晶体发生串联谐振时，石英晶体阻抗最小，且为纯电阻，此时正反馈最强，相移为 0，满足自激振荡条件。因此，电路的振荡频率等于石英晶体的串联谐振频率 f_s。调整 R_P 的阻值可改变正反馈的强弱，获得良好的正弦波。

石英晶体振荡器是高精度和高稳定度的振荡器，被广泛应用于彩电、计算机、遥控器等各类振荡电路中，以及通信系统中用于频率发生器、为数据处理设备产生时钟信号和为特定系统提供基准信号。石英晶体振荡器也存在结构脆弱、怕振动、负载能力差等不足之处，从而限制了它的应用范围。

 思考

1. 什么是自激振荡？自激振荡的条件是什么？自激振荡是如何建立和稳定的？

2. 正弦波振荡器通常由哪几部分构成，各部分的作用是什么？

3. RC 桥式振荡电路中既有正反馈又有负反馈，各自有何作用？正反馈网络和负反馈网络各由哪些元件组成？

4. 在图 y1-6 所示带稳幅环的 RC 振荡电路中，R_3 逐渐加大，电路可以由不振荡到振荡，为什么？理论上 R_3 大到什么程度可起振？

5. RC 振荡电路带稳幅环与不带稳幅环有什么差别？

6. RC 振荡器与 LC 振荡器相比有何异同，应如何选择振荡器？

7. 三点式振荡器中电抗元件构成选频网络有什么特点？

8. 晶体振荡器如何作为电感、电容和电阻使用？

Ⅱ　数字电子技术基础及应用

项目四　简单抢答器的基本制作与调试

 能力目标

1. 能简单识别集成逻辑门电路,检测其逻辑功能。
2. 能完成简单抢答器的基本制作与调试。
3. 能查找和处理简单抢答器电路的常见故障。

知识目标

　　熟悉数字电路与数字信号的特点;掌握数制、码制及其相互间的转换;掌握常用逻辑关系及其表示法;熟悉逻辑代数的公式和运算法则;熟悉并掌握常用逻辑门电路及其功能;了解 TTL 集成门电路和 CMOS 集成门电路,具体工作任务见表 4-1。

表 4-1　项目工作任务单

序号	任　　务
1	小组制订工作计划,明确工作任务
2	分析简单抢答器电路,熟悉电路结构及组成元件,画出布线图
3	根据布线图制作简单抢答器电路
4	完成简单抢答器电路的功能测试与故障排除
5	小组讨论总结并编写项目报告

(一)目标

1. 进一步掌握基本结构及其工作。
2. 掌握简单抢答器电路的功能测试。
3. 学习简单抢答器电路的故障分析与处理。
4. 培养良好的操作习惯,提高职业素质。

(二)器材

所用器材见表 4-2。

表 4-2 实作器材清单

共用器材			
器材名称	规格型号	电路符号	数量
数字实验箱	TPE-D2		1
数字万用表	VC890C+		1
尖镊子			1
导线			若干
二人抢答器			
集成块	74LS04	G1、G2	2
集成块	74LS00	G3、G4	2
四人抢答器			
集成块	74LS04	G1~G4	4
集成块	74LS20	G5~G8	4

(三)原理与说明

1. 二人抢答器

A、B 为抢答操作开关,代表 A 和 B 两位选手。不使用抢答器时,所有开关全部拨至 L (低电平)端。当任意一位选手抢先将某一开关拨至 H(高电平)端,则与其对应的指示灯被点亮,显示该选手抢答成功;而紧随其后的其他开关再拨至 H 端,与其对应的发光二极管不亮,实现互锁。

2. 四人抢答器

A、B、C、D 为抢答操作开关,代表 A、B、C、D 四位选手。不使用抢答器时,所有开关全部拨至 L(低电平)端。当任意一位选手抢将某一开关拨至 H(高电平)端,则与其对应的指示灯被点亮,显示该选手抢答成功;而紧随其后的其它开关再拨至 H 端,与其对应的发光二极管不亮,实现互锁。

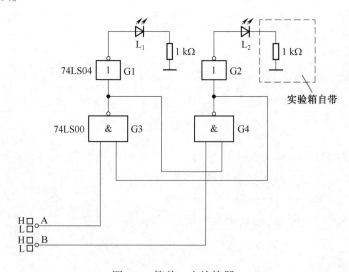

图 4-1 简单二人抢答器

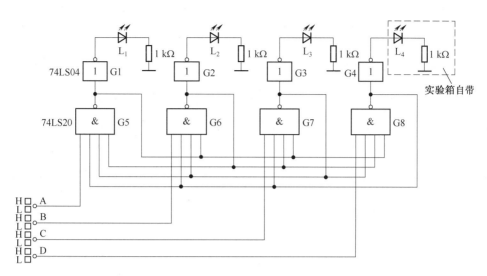

图 4-2　简单四人抢答器

3. 正确选择集成芯片

用尖镊子整理好集成芯片的管脚,在数字电路实验箱上按正确方法插好集成芯片。

4. 连接电路

按图 4-1 连接电路,正确选择元器件,调试并实现简易抢答器功能,并将观察与测试结果记录在表 4-3 中。

表 4-3

A		B		G3 输出	G4 输出	L_1	L_2	抢答
状态	电压	状态	电压	电压	电压	状态	状态	成功
L		L						
H		×						
×		H						

5. 正确选择集成芯片

用尖镊子整理好集成芯片的管脚,在数字电路实验箱上按正确方法插好集成芯片。

6. 连接电路

按图 4-2 连接电路,正确选择元器件,调试并实现简易抢答器功能,并将观察与测试结果记录在表 4-4 中。

表 4-4

A		B		C		D		G5 输出 电压	G6 输出 电压	G7 输出 电压	G8 输出 电压	L_1 状态	L_2 状态	L_3 状态	L_4 状态	抢答成功
状态	电压	状态	电压	状态	电压	状态	电压									
L		L		L		L										

续上表

A		B		C		D		G5 输出 电压	G6 输出 电压	G7 输出 电压	G8 输出 电压	L_1 状态	L_2 状态	L_3 状态	L_4 状态	抢答成功
状态	电压	状态	电压	状态	电压	状态	电压									
H	×		×		×		×									
×		H		×		×										
×		×		H		×										
×		×		×		H										

思考

1. 怎样用 74LS20 替代 74LS00？
2. 为什么 A、B、C、D 都拨到 L 端时，抢答不工作？
3. 若仪器设备器件均完好，A 灯亮时，B 灯也可以亮，可能是什么故障？
4. 如果有一个指示灯一直发亮，可能是什么故障？
5. 如果有一个指示灯一直不亮，可能是什么故障？

实作考核

项目	步骤	分数	序号	考核内容及评分标准	配分	扣分	得分	备注
简单抢答器电路的制作与调试	电路分析	10	1	分析电路，绘制布线图，每错一个元件扣 3 分，连线错误可根据情况酌情扣分。直至扣完为止	20			
	电路连接及测试	60	2	确认元件选择。元件错误一个扣 2 分，直至扣完为止	10			
			3	根据电路正确连接电路。连线错误一处扣 3 分，直至扣完为止	40			
			4	接通电源，进行测试。测试结果每错一项扣 2 分，直至扣完为止	10			
	回答	10	5	原因描述合理	10			
	整理	10	6	规范操作，不可带电插拔元器件，错误一次扣 5 分	5			
			7	正确穿戴，文明作业，违反规定，每处扣 2 分	2			
			8	操作台整理，测试合格应正确复位仪器仪表，保持工作台整洁，每处扣 3 分	3			
时限		10		时限为 45 min，每超 1 min 扣 1 分	10			
合计					100			

注意：操作中出现各种人为损坏，考核成绩不合格且按照学校相关规定赔偿。

知识链接

模块1　基本逻辑门电路的识别与检测

知识点一　数字信号与数字电路

按照所处理的信号形式,现代电子技术分成两大类,即模拟电子技术和数字电子技术。模拟电子电路处理的是模拟信号,数字电子电路处理的是数字信号。随着超大规模集成电路的出现,数字电子技术的应用更为广泛。

（一）数字信号

模拟信号是在时间和数值上都连续变化的信号,其波形如图4-3(a)所示。自然界中绝大多数物理量如温度、速度、湿度、声音和压力等,通过传感器转换成的相应的电信号都是模拟信号,它反映了物理量的真实变化规律。

在时间和数值上都是离散的、不连续的信号,称为数字信号。其波形如图4-3(b)所示。数字信号在自然界中也很常见,比如发报机发送的信号、电位的高和低、电路的通和断等。

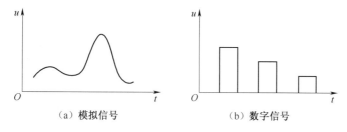

（a）模拟信号　　　　　　　　（b）数字信号

图4-3　模拟信号和数字信号波形

与模拟信号相比,数字信号的数码有限,抗干扰能力强,可靠性高,适合远距离传输。数字信号又称为电脉冲信号或电脉冲波,是指在短促时间内出现的突变电压或突变电流。常见的电脉冲信号如图4-4所示。数字电路处理的信号多是矩形脉冲,矩形脉冲信号常用两值逻辑变量表示,即用"逻辑0"和"逻辑1"来表示信号的状态,"逻辑0"表示低电平、"逻辑1"表示高

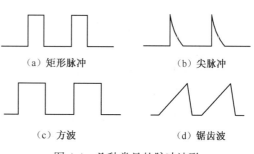

（a）矩形脉冲　　　　　（b）尖脉冲

（c）方波　　　　　　（d）锯齿波

图4-4　几种常见的脉冲波形

电平。我们以后所讲的数字信号通常都是指这种信号。矩形脉冲或矩形波是最常用的脉冲信号,其波形如图4-5所示,主要参数如下:

（1）脉冲幅度 U_m:脉冲电压波从底部到顶部之间的数值大小。

（2）脉冲周期 T:在周期性矩形波中,两相邻脉冲重复出现的时间间隔就是脉冲周期 T。

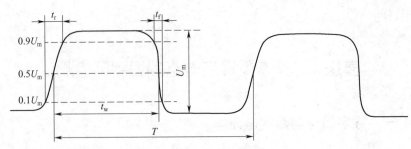

图 4-5　矩形脉冲信号的参数

有时也用频率 f 表示($f = 1/T$)。

（3）上升时间 t_r：脉冲电压从 $0.1U_m$ 上升到 $0.9U_m$ 所需的时间。又称为脉冲前沿或上升沿。

（4）下降时间 t_f：脉冲电压从 $0.9U_m$ 下降到 $0.1U_m$ 所需的时间。又称为脉冲后沿或下降沿。

（5）脉冲宽度 t_w：从脉冲前沿上升到 $0.5U_m$ 起到脉冲后沿下降到 $0.5U_m$ 止的一段时间。脉冲宽度 t_w 通常作为脉冲的持续时间。

（6）占空比 $q = t_w/T$：脉冲宽度与脉冲周期之比。通常 q 用百分比表示，如果 $q = 50\%$，则称为方波。

（二）数字电路及其特点

模拟电路关注的是如何不失真地放大模拟信号，数字电路关注的则是电路的输入信号与输出信号之间的逻辑关系；模拟电路中的三极管一般处在放大状态，而数字电路中三极管一般处在开关状态。

数字电路区别于模拟电路的特点，主要有以下几点：

（1）数字信号是二值信号，数字电路的输入变量与输出结果每一位均只有两种可能，用二进制数的两个数码"0"和"1"来分别表示，因此数字电路在计数和进行数值运算时采用二进制数。数字电路只需要内部的电子元件具有两种截然不同的工作状态即可，精度要求不高，电路结构简单稳定性好，容易制造，便于集成，成本较低。

（2）数字电路所传送和处理的信号是用 0 和 1 表示的二进制信号，外界幅度较小的干扰不会影响电路的正常工作，因而抗干扰能力强。

（3）数字电路能完成对输入信号的各种数值运算、逻辑判断和逻辑运算，因此也把数字电路称为"逻辑电路"，在控制系统中不可缺少。数字电路传送和处理的二进制信号位数越多精度越高，由数字电路组成的系统，只要增加信号的位数，就可以提高其运算精度。

（4）分析数字电路采用的数学工具是逻辑代数，表达数字电路逻辑功能的方式主要是真值表、逻辑表达式和波形图等。

数字电路也有一定的局限性，因此，往往把数字电路和模拟电路结合起来，组成一个完整的电子系统，广泛应用于数字通信、自动控制、数字测量仪表以及家用电器等各个技术领域，如电子计算机、智能手机、数字电视及数码相机等。

知识点二　数制与码制

数制即为计数体制,是用若干位数码按一定的进位规则来表示数值的方法。在日常生活中,我们习惯采用十进制数,而数字电路中的数字信号是二值信息,在数字系统中进行数字的运算和处理时,采用的是二进制数。又因为二进制数位数太多时表示起来不方便,所以也采用八进制数和十六进制数,尤其是十六进制数。

(一)数制

1. 数的表示法

(1)十进制数(D)

十进制数是最常用的计数体制,十进制数的特点如下:

①进位基数是 10

数码符号的个数就是该计数制的进位基数。十进制数有十个数码:0、1、2、3、4、5、6、7、8、9,所以十进制的进位基数是 10。任何数值都可以用 0~9 十个数码按一定规律排列起来表示。

②计数规律是"逢十进一"即 9+1 = 10

0~9 十个数都是用一位数码表示,10 及 10 以上的数则要用两位及两位以上的数码表示。

③位权 10^{n-1}

某个数位上权值称为位权,用 10^{n-1} 表示,n 表示某个十进制数的位数。每一数码处于不同的位置时,它代表的数值不同,即不同的数位有不同的位权,所谓"位高权重"。例如 555 这个三位十进制数,右边的"5"为个位数,中间的"5"为十位数,左边的"5"为百位数,也就是 $555 = 5 \times 10^2 + 5 \times 10^1 + 5 \times 10^0$,每位的位权分别为 10^{3-1}(10^2)、10^{2-1}(10^1)、10^{1-1}(10^0)。

④位值(加权系数)

处于不同位置的每一位数码乘以该位的位权即为该位的位值,或称为该位的加权系数。

⑤数值

任意一个十进制数所表示的数值,等于其各位加权系数之和,可表示为:

$$(N)_{10} = k_{n-1} \times 10^{n-1} + k_{n-2} \times 10^{n-2} + \cdots + k_1 \times 10^1 + k_0 \times 10^0 + k_{-1} \times 10^{-1} + k_{-2} \times 10^{-2} + \cdots + k_{-m} \times 10^{-m}$$

$$= \sum_{i=-m}^{n-1} k_i \times 10^i \qquad (4\text{-}1)$$

(2)二进制数(B)

二进制数的特点如下:

①进位基数是 2

二进制数有两个数码:0、1,所以二进制的进位基数是 2。任何数值都可以用 0、1 两个数码按一定规律排列起来表示。

②计数规律是"逢二进一"即 1+1 = 10

0、1 两个数都是用一位数码表示,2 及 2 以上的数则要用两位及两位以上的数码表示。

③位权 2^{n-1}

二进制数各位的位权分别为 2^0、2^1、$2^3 \cdots$

任意一个二进制数所表示的数值，等于其各位加权系数之和，可表示为：

$(N)_2 = k_{n-1} \times 2^{n-1} + k_{n-2} \times 2^{n-2} + \cdots + k_1 \times 2^1 + k_0 \times 2^0 + k_{-1} \times 2^{-1} + k_{-2} \times$

$\qquad 2^{-2} + \cdots + k_{-m} \times 2^{-m}$

$$= \sum_{i=-m}^{n-1} k_i \times 2^i \qquad (4-2)$$

（3）八进制数（O）

八进制数的特点如下：

①进位基数是 8

八进制数有八个数码：0、1、2、3、4、5、6、7，所以二进制的进位基数是 8。任何数值都可以用 0~7 八个数码按一定规律排列起来表示。

②计数规律是"逢八进一"即 7+1=10

0~7 八个数都是用一位数码表示，8 及 8 以上的数则要用两位及两位以上的数码表示。

③位权 8^{n-1}

二进制数各位的位权分别为 8^0、8^1、$8^3 \cdots$

任意一个二进制数所表示的数值，等于其各位加权系数之和，可表示为：

$(N)_8 = k_{n-1} \times 8^{n-1} + k_{n-2} \times 8^{n-2} + \cdots + k_1 \times 8^1 + k_0 \times 8^0 + k_{-1} \times 8^{-1} + k_{-2} \times$

$\qquad 8^{-2} + \cdots + k_{-m} \times 8^{-m}$

$$= \sum_{i=-m}^{n-1} k_i \times 8^i \qquad (4-3)$$

（4）十六进制数（H）

十六进制数的特点如下：

①进位基数是 16

十六进制数有十六个数码：0~9、A、B、C、D、E、F，所以二进制的进位基数是 16。任何数值都可以用 0~9、A、B、C、D、E、F 十六个数码按一定规律排列起来表示。

②计数规律是"逢十六进一"即 15+1=10

0~9、A、B、C、D、E、F 十六个数都是用一位数码表示，16 及 16 以上的数则要用两位及两位以上的数码表示。

③位权 16^{n-1}

二进制数各位的位权分别为 16^0、16^1、$16^3 \cdots$

任意一个二进制数所表示的数值，等于其各位加权系数之和，可表示为：

$(N)_{16} = k_{n-1} \times 16^{n-1} + k_{n-2} \times 16^{n-2} + \cdots + k_1 \times 16^1 + k_0 \times 16^0 + k_{-1} \times 16^{-1} + k_{-2} \times$

$\qquad 16^{-2} + \cdots + k_{-m} \times 16^{-m}$

$$= \sum_{i=-m}^{n-1} k_i \times 16^i \qquad (4-4)$$

【例 4-1】 $(7C)_{16} = 7 \times 16^1 + 12 \times 16^0 = 124$

2. 不同进制数之间的转换

（1）二进制、八进制、十六进制数转换为十进制数

利用式（4-2）、式（4-3）、式（4-4）就可以得到相应的十进制数。

（2）十进制数转换为二进制、八进制、十六进制数

①将十进制整数部分转换为二进制、八进制、十六进制数可采用连续"除 2、8、16" "取余"法，注意最先取出的余数为二进制、八进制、十六进制数的最低位整数。转换步骤如下：

第一步：把给定的十进制数整数部分除以 2、8、16，取出余数；

第二步：将前一步得到的商再除以 2、8、16，再取出余数；

以下各步依次类推，直到商为 0 为止。

最后将取得的余数从下向上倒排列，即为所得二进制、八进制、十六进制数整数部分。

②将十进制小数部分转换为二进制、八进制、十六进制数可采用连续"乘 2、8、16" "取整"法，注意最先取出的整数为二进制、八进制、十六进制数的最高位小数。转换步骤如下：

第一步：把给定的十进制数小数部分乘以 2、8、16，取出整数；

第二步：将前一步取整后剩下的小数部分再乘以 2、8、16，再取出整数；

以下各步依次类推，直到剩下的小数部分全为 0，或按要求保留几位有效数字。

最后将取得的整数从上向下顺排列，即为所得二进制、八进制、十六进制数小数部分。

③最后将所得的二进制、八进制、十六进制的整数和小数合并。

【例 4-2】　将 $(65.625)_{10}$ 转换成二进制八进制、十六进制数。

解：（1）

2	65 …… 1	8	65 …… 1	16	65 …… 1
2	32 …… 0	8	8 …… 0	16	4 …… 4
2	16 …… 0	8	1 …… 1		0
2	8 …… 0		0		
2	4 …… 0				
2	2 …… 0				
2	1 …… 1				
	0				

即　　$(65)_{10} = (1000001)_2$　　　　$(65)_{10} = (101)_8$　　　　$(65)_{10} = (41)_{16}$

检验：$(1000001)_2 = 1 \times 2^6 + 1 \times 2^0 = (65)_{10}$

$(101)_8 = 1 \times 8^2 + 1 \times 8^0 = (65)_{10}$

$(41)_{16} = 4 \times 16^1 + 1 \times 16^0 = (65)_{10}$

（2）

0.625	0.625	0.625
× 2	× 8	× 16
———	———	———
1.250 …… 取整 1	5.000 …… 取整 5	10.000 …… 取整 A

$$0.25$$
$$\underline{\times\ 2}$$
$$0.50 \cdots\cdots 取整\ 0$$
$$0.5$$
$$\underline{\times\ 2}$$
$$1.00 \cdots\cdots 取整\ 1$$

即 $(0.625)_{10} = (0.101)_2$ $(0.625)_{10} = (0.5)_8$ $(0.625)_{10} = (0.A)_{16}$

检验：$(0.101)_2 = 1 \times 2^{-1} + 1 \times 2^{-3} = (0.625)_{10}$

$(0.5)_8 = 5 \times 8^{-1} = (0.625)_{10}$

$(0.A)_{16} = 10 \times 16^{-1} = (0.625)_{10}$

所以 $(65.625)_{10} = (1000001.101)_2 = (101.5)_8 = (41.A)_{16}$

（3）二进制数与八进制数之间的转换

①二进制正整数转换成八进制数。因为必须是 3 位二进制数才能表示八进制的 0~7 八个数码，所以将二进制数从最低位开始，每 3 位划分为一组（最高位可以补 0），每组都转换为 1 位相应的八进制数码即可。

【例 4-3】 将 $(1000011)_2$ 转换成八进制数。

解： $(1000011)_2 = (\underline{001}\ \underline{000}\ \underline{011})_2 = (103)_8$

②八进制正整数转换成二进制数。把八进制的每一位数转换为相应的 3 位二进制数即可。

【例 4-4】 将 $(521)_8$ 转换成二进制数。

解： $(521)_8 = (\underline{101}\ \underline{010}\ \underline{001})_2 = (101010001)_2$

（4）二进制数与十六进制数之间的转换

①二进制正整数转换成十六进制数。因为必须是四位二进制数才能表示十六进制的 0~9、A~F 十六个数码，所以将二进制数从最低位开始，每 4 位划分为一组（最高位可以补 0），每组都转换为 1 位相应的十六进制数码即可。

【例 4-5】 将 $(11101101010)_2$ 转换成八进制数。

解： $(11101101010)_2 = (\underline{0111}\ \underline{0110}\ \underline{1010})_2 = (76A)_{16}$

②十六进制正整数转换成二进制数。把十六进制的每一位数转换为相应的 4 位二进制数即可。

【例 4-6】 将 $(9E)_{16}$ 转换成二进制数。

解： $(9E)_{16} = (\underline{1001}\ \underline{1110})_2 = (10011110)_2$

几种进制数的对照表如表 4-5 所示。

表 4-5

十进制	二进制	八进制	十六进制
0	0000	0	0

续上表

十进制	二进制	八进制	十六进制
1	0001	1	1
2	0010	2	2
3	0011	3	3
4	0100	4	4
5	0101	5	5
6	0110	6	6
7	0111	7	7
8	1000	10	8
9	1001	11	9
10	1010	12	A
11	1011	13	B
12	1100	14	C
13	1101	15	D
14	1110	16	E
15	1111	17	F

(二)码制

当用多位二进制数码来表示各种文字、符号等某种特定意义的信息时,这些多位二进制数码就失去了数值的含义,叫做代码。例如运动会上运动员衣服上的号码,这些不同的号码仅代表不同的运动员。遵循一定的规则用一组一组不同的代码来表示特定含义,这就是所谓的编码。码制即为编码体制。

如果用十个不同的四位二进制数来分别表示十进制数的0~9十个数码,这些编码称为二-十进制码,简称 BCD 码。BCD 码的编码方式有很多种,一般分有权码和无权码。表 4-6中列出了几种常见的 BCD 码。其中 8421BCD 码是一种最基本的、应用十分普遍的 BCD码,它是一种有权码,8421 就是指编码中各位的权分别是 $8(2^3)$、$4(2^2)$、$2(2^1)$、$1(2^0)$。另外 2421BCD 码、5421BCD 码也属于有权码,而余 3 码和格雷码则属于无权码。

十进制数用 8421BCD 码来表示时,只要把十进制数的每一位数码分别用 8421BCD 码取代即可。反之,若要将 8421BCD 码转换成十进制数,只要把 8421BCD 码以小数点为起点向左、向右每四位分一组,再写出每一组代码代表的十进制数,并保持原来顺序即可,见表4-6。

表 4-6

十进制数	8421 码	2421 码	5421 码	余 3 码	格雷码
0	0000	0000	0000	0011	0000
1	0001	0001	0001	0100	0001

十进制数	8421 码	2421 码	5421 码	余 3 码	格雷码
2	0010	0010	0010	0101	0011
3	0011	0011	0011	0110	0010
4	0100	0100	0100	0111	0110
5	0101	1011	1000	1000	0111
6	0110	1100	1001	1001	0101
7	0111	1101	1010	1010	0100
8	1000	1110	1011	1011	1100
9	1001	1111	1100	1100	1101

余 3BCD 码是 8421BCD 码的每个码组加 0011 形成。格雷码的特点是任何相邻的两个代码之间只有一位不同，其余各位均相同，因而格雷码也叫循环码、反射码，格雷码的"相邻"特点可以降低其产生错误的概率，故常用于通信中。

知识点三　逻辑门电路

（一）逻辑变量、逻辑关系、逻辑代数、逻辑函数

自然界中，许多现象都存在着对立的两种状态，为了描述这种相互对立的状态，往往采用仅有两个取值的变量来表示，这种二值变量就称为逻辑变量。例如，电平的高低、灯泡的亮灭、电动机转与不转等现象都可以用逻辑变量来表示。逻辑变量可以用大写字母如 A、B、C 等表示事件发生的条件，用 Y、L、F 等表示事件的结果。每个逻辑变量只有两个不同的取值，分别是逻辑 0 和逻辑 1，0 和 1 在这里不表示具体的数值，只表示事物相互对立的两种状态。将条件具备和事件发生用逻辑 1 表示、条件不具备和事件不发生用逻辑 0 表示。

所谓逻辑关系是指一定的因果关系，即条件和结果的关系。在数字电路中，用输入信号来反映条件、输出信号来反映结果，电路的输入与输出之间就建立起因果关系（逻辑关系）。

逻辑代数就是用于描述逻辑关系、反映逻辑变量运算规律的数学，它有一套完整的运算规则，包括公理、定理和定律，是分析、设计逻辑电路的数学工具和理论基础。逻辑代数是由英国科学家乔治·布尔（George·Boole）于 19 世纪中叶提出的，因而又称布尔代数。

逻辑函数的定义与普通代数中函数的定义类似。一般地，如果数字电路中的输入逻辑变量 A、B、C…的取值确定之后，输出逻辑变量 Y 的取值也就唯一确定了，那么，我们就称 Y 是 A、B、C…的逻辑函数。逻辑函数的一般表达式可写作

$$Y = F(A,B,C,\cdots) \tag{4-5}$$

逻辑函数运用逻辑代数的运算规则进行运算。在逻辑代数中，逻辑函数和逻辑变量一样，都只有逻辑 0、逻辑 1 两种取值，这与普通代数有明显的区别。

在逻辑电路中，存在着正、负两种逻辑体制。用 1 表示高电平、用 0 表示低电平时，是正逻辑体制（简称正逻辑）；用 0 表示高电平，用 1 表示低电平，是负逻辑体制（简称负逻辑）。

同一电路只能采用一种逻辑体制。若无特别说明,本书中均采用正逻辑体制。

高、低电平是人们在数字电路中用来描述电位高、低的习惯用词。实际的高电平和低电平通常是一个规定的电平范围。各类逻辑门电路的高电平下限值和低电平上限值不一定相同,实际应用时必须注意。如果高电平可在2.4~5 V之间波动、低电平可在0~0.8 V之间波动,则高电平的下限值为2.4 V,低电平的上限值为0.8 V。

（二）基本逻辑门电路

1. 逻辑门电路

门电路是数字电路最基本的逻辑单元。所谓门电路就是一种开关电路。它可以有一个及多个输入端、一个输出端,输入与输出之间存在一定的逻辑关系,输入条件满足时输出结果,输入条件不满足时不输出结果。电路工作象一扇"门"一样,满足一定的逻辑条件"门打开",否则"门关闭",故称为逻辑门电路(逻辑开关电路)。

2. 基本逻辑门

在逻辑关系中,最基本的逻辑关系只有三种:"与"逻辑、"或"逻辑、"非"逻辑。实现这三种基本逻辑关系的门电路是与门、或门和非门。

（1）与门

①与逻辑。只有当决定某一种结果的所有条件都具备时,这个结果才能发生,这种逻辑关系称为与逻辑关系,简称与逻辑。如图4-6所示电路中,只有当两只开关都闭合时,灯泡才能亮,只要有一个开关断开,灯就灭。因此灯亮和开关闭合是与逻辑关系。

灯 Y 的状态与开关 A、B 的状态之间的逻辑关系见表4-7。我们将开关"闭合"用逻辑1表示、开关"断开"用逻辑0表示,灯"不亮"用逻辑0表示、灯"亮"用逻辑1表示,则表4-8为与逻辑的真值表。

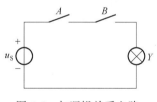

图4-6　与逻辑关系电路

表4-7		
A	B	Y
断开	断开	不亮
断开	闭合	不亮
闭合	断开	不亮
闭合	闭合	亮

表4-8		
A	B	Y
0	0	0
0	1	0
1	0	0
1	1	1

与逻辑关系用逻辑函数表达式表示为

$$Y = A \cdot B \quad \text{或} \quad Y = AB \tag{4-6}$$

读作 Y 等于 A "与" B (或 Y 等于 A 乘 B),与逻辑又称为"逻辑乘"。

由表4-7可归纳与逻辑功能为:"全1得1、见0得0"

②二极管与门电路。实现与逻辑的电路称与门,二极管与门电路如图4-7所示,在二极管与门电路中 A、B 为输入端,Y 为输出端。当 A、B 两输入端均为高电平(设高电平为3 V)时,两个二极管 VD_1、VD_2 导通,$u_o = 3$ V(忽略二极管导通压降),Y 也为高电平1,即"全1得1";当 A、B 两输入端全为低电平,或有一个输入端为低电平(设低电平为0 V)时,与低电平连接的二极管就导通,$u_o = 0$ V,Y 就为低电平0,即"见0得0"。与门电路逻辑符号如图4-8

所示。

对于多输入与门,其逻辑表达式为:$Y = A \cdot B \cdot C \cdot D \cdots$逻辑符号如图 4-9 所示。

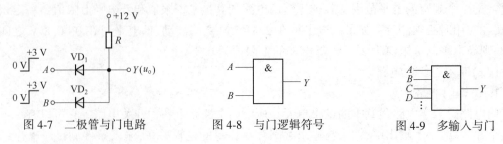

图 4-7　二极管与门电路　　　图 4-8　与门逻辑符号　　　图 4-9　多输入与门

（2）或门

①或逻辑。当决定某一结果的几个条件中,只要有一个或一个以上的条件具备,结果就发生,这种逻辑关系称为或逻辑关系,简称或逻辑。

如图 4-10 所示电路中,只要两只开关中的任意一只闭合,灯泡就会亮。因此灯亮和开关闭合是或逻辑关系。

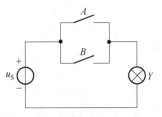

图 4-10　或逻辑关系电路

表 4-9

A	B	Y
断开	断开	不亮
断开	闭合	亮
闭合	断开	亮
闭合	闭合	亮

表 4-10

A	B	Y
0	0	0
0	1	1
1	0	1
1	1	1

灯 Y 的状态与开关 A、B 的状态之间的逻辑关系见表 4-9。我们将开关"闭合"用逻辑 1 表示、开关"断开"用逻辑 0 表示,灯"不亮"用逻辑 0 表示、灯"亮"用逻辑 1 表示,则表 4-10 为或逻辑的真值表。

或逻辑关系用逻辑函数表达式表示为

$$Y = A + B \tag{4-7}$$

读作 Y 等于 A"或"B(或 Y 等于 A 加 B),或逻辑又称为"逻辑加"。

由表 4-9 可归纳或逻辑功能为:"全 0 得 0、见 1 得 1"。

②二极管或门电路。实现或逻辑的电路称或门,二极管或门电路如图 4-11 所示,在二极管或门电路中 A、B 为输入端,Y 为输出端。当 A、B 两输入端有一端为高电平(设为 3 V)时,与该端连接的二极管就导通,$u_o = 3$ V(忽略二极管导通压降),Y 也为高电平 1,即"见 1 得 1";当 A、B 两输入端全为低电平(设为 0)时,两个二极管均能导通,$u_o = 0$ V,Y 就为低电平 0,即"全 0 得 0"。或门的逻辑符号如图 4-12 所示。

对于多输入或门,其逻辑表达式为:$Y = A + B + C + D + \cdots$。逻辑符号如图 4-13 所示。

（3）非门

①非逻辑。当某一条件具备时,这件事不发生。而条件不具备时,这件事却发生,这种因果关系称为非逻辑关系,简称非逻辑,或逻辑非。非即为否定。在非逻辑关系中,结果与

条件总是相反。

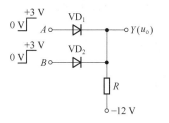

图 4-11　二极管或门电路

图 4-12　或门逻辑符号

图 4-13　多输入或门

如图 4-14 所示电路中,开关 A 闭合,灯 Y 就会灭;而开关 A 打开,灯 Y 就会亮。因此灯亮和开关闭合是非逻辑关系。

灯 Y 的状态与开关 A 的状态之间的逻辑关系见表 4-11。我们将开关"闭合"用逻辑 1 表示、开关"断开"用逻辑 0 表示,灯"不亮"用逻辑 0 表示、灯"亮"用逻辑 1 表示,则表 4-12 为非逻辑的真值表。

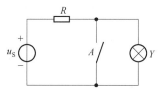

图 4-14　非逻辑关系电路

表 4-11

A	Y
断开	亮
闭合	不亮

表 4-12

A	Y
0	1
1	0

非逻辑关系用逻辑函数表达式表示为

$$Y = \overline{A} \tag{4-8}$$

读作 Y 等于 A"非"。

由表 4-11 可归纳或逻辑功能为:"见 0 得 1、见 1 得 0"。

②三极管非门电路。实现非逻辑的电路称非门,三极管非门电路如图 4-15 所示,在三极管非门电路中,当输入 A 为高电平(设为 5 V),三极管 VT 导通,输出 Y 为低电平 0,即"见 1 得 0";当输入 A 为低电平,V 截止,输出 Y 为高电平,即"见 0 得 1"。因此电路具有"否定"的逻辑功能。

非门电路逻辑符号如图 4-16 所示。

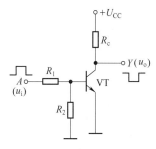

图 4-15　三极管非门电路

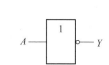

图 4-16　非门逻辑符号

(三)复合逻辑门电路

所谓复合门电路,就是把与门、或门、非门彼此结合起来作为一个门电路来使用。比如,把与门和非门结合起来构成与非门,把或门和非门结合起来构成或非门等等。在实际工作中,还经常使用与或非门、异或门等复合门电路作为基本单元来组成各种逻辑电路。

1. 与非门

与非门是与门和非门的复合。二输入端与非门的逻辑函数表达式为

$$Y = \overline{AB} \qquad\qquad (4\text{-}9)$$

与非门的逻辑功能是:"见 0 得 1,全 1 得 0"。与非门的逻辑符号如图 4-17(a)所示。

2. 或非门

或非门是或门和非门的复合。二输入端或非门的逻辑函数表达式为

$$Y = \overline{A + B} \qquad\qquad (4\text{-}10)$$

或非门的逻辑功能是:"见 1 得 0,全 0 得 1"。或非门的逻辑符号如图 4-17(b)所示。

3. 与或非门

与或非门是与门、或门和非门的复合。与或非门的逻辑符号如图 4-17(c)所示。与或非门的逻辑函数表达式为

$$Y = \overline{AB + CD} \qquad\qquad (4\text{-}11)$$

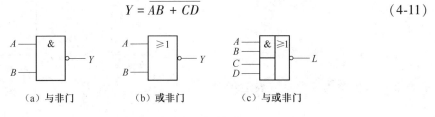

(a) 与非门　　　　(b) 或非门　　　　(c) 与或非门

图 4-17　常用复合门逻辑符号

4. 异或门

异或门也是数字电路中常用一种逻辑门电路,它的逻辑符号如图 4-18 所示。异或门的逻辑函数表达式为

$$Y = A \oplus B = \overline{A}B + A\overline{B} \qquad\qquad (4\text{-}12)$$

异或门的逻辑功能是:"相同得 0,相异得 1"。

异或门常用来判断两个输入信号是否相同。其真值表见表 4-13。

图 4-18　异或门逻辑符号

表 4-13

A	B	Y
0	0	0
0	1	1
1	0	1
1	1	0

5. 同或门

同或门也称异或非门,它的逻辑符号如图 4-19 所示。同或门的逻辑函数表达式为

$$Y = \overline{A \oplus B} = \overline{\overline{A}B + A\overline{B}} = \overline{A}\,\overline{B} + AB \qquad (4\text{-}13)$$

同或门的逻辑功能是："相同得 1,相异得 0"。

同或门的真值表见表 4-14。

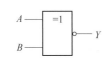

图 4-19　同或门逻辑符号

表 4-14

A	B	Y
0	0	1
0	1	0
1	0	0
1	1	1

训练:识别与检测基本逻辑门

1. 与门电路功能测试

74LS08 是四 2 输入与门电路,其引脚排列如图 4-20(a)所示。将其按正确的方法插入面包板中,输入端接逻辑电平开关,输出端接逻辑电平指示。14 脚接+5 V 电源,7 脚接地,接线方法如图 4-20(b)所示,LED 电平指示灯亮为 1,灯不亮为 0,将逻辑电平和输出电压值记录在表 4-15 中。判断是否满足逻辑关系:$Y = AB$。

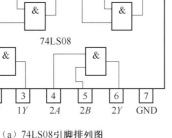

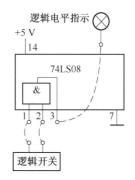

（a）74LS08引脚排列图　　　　　　（b）与门逻辑功能测试接线图

图 4-20　与门逻辑功能测试图

2. 或门电路功能测试

74LS32 是四 2 输入或门电路,其引脚排列如图 4-21(a)所示。将其按正确的方法插入面包板中,接线方法如图 4-21(b)所示,LED 电平指示灯亮为 1,灯不亮为 0,将逻辑电平和输出电压值记录在表 4-15 中。判断是否满足逻辑关系:$Y = A + B$。

3. 非门电路功能测试

74LS04 是六反相器,其引脚排列如图 4-22(a)所示。将其按正确的方法插入面包板中,接线方法如图 4-22(b)所示,LED 电平指示灯亮为 1,灯不亮为 0,将逻辑电平和输出电压值记录在表 4-15 中。判断是否满足逻辑关系:$Y = \overline{A}$。

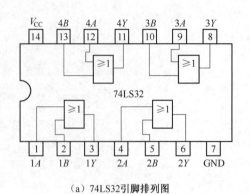
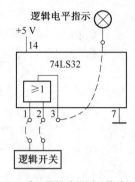

(a) 74LS32引脚排列图   (b) 或门逻辑功能测试接线图

图 4-21　或门逻辑功能测试图

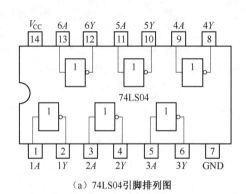
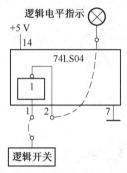

(a) 74LS04引脚排列图   (b) 非门逻辑功能测试接线图

图 4-22　非门逻辑功能测试图

4. 与非门电路功能测试

74LS00 是四 2 输入与非电路,其引脚排列如图 4-23(a)所示。将其按正确的方法插入面包板中,接线方法如图 4-24(b)所示,LED 电平指示灯亮为 1,灯不亮为 0,将逻辑电平和输出电压值记录在表 4-15 中。判断是否满足逻辑关系: $Y = \overline{AB}$。

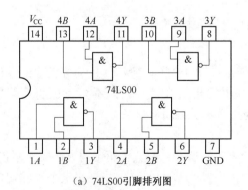
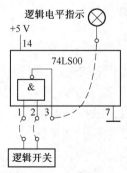

(a) 74LS00引脚排列图   (b) 与非门逻辑功能测试接线图

图 4-23　与非门逻辑功能测试图

5. 异或门电路功能测试

74LS86 是四 2 输入异或门电路,其引脚排列如图 4-24(a)所示。将其按正确的方法插入面包板中,接线方法如图 4-24(b)所示,LED 电平指示灯亮为 1,灯不亮为 0,将逻辑电平和输出电压值记录在表 4-15 中。判断是否满足逻辑关系: $Y = A \oplus B$。

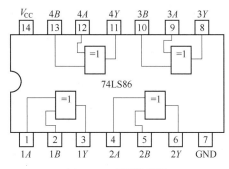

(a) 74LS86引脚排列图　　　　　(b)异或门逻辑功能测试接线图

图 4-24　异或门逻辑功能测试图

表 4-15

A	B	$Y = AB$	$Y = A + B$	$Y = \overline{A}$	$Y = \overline{AB}$	$Y = A \oplus B$
0	0					
0	1					
1	0					
1	1					

模块2　逻辑代数与逻辑函数的化简

知识点一　逻辑代数的基本公式和定律

(一)基本公式

1. 常量之间的关系

0+0=0	0+1=1	1+1=1
$0 \cdot 0 = 0$	$0 \cdot 1 = 0$	$1 \cdot 1 = 1$
$\overline{0} = 1$		$\overline{1} = 0$

2. 常量与变量之间的关系

$A+0=A$	$A \cdot 1 = A$
$A+1=1$	$A \cdot 0 = 0$

(二)基本定律

1. 与普通代数相似的定律

交换律	$A \cdot B = B \cdot A$	$A + B = B + A$
结合律	$A(BC) = (AB)C$	$A + (B + C) = (A + B) + C$
分配律	$A(B + C) = AB + AC$	$A + BC = (A + B)(A + C)$

2. 逻辑代数的一些特殊定律

重叠律	$A \cdot A = A$	$A + A = A$
互补律	$A + \overline{A} = 1$	$A \cdot \overline{A} = 0$
吸收律	$A + AB = A$	$A \cdot (A + B) = A$
非非律(还-律)	$\overline{\overline{A}} = A$	$\overline{\overline{A}} = A$
反演律(摩根定律)	$\overline{AB} = \overline{A} + \overline{B}$	$\overline{A + B} = \overline{A} \cdot \overline{B}$

(三)基本运算规则

1. 代入规则

在任何一个含有变量 A 的逻辑等式中,若用一个逻辑函数 Y 将等式两边的同一变量 A 都替代,则该等式仍然成立,这个规则叫代入规则。利用代入规则可以扩大公式的应用范围。

例如,在反演律 $\overline{AB} = \overline{A} + \overline{B}$ 中,用函数 $Y = AC$ 替代等式中的 A,则有

$$\overline{YB} = \overline{Y} + \overline{B}$$

即

$$\overline{(AC)B} = \overline{AC} + \overline{B}$$

$$\overline{ABC} = \overline{A} + \overline{B} + \overline{C}$$

可见,应用代入规则,可以将两变量的反演律推广到多变量。

2. 反演规则

求逻辑函数 Y 的反函数 $\overline{Y}$ 时,只要将逻辑函数 Y 中所有的"$+$"变成"$\cdot$"、"$\cdot$"变成"$+$"、"0"变成"1"、"1"变成"0";"原变量"变成"反变量","反变量"换成"原变量",那么所得到的表达式即为 Y 的反函数 $\overline{Y}$。这个规则叫反演规则。

在使用反演规则时要注意两点:

①必须保证原函数中运算优先顺序不变。

②不是一个变量上的"非号"应保留不变。

【例 4-7】 求 $Y = \overline{AB} + CD + 0 + \overline{D + \overline{E}}$ 的反函数。

解: $\overline{Y} = AB \cdot \overline{CD} \cdot 1 \cdot (D + \overline{E}) = AB \cdot (\overline{C} + \overline{D}) \cdot (D + \overline{E})$

3. 对偶规则

对于任意一个逻辑函数 Y,若将其中所有的"$+$"变成"$\cdot$""$\cdot$"变成"$+$"、"0"变成"1"

"1"变成"0",所得到的表达式即为原函数式 Y 的对偶函数 Y',并称 Y' 为 Y 的对偶式。

【例 4-8】　求 $Y = A\overline{B} + A(C + 1)$ 的对偶式 Y'。

解: $Y' = (A + \overline{B}) \cdot (A + C \cdot 0)$

注意: Y 的对偶式 Y' 和 Y 的反演式是不同的,在求 Y' 时不能将原变量和反变量互换。变换时仍要保持原式中运算先后顺序。

对偶定理:若两个逻辑函数相等,则它们的对偶式也相等。即:若 $F = G$,则 $F' = G'$;反之,若 $F' = G'$,则 $F = G$。

比如,分配律 $A(B + C) = AB + AC$。令 $F = A(B + C)$ 、$G = AB + AC$,则 $F' = A + BC$ 、$G' = (A + B)(A + C)$, $F' = G'$。

利用对偶定理,可以使要证明和记忆的公式数目减少一半。

(四)常用公式

常用公式	证明
$AB + A\overline{B} = A$	$AB + A\overline{B} = A(B + \overline{B}) = A \cdot 1 = A$
$A + AB = A$	$A + AB = A(1 + B) = A \cdot 1 = A$
$A + \overline{A}B = A + B$	$A + \overline{A}B = (AA + AB + A\overline{A}) + \overline{A}B$ $= (A + \overline{A})(A + B)$ $= 1 \cdot (A + B) = A + B$
$AB + \overline{A}C + BC = AB + \overline{A}C$ 推论 $AB + \overline{A}C + BCDE\cdots = AB + \overline{A}C$	$AB + \overline{A}C + BC = AB + \overline{A}C + BC(A + \overline{A})$ $= AB + \overline{A}C + ABC + \overline{A}BC$ $= AB(1 + C) + \overline{A}C(1 + B)$ $= AB + \overline{A}C$

知识点二　逻辑函数的化简

(一)逻辑函数的表示方法

逻辑函数的表示方式通常有逻辑真值表、逻辑函数表达式、逻辑图、时序图和卡诺图等多种,它们各有特点,而且可以相互转换。

1. 真值表

真值表是将输入逻辑变量的各种可能的取值和相应的输出函数值排列在一起而组成的表格。每一个输入变量都有 0 和 1 两种取值, n 个输入变量就有 2^n 个不同的取值组合。将输入变量的全部取值组合和对应的输出函数值全部列成表,即可得到真值表。列真值表时,变量取值的组合一般按 n 位二进制数加一递增的方式列出。任何一个逻辑函数的真值表是唯一的。

2. 逻辑函数表达式

逻辑函数表达式就是把输出变量表示为输入变量的与、或、非逻辑运算的组合,简称函数式。

3. 逻辑图

用与、或、非等逻辑符号连接构成的图来表示逻辑函数,称为逻辑图或逻辑电路图。

4. 卡诺图

如果将各种输入变量取值组合下的输出函数值填入一个特定的方格图内,即可得到逻辑函数的卡诺图。卡诺图是逻辑函数的一种图形化简法。

5. 函数表示法之间的相互转换

(1)逻辑图与函数式之间的相互转换

每一种逻辑运算都可以用一种逻辑符号来表示,只要能得到逻辑函数的表达式,就可以转换为逻辑图。反之,只要能得到逻辑图,就能写出逻辑函数式。

(2)真值表与函数式之间的转换

由真值表写出函数式的方法是:

①找出使输出为1的输入变量取值组合;

②取值为1的用原变量表示,取值为0的用反变量表示,写成一个乘积项,即"与项";

③将这些"与项"相"或"(相加)即得逻辑函数表达式。

由函数式列出真值表的方法是"已知条件代入法",即将真值表的每种输入组合依次代入函数式,再将得到的运算结果填入真值表。

(二)逻辑函数化简的意义及函数最简式

1. 逻辑函数化简的意义

通常分析实际逻辑问题经真值表得到的逻辑函数,设计出的逻辑电路图往往不是最简。如果在画逻辑图之前将逻辑函数进行化简,就可以得到最简逻辑电路图。这样,能节省器件,减少连接线,提高电路设计的合理性、经济性和可靠性。

2. 逻辑函数的最简形式

一个逻辑函数的真值表是唯一的,实现的逻辑功能也是唯一的,但其函数表达式可以有许多种。

例如: $Y = AB + \overline{A}C$ 与-或表达式

$$Y = \overline{\overline{AB} \cdot \overline{\overline{A}C}}$$ 与非-与非表达式

$$= \overline{(\overline{A} + \overline{B}) \cdot (A + \overline{C})}$$ 或-与非表达式

$$= \overline{\overline{A} + \overline{B}} + \overline{A + \overline{C}}$$ 或非-或表达式

可见,形式最简洁的是与或表达式,也是最常用的形式。逻辑函数的化简目标是将逻辑表达式化简为最简与或表达式。所谓最简与或表达式是指乘积项的项数(门电路)最少,且每个乘积项中的变量数(连接线)也最少。最简与或表达式的含义为:与项(乘积项)的个数最少;每个与项中的变量最少。

(三)公式法化简

公式法化简就是反复利用逻辑代数的基本定律、常用公式和运算规则对逻辑函数进行化简,以求得函数式的最简形式,也称为代数法化简。常用的有并项法、吸收法、消去法和配项法。

1. 并项法

利用公式 $A + \bar{A} = 1$ 消去变量。

【例 4-9】 化简函数　$Y = ABC + AB\bar{C}$

解：
$$Y = ABC + AB\bar{C} = AB(C + \bar{C}) = AB$$

2. 吸收法

利用公式 $A + AB = A$ 消去多余项。

【例 4-10】 化简函数　$Y = \bar{A}\bar{B} + \bar{A}\bar{B}CD$

解：
$$Y = \bar{A}\bar{B} + \bar{A}\bar{B}CD = \bar{A}\bar{B}(1 + CD) = \bar{A}\bar{B}$$

3. 消去法

利用公式 $A + \bar{A}B = A + B$ 消去多余项。

【例 4-11】 化简函数　　$Y = AB + \bar{A}C + \bar{B}C$

解：
$$Y = AB + \bar{A}C + \bar{B}C = AB + (\bar{A} + \bar{B})C$$
$$= AB + \overline{AB}C = AB + C$$

4. 配项法

将某项乘以 $A + \bar{A}$，然后拆成两项，再与其他项合并化简。

【例 4-12】 化简函数　$Y = A\bar{B} + B\bar{C} + \bar{B}C + \bar{A}B$

解： $Y = A\bar{B} + B\bar{C} + \bar{B}C + \bar{A}B = A\bar{B} + B\bar{C} + (\bar{A} + A)\bar{B}C + \bar{A}B(\bar{C} + C)$

$$= A\bar{B} + B\bar{C} + \bar{A}\bar{B}C + A\bar{B}C + \bar{A}B\bar{C} + \bar{A}BC$$

$$= A\bar{B}(1 + C) + B\bar{C}(1 + \bar{A}) + \bar{A}C(\bar{B} + B) = A\bar{B} + B\bar{C} + \bar{A}C$$

采用公式法化简，没有固定的步骤可循，依赖于我们对公式掌握、运用的熟练程度，且不易判断化简结果是否最简。

(四) 卡诺图化简法

卡诺图化简法是一种比较简便、直观的图形化简法。利用卡诺图化简能方便的看出最终化简结果是否最简。卡诺图的基本组成单元是最小项，所以我们先熟悉最小项及最小项表达式。

1. 最小项

1) 最小项的定义及性质

最小项是一个输入变量的乘积项("与项")，它包含了逻辑函数的全部输入变量，而且每个输入变量都只能以变量或反变量的形式作为一个因子出现一次。

例如，A、B、C 三输入变量逻辑函数，有 8 个乘积项 $\bar{A}\bar{B}\bar{C}$、$\bar{A}\bar{B}C$、$\bar{A}B\bar{C}$、$\bar{A}BC$、$A\bar{B}\bar{C}$、$A\bar{B}C$、$AB\bar{C}$、ABC 都符合最小项定义，即每个乘积项都有三个变量，每个变量都以变量或反变量的形式仅出现一次，因此，这 8 个乘积项是三变量 A、B、C 的 8 个最小项。n 个变量的有

2^n 个最小项。表 4-16 是三变量最小项的真值表。

表 4-16

$A\ B\ C$	$\overline{A}\,\overline{B}\,\overline{C}$	$\overline{A}\,\overline{B}\,C$	$\overline{A}B\overline{C}$	$\overline{A}BC$	$A\,\overline{B}\,\overline{C}$	$A\overline{B}C$	$AB\overline{C}$	ABC
0 0 0	1	0	0	0	0	0	0	0
0 0 1	0	1	0	0	0	0	0	0
0 1 0	0	0	1	0	0	0	0	0
0 1 1	0	0	0	1	0	0	0	0
1 0 0	0	0	0	0	1	0	0	0
1 0 1	0	0	0	0	0	1	0	0
1 1 0	0	0	0	0	0	0	1	0
1 1 1	0	0	0	0	0	0	0	1

由表 4-16 可分析出最小项具有以下性质：

(1) 对任意一个最小项，只有一组变量取值使它为 1，其他取值均为 0。因此每个最小项仅对应一组变量取值。

(2) 任意两个最小项之积恒为 0。

(3) 全体最小项之和恒为 1。

2) 最小项编号

为了使用方便，常给最小项进行编号。编号的方法是：将最小项中的原变量记为 1、反变量记为 0，然后把该最小项所对应的那一组变量取值的二进制数转成相应的十进制数，就是该最小项的编号。例如，在三变量 A、B、C 的 8 个最小项中，$\overline{A}\,\overline{B}\,\overline{C}$ 对应的变量取值的二进制数为 000，其十进制数为 0，因此，$\overline{A}\,\overline{B}\,\overline{C}$ 最小项的编号为 m_0。表 4-17 是三变量最小项的编号。

表 4-17

$A\quad B\quad C$	对应十进制数 N	最小项名称	编号 m_i
0 0 0	0	$\overline{A}\,\overline{B}\,\overline{C}$	m_0
0 0 1	1	$\overline{A}\,\overline{B}\,C$	m_1
0 1 0	2	$\overline{A}B\overline{C}$	m_2
0 1 1	3	$\overline{A}BC$	m_3
1 0 0	4	$A\,\overline{B}\,\overline{C}$	m_4
1 0 1	5	$A\overline{B}C$	m_5
1 1 0	6	$AB\overline{C}$	m_6
1 1 1	7	ABC	m_7

3) 逻辑函数的最小项表达式

任何一个逻辑函数都可以表示为最小项之和的形式，即标准与或表达式。而且这种形式是唯一的，即一个逻辑函数只有一种最小项表达式。

【例 4-13】　表 4-18 是某逻辑函数的真值表,试写出该函数的最小项表达式。

解:将函数 $Y=1$ 的变量取值所对应的各最小项进行求和,就能得到最小项表达式。由表 4-18,逻辑函数的最小项表达式为

$$Y = \overline{A}BC + A\overline{B}C + AB\overline{C} + ABC$$

$$= m_3 + m_5 + m_6 + m_7$$

$$= \sum m(3,5,6,7)$$

可见,由真值表转换成函数表达式就是最小项表达式。

表 4-18

A	B	C	Y
0	0	0	0
0	0	1	0
0	1	0	0
0	1	1	1
1	0	0	0
1	0	1	1
1	1	0	1
1	1	1	1

【例 4-14】　将 $Y = AB + \overline{B}C$ 展开成最小项表达式。

解:$Y = AB + \overline{B}C = AB(\overline{C} + C) + (\overline{A} + A)\overline{B}C$

$$= AB\overline{C} + ABC + \overline{A}\,\overline{B}C + A\overline{B}C$$

又可表示为　$Y(A,B,C) = m_1 + m_3 + m_6 + m_7 = \sum m(1,3,6,7)$

2. 逻辑函数的卡诺图

卡诺图也叫最小项方格图,它将最小项按逻辑"相邻"规则排列成方格图阵列。n 变量的逻辑函数有 2^n 个最小项,故 n 变量的卡诺图有 2^n 个小方块,每个小方块代表一个最小项。所谓逻辑相邻性,是指两个相邻小方格内所代表的最小项仅有一个变量不同,且互为反变量,而其余变量均相同。

1)卡诺图的画法

画卡诺图时,变量标注在卡诺图的左上角,然后将所有逻辑变量分成行变量和列变量,行变量和列变量的取值决定对应小方格的编号,即最小项的编号。为了使相邻的最小项具有逻辑相邻性,变量的取值按格雷码排列,例如两变量应以 $00 \to 01 \to 11 \to 10$ 的顺序排列。于是,卡诺图相邻小方格的左右、上下、最左与最右、最上与最下及四个角都具有逻辑上的相邻性。二变量、三变量、四变量卡诺图如图 4-25 所示。

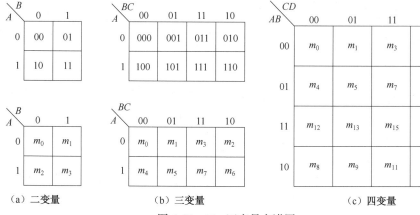

（a）二变量　　　　　（b）三变量　　　　　　　（c）四变量

图 4-25　二~四变量卡诺图

2)用卡诺图表示逻辑函数

既然任何一个逻辑函数都能表示成最小项表达式,而各最小项与卡诺图中的各小方格相对应,所以可以用卡诺图来表示逻辑函数。

(1)真值表转换成卡诺图

首先根据变量个数画出卡诺图,然后将真值表中 $Y=1$ 对应的最小项在卡诺图相应的小方块中填写1,称为"置1"。其余的小方块中为 $Y=0$,不用填。

【例4-15】 已知函数的真值表如表4-19所示,试画出表示该函数的卡诺图。

解:由表4-19可见,Y 为三变量的函数,故画出三变量的卡诺图,将真值表中 $Y=1$ 对应的最小项在卡诺图相应的小方块中填1,得 Y 的卡诺图如图4-26所示。

表4-19 真值表

A	B	C	Y
0	0	0	1
0	0	1	0
0	1	0	0
0	1	1	1
1	0	0	0
1	0	1	1
1	1	0	0
1	1	1	1

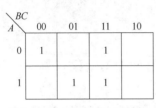

图4-26 例4-15的卡诺图

(2)逻辑函数的最小项表达式转换成卡诺图

【例4-16】 画出函数 $Y(A \setminus B \setminus C \setminus D) = \sum m(0,2,3,5,8,10,15)$ 的卡诺图。

解:由 Y 的表达式可见,Y 为四变量的函数,故画出四变量的卡诺图,将表达式中所有的最小项在卡诺图相应的小方块中填入1,得函数的卡诺图如图4-27所示。

(3)逻辑函数的一般表达式转换成卡诺图

可先将表达式变换为逻辑函数的最小项表达式,再画出卡诺图。

AB \ CD	00	01	11	10
00	1		1	1
01		1		
11			1	
10	1			1

图4-27 例4-16的卡诺图

3)逻辑函数的卡诺图化简法

(1)合并最小项的规律

根据公式 $AB + A\overline{B} = A$,卡诺图法化简逻辑函数的依据是具有相邻性的最小项可以合并,并消去不同的变量。因而可在卡诺图上直接找出那些具有相邻性的最小项并将其合并。合并最小项的规律是:两个相邻的最小项可以合并成一项,消去一个变量,如图4-28(a)所示;四个相邻的最小项可以合并成一项,消去二个变量,如图4-28(b)所示;八个相邻的最小项可以合并成一项,消去三个变量如图4-28(c)所示;2^n 个相邻的最小项可以合并成一项,消去 n 个变量。

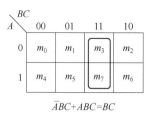
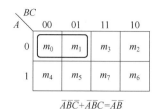

$\overline{A}BC+ABC=BC$

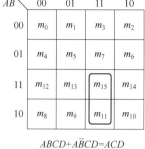

$ABCD+A\overline{B}CD=ACD$

（a）两个相邻最小项合并消去一个变量例图

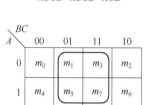

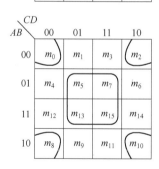
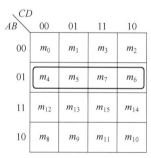

（b）四个相邻最小项合并消去两个变量例图

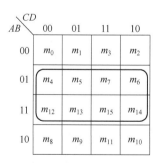

（c）八个相邻最小项合并消去三个变量例图

图 4-28　卡诺图合并最小项的规律

（2）卡诺图化简逻辑函数的步骤

用卡诺图化简逻辑函数，一般按以下四个步骤进行：

①根据逻辑变量数画出卡诺图（n 个变量，画 2^n 个方格）。

②在对应的方格内置"1"。

③将相邻为 1 的方格圈起来（称为卡诺圈）。

④将各个卡诺圈内的最小项进行变量"存同去异"，再将所得的乘积项相加（相"或"），可得到化简后的逻辑表达式。

每一个卡诺圈可简化成一个与项，能否正确画出卡诺圈是卡诺图化简法的关键。一般画卡诺圈的规则是：

a. 每个卡诺圈包含的小方格要尽量多，即卡诺圈尽量大。

所圈的小方格越多，消去的变量越多，由卡诺圈得到的与项所含变量越少，对应的输入端数就越少。但每个卡诺圈包含的小方格必须是 2^n 个。

b. 卡诺圈的个数要最少。

卡诺圈的个数少，所得的乘积项就少，则所用的器件也少。但所有的最小项（即填"1"的方格）都必须圈到，不能遗漏。

c. 每个取值为 1 的小方格可以重复圈多次，但每个卡诺圈中至少应有一个"新"的"1"格，以避免出现冗余项。

d. 最后对所得的与或表达式进行检查、比较，保证化简结果是函数最简式。

【例 4-17】 用卡诺图化简逻辑函数 $Y(A、B、C、D) = \sum m(0,1,2,3,4,5,6,7,8,10,11)$。

解：（1）画出四变量卡诺图。

（2）将题中各最小项填入相应卡诺图方格内。

（3）确定 3 个尽量大的卡诺圈。

（4）对每个卡诺圈内的最小项进行变量"存同去异"后将所得的乘积项相加，得到化简后的逻辑表达式为

$$Y(A、B、C、D) = \sum m(0,1,2,3,4,5,6,7,8,10,11)$$
$$= A + \overline{B}\,\overline{D} + \overline{B}C$$

例 4-17 的卡诺图如图 4-29 所示。

【例 4-18】 用卡诺图化简逻辑函数

$$Y = ABD + \overline{A}BCD + AB\overline{D} + B\overline{D} + \overline{A}\,\overline{B}CD$$

解：（1）将函数化成最小项和的形式。

$Y = ABD(C + \overline{C}) + \overline{A}BCD + AB\overline{D}(C + \overline{C}) + B\overline{D}(A + \overline{A}) + \overline{A}\,\overline{B}CD$

$= ABCD + AB\overline{C}D + \overline{A}BCD + ABC\overline{D} + ABC\overline{D} + AB\overline{D} + \overline{A}B\overline{D} +$

$\overline{A}\,\overline{B}CD$

$= ABCD + AB\overline{C}D + \overline{A}BCD + ABC\overline{D} + ABC\overline{D} + AB\overline{D}(C + \overline{C}) +$

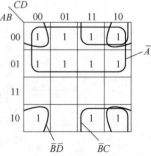

图 4-29 例 4-17 卡诺图化简

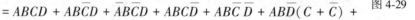

$$\overline{A}B\overline{D}(C + \overline{C}) + \overline{A}\,\overline{B}CD$$

$$= ABC\overline{D} + AB\overline{C}\overline{D} + \overline{A}B\overline{C}\overline{D} + \overline{A}BC\overline{D} + ABC\overline{D} + AB\overline{C}\overline{D} + \overline{A}B\overline{C}\overline{D} + \overline{A}\,\overline{B}CD$$

$$= m_{15} + m_{13} + m_5 + m_{14} + m_{12} + m_4 + m_6 + m_3$$

$$= m(3,4,5,6,12,13,14,15)$$

（2）将题中各最小项填入相应卡诺图方格内。

（3）确定 3 个尽量大的卡诺圈。

（4）对每个卡诺圈内的最小项进行变量"存同去异"
后将所得的乘积项相加，得到化简后的逻辑表达式为：

$$Y(A、B、C、D) = \overline{A}\,\overline{B}CD + AB + B\overline{C} + B\overline{D}$$

例 4-18 的卡诺图如图 4-30 所示。

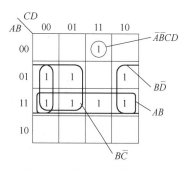

图 4-30　例 4-18 卡诺图化简

卡诺图化简也可以通过置"0"并圈 0 法，得到的逻辑
函数最简式即为函数 Y 的反函数 $\overline{Y}$，再运用逻辑代数的
基本公式和定律将 $\overline{Y}$ 变换成 Y。

※4）具有无关项的逻辑函数的化简

（1）逻辑函数中的无关项

在某些实际问题的逻辑关系中，会遇到输入变量的取值组合要受到限制，那么这些被约
束的最小项就称为约束项，则约束项恒等于 0。有时我们还会遇到在输入变量的某些取值
组合下输出函数值是 1 还是 0 都可以，或者这些输入变量的取值组合根本不会出现，这些最
小项称为任意项。

约束项和任意项统称无关项，对逻辑函数式不起作用。

（2）具有无关项的逻辑函数的化简

对具有无关项的逻辑函数，可以利用无关项进行化简，会使化简更简单。无关项在卡诺
图中用"×"表示，在化简中既可将它们看作 0、也可将它们看作 1，因为约束项并不影响函数
本身。在标准与或表达式中无关项用 $\sum d(\quad)$ 表示。

【例 4-19】　设 $ABCD$ 是十进制数 N 的四位二进制编码，当 $N \geqslant 5$ 时输出 Y 为 1，求 Y 的
最简式。

解：（1）列出真值表

由题意，$ABCD$ 是十进制数 N 的四位二进制编码，当 $ABCD$ 取值为 0000～0100 时，$Y = 0$；
当 $ABCD$ 取值为 0101～1001 时，$Y = 1$；1010～1111 这六种状态在 $ABCD$ 四位二进制编码中是
不会出现的，其对应的最小项为无关项，输出用×表示。真值表见表 4-17。

（2）由真值表表 4-20 画卡诺图，画圈合并相邻最小项化简如图 4-31 所示。

利用无关项化简结果为：　　　　　　　$Y = A + BD + BC$

可见，充分利用无关项化简后得到的结果要简单得多。注意：在卡诺圈内被利用的无关
项取值自动为 1，而卡诺圈外的无关项取值自动为 0。

表 4-20

N	A	B	C	D	Y
0	0	0	0	0	0
1	0	0	0	1	0
2	0	0	1	0	0
3	0	0	1	1	0
4	0	1	0	0	0
5	0	1	0	1	1
6	0	1	1	0	1
7	0	1	1	1	1
8	1	0	0	0	1
9	1	0	0	1	1
/	1	0	1	0	×
/	1	0	1	1	×
/	1	1	0	0	×
/	1	1	0	1	×
/	1	1	1	0	×
/	1	1	1	1	×

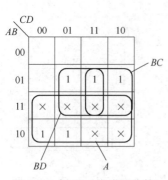

图 4-31　例 4-19 卡诺图化简

模块 3　集成逻辑门的识别与检测

前面我们介绍的基本门电路和复合门电路都是分立元件门电路,由二极管、三极管、电阻等元件及连接线组成,存在体积大、功耗大、可靠性差的问题。如果把构成门电路所用的这些分立元件、连接线等都制作在一块半导体芯片上,再封装起来,便构成了集成门电路。随着集成电路制造工艺的飞速发展,门电路已经全部集成化,并在数字电路中得到了广泛使用。目前,使用最多的是 TTL 集成门电路和 CMOS 集成门电路。

知识点一　TTL 集成逻辑门电路

TTL 门电路以双极型晶体管(BJT)为开关元件,电路的输入端和输出端结构都是半导体三极管,故称为三极管-三极管逻辑门电路,简称 TTL 电路。TTL 电路与分立元件门电路相比,具有体积小、功耗低、可靠性好、速度高等优点。

(一)TTL 与非门电路

TTL 与非门是 TTL 电路的基本形式。其电路结构如图 4-32 所示,由输入级、中间倒相级和输出级三部分组成。

1. 输入级

输入级由电阻 R_1、二极管 VD_1 和 VD_2、多发射极半导体三极管 VT_1 组成。VD_1、VD_2 为输入端钳位二极管,在输入端出现负极性干扰时将输入端 A、B 的电位钳制在 -0.7 V,以避免 VT_1 发射极被过大电流烧坏;而当输入端信号为正时,VD_1 和 VD_2 都截止,不起作用。

2. 中间倒相级

中间倒相级由 R_2、VT_2、和 R_3 组成,它的作用是通过 VT_2 的发射极和集电极输出相位相反的两路电压信号,其中发射极输出信号与基极同相,集电极输出信号与基极反相,此过程称为倒相。倒相级影响门电路的工作速度。

3. 输出级

输出级由 VT_3、VT_4、R_4 和 VD_3 组成。VT_3 和 VT_4 组成推拉式输出电路，R_4 为限流电阻，VD_3 能保证 VT_3 导通时 VT_4 可靠截止。推拉式输出结构可降低输出级静态损耗、提高带负载能力。

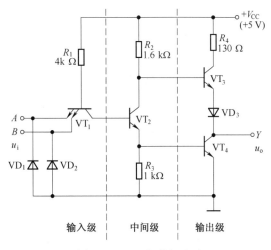

图 4-32　TTL 与非门电路

（二）工作原理

1. 输入有低电平

当输入端有一个为低电平时，设输入端 A 为低电平 0.3V、B 为高电平 3.6 V，VT_1 与 A 端相接的发射结先正向导通，并将 VT_1 的基极电位钳位在 $V_{B1} = u_A + U_{BE1} = 0.3\ V + 0.7\ V = 1\ V$，三极管 VT_2、VT_4 均截止。同时 VT_2 截止使 V_{C2} 接近 $+V_{CC}$，使 VT_3 导通，输出电压为：

$$u_o = V_{CC} - U_{BE3} - U_{VD3} = 5 - 0.7 - 0.7 = 3.6(V)$$

输出为高电平。通常将 VT_4 截止电路输出高电平，称为 TTL 与非门的关门状态，或称截止状态。

2. 输入全为高电平

当输入端全为高电平时，设输入端 A、B 均为高电平 3.6 V，VT_1 两个发射结同时正向导通，并使 VT_1 的基极电位 $V_{B1} = u_i + U_{BE1} = 3.6\ V + 0.7\ V = 4.3\ V$，则 VT_1 的集电极电位 $V_{C1} = V_{B1} - U_{BC1} = 4.3\ V - 0.7\ V = 3.6\ V$，三极管 VT_2、VT_4 均饱和导通。一旦 VT_2、VT_4 导通，VT_1 的基极电位反过来被钳位在 $V_{B1} = U_{BC1} + V_{B2} = 0.7\ V + U_{BE2} + U_{BE4} = 0.7\ V + 1.4\ V = 2.1\ V$，$VT_1$ 的发射结截止，VT_1 处于倒置放大工作。由于 VT_2 饱和导通，其集电极电压为：

$$V_{C2} = U_{BE4} + U_{CES2} = 0.7 + 0.3 = 1(V)$$

这个电位不能使 VT_3 和 VD_3 导通，因此 VT_3 和 VD_3 截止。VT_2 饱和导通给 VT_4 送入足够大的基极电流，VT_4 也饱和导通，输出为低电平。

$$u_o = U_{CES4} = 0.3(V)$$

通常将 VT_4 饱和导通电路输出低电平，称为 TTL 与非门的开门状态，或称导通状态。

可见，该 TTL 电路的输入与输出之间为与非逻辑关系，即 $Y = \overline{AB}$。

（三）TTL 与非门的电压传输特性

TTL 与非门的电压传输特性，是指在空载的条件下，其他输入端接高电平时，某一输入端的输入电压 u_i 与输出电压 u_o 之间的关系曲线，即

$u_i = f(u_o)$。图 4-33（a）和（b）所示分别为 TTL 与非门电压传输特性的测试电路和电压传输特性曲线。

AB 段（截止区）：$u_i \leq 0.6\ V$，$u_o \approx 3.6\ V$。

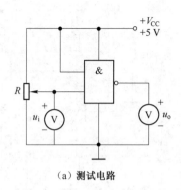

（a）测试电路

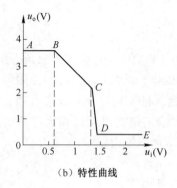

（b）特性曲线

图 4-33　TTL 与非门电压传输特性

BC 段（线性区）：当 $0.6\text{ V}<u_i\leqslant1.3\text{ V}$ 时，随着 u_i 增加，u_o 呈线性下降，VT_4 仍不能导通。

CD 段（转折区）：当 $1.3\text{ V}<u_i<1.4\text{ V}$ 时，u_o 迅速下降到低电平。

DE 段（饱和区）：$u_i>1.4\text{ V}$ 以后，$u_o=0.3\text{ V}$。

（四）TTL 门电路的主要参数

TTL 门电路种类很多，它们的内部电路、外部特性、参数和典型的 TTL 与非门类似，只是逻辑功能不同。门电路的参数是合理使用门电路的重要依据，在使用中若超出了参数规定的范围，就会引起逻辑功能混乱，甚至损坏集成块。

1. 输出高电平 U_{OH}

U_{OH} 是门电路在正常工作条件下，输出的高电平数值。74 系列门电路的 $U_{OH}\geqslant2.4\text{ V}$，典型值为 3.6 V。

2. 输出低电平 U_{OL}

U_{OL} 是门电路在正常工作条件下，输出的低电平数值。74 系列门电路的 $U_{OL}\leqslant0.4\text{ V}$，典型值为 0.3 V。

3. 阈值电压 U_{TH}

TTL 门电路输出高、低电平转折点所对应的 u_i 值称为阈值电压 U_{TH}，又称门槛电压。U_{TH} 是门电路输入端高、低电平的分界线。当 $u_i<U_{TH}$ 时，输入端相当于低电平；当 $u_i>U_{TH}$ 时，输入端相当于高电平。

4. 开门电平 U_{ON}

U_{ON} 是指电路在带有额定负载情况下，输出电平达到低电平的上限值即标准低电平 U_{SL} 时，所允许的最小输入电平值。U_{ON} 不便于准确测量，用输入高电平最小值"U_{IHmin}"代替。当 $u_i>U_{IHmin}$ 时，输入相当于高电平，输出低电平。通常 $U_{ON}=2\text{ V}$。

5. 关门电平 U_{OFF}

U_{OFF} 是指电路在空载情况下，输出电压达到高电平的下限值即标准高电平 U_{SH} 时，所允许的最大输入电平值。U_{OFF} 也不便于准确测量，用输入低电平最大值"U_{ILmax}"代替。当 $u_i<U_{ILmax}$ 时，输入相当于低电平，输出高电平。通常 $U_{OFF}=0.8\text{ V}$。

6. 扇出系数 N_o

N_o 是指一个 TTL 门电路能带"同类门"的数目,表明了 TTL 门电路的带负载的能力。通常 $N_o \geqslant 8$。对于不同系列的 TTL 门电路,输出低电平时的扇出数和输出高电平时的扇出数会有不同。

7. 平均传输时间 t_{pd}

TTL 电路中的二极管和三极管在由导通状态转换为截止状态,或由截止状态转换为导通状态时,都需要一定的时间,称为开关时间。因此,门电路的输入状态改变时,其输出状态的改变也要滞后一段时间。t_{pd} 是指电路在两种状态间相互转换时所需时间的平均值,表征门电路的开关速度,如图 4-34 所示。

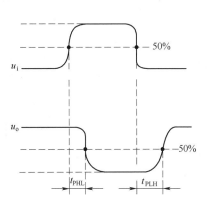

$$t_{pd} = (t_{pLH} + t_{pHL})/2 \qquad (4\text{-}14)$$

式中　t_{pHL}——输出波形从高电平转换到低电平的延迟时间。

　　　t_{pLH}——输出波形从低电平转换到高电平的延迟时间。

图 4-34　TTL 反相器的平均延迟时间

TTL 门电路的开关速度比较高,通常在 3～30 ns。

(五)常用 TTL 门电路

1. 几种常用的 TTL 集成门电路

集成电路 74LS00 为两输入端 4 与非门,74LS08 为两输入端 4 与门,74LS32 为两输入端 4 或门,74LS86 为两输入端 4 异或门,74LS27 为两输入端 4 或非门,74LS04 为 6 非门。它们的管脚排列如图 4-35 所示。

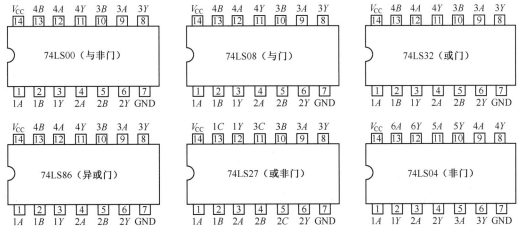

图 4-35　几种常用的 TTL 集成门电路管脚排列图

2. 多输入与非门

集成电路 74LS10 为三输入端 3 与非门,其管脚排列如图 4-36 所示,逻辑表达式为: $Y =$

$\overline{ABC}$。集成电路74LS20为四输入2与非门,其管脚排列如图4-37所示(NC表示空脚),逻辑表达式为:$Y = \overline{ABCD}$。

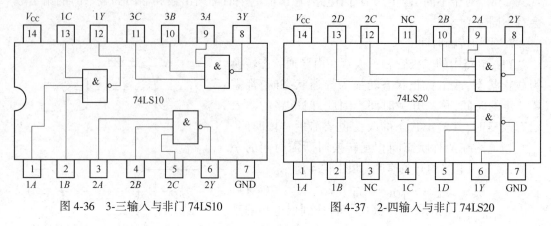

图4-36　3-三输入与非门74LS10　　　　　图4-37　2-四输入与非门74LS20

3. 集电极开路输出门（OC门）

普通TTL门电路在使用时有两个方面的局限:一是两个普通TTL门电路的输出端不能直接相连,否则,可能会损坏门电路,以与非门为例,如图4-38所示;二是普通TTL门电路的电源电压是固定5V,因此输出高电平也是固定的,典型值3.6V,当需要不同输出高电平时则无法满足。集电极开路门(OC门)就是为克服以上局限性而设计的一种TTL门电路,OC门的输出级晶体管集电极是开路的。图4-39(a)所示电路是集电极开路的TTL与非门电路,图4-39(b)所示逻辑符号中的"◇"表示集电极开路。

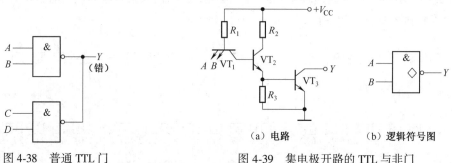

图4-38　普通TTL门　　　　　　　　图4-39　集电极开路的TTL与非门

（1）用OC门实现"线与"功能

如图4-40所示是单个OC门的正确使用示意图,R_L为外接负载电阻。

两个集电极开路的与非门并联使用电路如图4-41所示。可见,$Y_1 = \overline{AB}$,$Y_2 = \overline{CD}$,Y_1和Y_2并联后,只要选择好外接负载电阻R_L,Y_1和Y_2中有一个是低电平,Y就是低电平;Y_1和Y_2都为高电平时,Y才是高电平。可见$Y = Y_1 \cdot Y_2$,Y和Y_1、Y_2之间的连接方式称为"线与"。显然有

$$Y = Y_1 \cdot Y_2 = \overline{AB} \cdot \overline{CD} = \overline{AB + CD}$$

即,将两个 OC 门结构的与非门输出端并联(线与),可以实现与或非逻辑功能。

(2)用 OC 门实现电平转换功能

如图 4-42 所示是用 OC 门实现电平转换的电路。由于外接电阻 R_L 接+15 V 电源电压,从而使门电路的输出高电平转换为+15 V。但是,应当注意选用输出管耐压高的 OC 门电路,否则会因为电压过高造成内部输出管损坏。

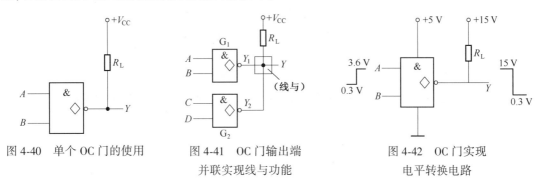

图 4-40　单个 OC 门的使用　　图 4-41　OC 门输出端　　图 4-42　OC 门实现
并联实现线与功能　　电平转换电路

(3)三态输出门电路(TS 门)

TS 门也是常用的一种特殊门电路。TS 门有三种输出状态,即输出高电平、输出低电平和高阻状态,故称三态输出门电路。三态门电路结构如图 4-43(a)所示,当控制端 $\overline{EN} = 0$ 时, $Y = \overline{AB}$,电路正常工作;当 $\overline{EN} = 1$ 时,输出端呈现高阻状态。逻辑符号如图 4-43(b)所示。图中符号"▽"表示输出为三态。因为当控制端 $\overline{EN} = 0$ 时,电路输出与非功能,所以称控制端低电平有效,故在 $\overline{EN}$ 端加"。"表示。

反之,如果控制端 $EN = 1$ 时, $Y = \overline{AB}$;当 $EN = 0$ 时,输出端呈现高阻状态。所以称控制端高电平有效。逻辑符号如图 4-38(c)所示。

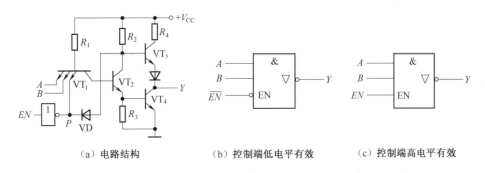

(a)电路结构　　　　(b)控制端低电平有效　　　(c)控制端高电平有效

图 4-43　三态输出门电路

三态门的主要用途是实现总线的数据传输,如图 4-44 所示。图中, $G_1 \sim G_8$ 均为控制端高电平有效的三态输出与非门。只要保证各门的控制端 EN 轮流为高电平,且在任何时刻只有一个门的控制端为高电平,就可以将各门的输出信号互不干扰地轮流送到数据总线上传输。

（六）TTL 集成门电路的使用注意事项

1. 电源电压

TTL 门电路电源电压 $V_{CC} = 5(1 \pm 5\%)$ V，过大会损坏器件，过小会使电路不能正常工作。

2. 普通 TTL 门电路输出端不能并联

TTL 门电路（OC 门、TS 门除外）的输出端不允许并联使用，也不允许直接与+5 V 电源或地相连。否则，会引起电路的逻辑混乱并损坏器件。

3. 严禁带电操作

在电源接通时，不允许拔、插集成电路，否则电流的冲击会造成器件的永久性损坏。

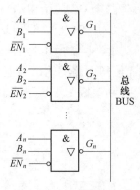

图 4-44 多路信息传送

4. 多余输入端的处理

TTL 门电路多余输入端一般不悬空，可按下述方法处理：

（1）与其他输入端并联使用，如图 4-45 所示。

（2）将不用的输入端按照电路功能要求接电源或接地。比如将与门、与非门的多余输入端接电源，将或门、或非门的多余输入端接地，如图 4-46 所示。

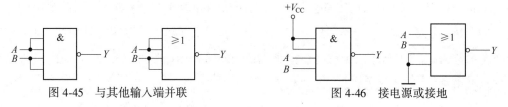

图 4-45　与其他输入端并联　　　　图 4-46　接电源或接地

（七）TTL 集成门电路的命名和系列产品

TTL 门电路的命名由以下几个部分组成：

厂家器件型号前缀+74/54 族号+系列规格+功能数字。

其中"厂家器件型号前缀"由厂家给定，用大写字母表示。如 SN 表示美国 TEXAS 器件型号前缀，HD 表示日本 HITACHI 器件型号前缀。

族号含义：74-商用系列；54-军用系列。由于军用，故 54 系列工作温度范围更宽，抗干扰能力更强。

系列规格：以字母表示 TTL 系列类型。不写字母表示标准 TTL 系列。以 74 系列为例，具体有如下几个系列：

74：标准 TTL 系列，最早产品，中速器件；

74H：高速 TTL 系列，速度比标准 74 系列高，但功耗大，目前已使用不多。

74S：肖特基 TTL 系列，比标准 74 系列速度高，但功耗大。

74LS：低功耗肖特基 TTL 系列，比标准 74 系列速度高，功耗只有其 1/5。生产厂家多，价格较低，使用较多。

74AS：改进型肖特基 TTL 系列，比 74S 系列速度高一倍，功耗相同。

74ALS：改进型低功耗肖特基 TTL 系列，比 74LS 系列的功耗低、速度快。

74F:高速肖特基 TTL 系列。

功能数字:以数字表示电路的逻辑功能。最后几位的数字相同,逻辑功能也相同。

例如,型号 SN74LS00、HD74ALS00、SN74S00、HD7400 的逻辑功能均相同,都是四-2 输入端与非门。但在电路的工作速度及功耗方面存在明显差别,生产厂家也不同。

💡知识点二　CMOS 集成逻辑门电路

目前,在数字逻辑电路中,以单极型 MOS 管作开关元件的门电路得到了大量使用。与 TTL 电路比较,MOS 电路虽然工作速度较低,但具有集成度高、功耗低、工艺简单等优点,在大规模集成电路领域内应用极为广泛。在 MOS 电路中,应用最广泛的是 CMOS 电路。

（一）CMOS 门电路的结构

CMOS 门电路是由 N 沟道增强型 MOS 场效应管和 P 沟道增强型 MOS 场效应管构成的一种互补对称结构电路。CMOS 反相器电路如图 4-47 所示。

当 $u_i = U_{IL} = 0$ 时,VT_N 截止,VT_P 导通,$u_o = U_{OH} \approx V_{DD}$。

当 $u_i = U_{IH} = V_{DD}$ 时,VT_N 导通,VT_P 截止,$u_o = U_{OL} \approx 0$。

可见,电路实现了反相器（非门）功能。

（二）CMOS 门电路的主要特点

1. 静态功耗低

CMOS 门电路工作时,几乎不吸取静态电流,所以静态功耗极低,这是 CMOS 电路最突出的优点之一。

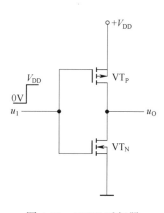

图 4-47　CMOS 反相器

2. 电源电压范围宽

CMOS 门电路的工作电源电压范围很宽,从 3～18 V 均可正常工作。与严格限制 5 V 电源电压的 TTL 门电路相比使用方便,便于和其他电路接口。

3. 抗干扰能力强

输出高、低电平的差值大（逻辑摆幅大）。因此 CMOS 电路具有较强的抗干扰能力,工作稳定性好。

4. 输入阻抗高

输入阻抗高,负载能力强,CMOS 电路可以带 50 个同类门以上。

5. 制造工艺简单

制造工艺简单,集成度高,易于实现大规模集成电路。

6. 工作速度较低

工作速度比 74LS 系列低,这是 CMOS 门电路的缺点。

CMOS 门电路和 TTL 门电路虽然电路结构不同,但是在实现同一种逻辑关系时,逻辑功能是相同的。当 CMOS 门电路的电源电压 $V_{DD} = +5$ V 时,它可以与低功耗的 TTL 电路直接兼容。

（三）CMOS 门电路的使用注意事项

1. 防静电

由于 CMOS 电路的输入阻抗高,极易产生感应较高的静电电压,从而击穿 MOS 管栅极

极薄的绝缘层,造成器件的永久损坏。为避免静电损坏,应注意以下几点:

(1)存储和运输 CMOS 电路,最好采用金属屏蔽层做包装材料。

(2)所有与 CMOS 电路直接接触的工具、仪表等必须可靠接地。

2. 多余的输入端不允许悬空

输入端悬空极易产生感应较高的静电电压,造成器件的永久损坏。对多余的输入端,可以按功能要求,与门、与非门的多余输入端接电源;或门、或非门的多余输入端接地。

3. 普通 CMOS 输出端不允许并联使用

CMOS 门电路(OD 门、CMOS 三态门除外)的输出端不允许并联使用,也不允许直接与电源 V_{DD} 或地相连,否则,会导致器件损坏。

4. 电源接通时不允许插、拔集成电路

CMOS 门电路的管脚符号 V_{DD} 为电源正极,V_{SS} 接地,不允许反接,在安装电路、插拔电路元件时,必须切断电源,严禁带电操作。

5. 焊接

为了避免由于静电感应而损坏电路,测试仪器和电烙铁要可靠接地。焊接时电烙铁不要带电,用余热焊接。焊接时间不得超过 5 s。

(四)CMOS 系列型号及命名方法

常用的 CMOS 集成电路主要有 4×××和 74HC 两个系列。

1. 4×××CMOS 系列集成门电路

该 CMOS 系列集成门电路型号命名方式如下:

器件型号前缀+器件系列+器件功能+性能

其中"器件型号前缀"用大写字母表示。如 CC 表示中国制造的 CMOS 器件,CD 表示美国无线电公司的 CMOS 器件。

器件系列有 40××、45××、140××、145××几种,表示系列型号。

器件功能用阿拉伯数字表示器件功能。

性能用大写字母表示器件的工作温度范围。

如 CC4025M,其型号意义为:中国制造 CMOS 器件、40 系列、3 输入与非门、温度范围−55 ℃~+125 ℃。

2. 74HC CMOS 系列集成门电路

74/54HC、74/54HCT 系列集成门电路是高速 CMOS 系列集成电路,具有 74LS 系列产品的工作速度和 CMOS 固有的低功耗及电源电压范围宽的特点。74HCT 与 74LS 完全兼容,即最后几位功能数字相同,逻辑功能也相同,外部引脚排列也完全相同。

训练:识别与检测集成逻辑门电路

(一)TTL 门电路和 CMOS 门电路输出电平的测试

1. TTL 与非门电路

常用 TTL 与非门电路 74LS00,其引脚排列如图 4-48(a)所示。接线方法如图 4-48(b)所示,测试输出电平,并将结果记录于表 4-21 中。

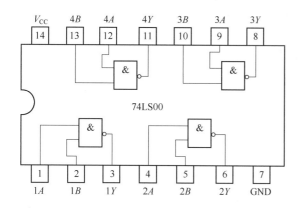

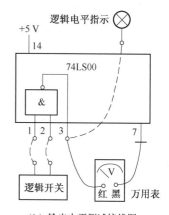

（a）74LS00引脚排列图　　　　　　　　　　（b）输出电平测试接线图

图 4-48　TTL 与非门输出电平测试接线图

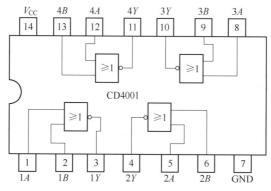

图 4-49　CD4001 引脚排列图

2. CMOS 或非门电路图

CMOS 门电路 CD4001 是四 2 输入或非电路,其引脚排列如图 4-49 所示。按表 4-21 的要求,测试输出电平,并将结果记录于表 4-21 中。

表 4-21　测量结果

电路名称	电源电压	输出高电平	输出低电平
74LS00	+5 V	$U_{OH} =$	$U_{OL} =$
CD4001	+5 V	$U_{OH} =$	$U_{OL} =$
CD4001	+10 V	$U_{OH} =$	$U_{OL} =$

（二）TTL 三态门电路的功能测试和应用

1. TTL 三态门电路的功能测试

74LS125 是四三态输出缓冲器,其引脚排列如图 4-50 所示,其逻辑符号如图 4-51 所示。测试逻辑功能,并将结果记录于表 4-22 中。

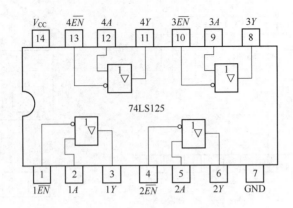

图 4-50　74LS125 引脚排列图

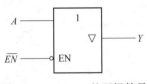

图 4-51　74LS125 的逻辑符号

表 4-22

$\overline{EN}$	A	Y
0	0	
0	1	
1	0	
1	1	

2. TTL 三态门电路的应用

图 4-52 是一个 TTL 三态门实现传输数据的电路。按图 4-52 接线,控制逻辑开关,使 $A=1$、$B=0$,$C=1$,$D=0$,使 $\overline{EN_1}$、$\overline{EN_2}$、$\overline{EN_3}$、$\overline{EN_4}$ 分别为低电平,将逻辑电平显示的数据总线上的数据填入表 4-23 中。

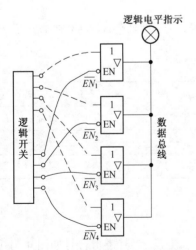

图 4-52　三态门应用电路测试接线图

表 4-23

控制端	总线数据
$\overline{EN_1}=0$	
$\overline{EN_2}=0$	
$\overline{EN_3}=0$	
$\overline{EN_4}=0$	

项 目 小 结

电子电路处理的电信号有模拟信号和数字信号两大类,因此把电子电路分为模拟电路和数字电路。与模拟电路相比较,数字电路的主要特点是采用二进制数;抗干扰能力强;易于集成;除数值运算外,还能进行逻辑运算;采用逻辑代数分析。

在日常生活中常用十进制数,在数字电路中使用二进制数。可以用四位二进制数码来表示一位十进制数码,称为二-十进制编码,简称 BCD 码。二-十进制编码分为有权码和无权码,其中 8421BCD 码是最常用的有权码。

数字电路中输入与输出之间的因果关系称为逻辑关系。在逻辑电路中,通常将表示条件的输入量叫做输入逻辑变量,将表示结果的输出量叫做输出逻辑变量。逻辑变量是用来表示逻辑关系的二值变量,它只有逻辑 0 和逻辑 1 两种取值,简称 0 和 1,它代表的是两种对立的逻辑状态,而不是具体的数值。输入逻辑变量 $ABC\cdots$ 与输出逻辑变量 Y 之间是一种逻辑函数关系。基本逻辑是与(and)、或(or)、非(no)三种逻辑。

逻辑代数是分析和设计逻辑电路的数学工具,用来研究逻辑函数与逻辑变量之间的关系。因此必须熟悉逻辑代数的基本定律、基本公式、基本运算规则,掌握逻辑函数的四种表示方法(真值表、逻辑函数表达式、逻辑图、卡诺图),以及逻辑函数的两种化简方法(公式法、卡诺图法)。

基本逻辑门电路有与门、或门、非门三种,在数字电路中,还经常使用由基本门电路组成的复合门电路,它们有与非门、或非门、与或非门和异或门等。

TTL 电路是目前双极型集成电路中用得最多的,而 CMOS 门电路是单极型集成电路中用得最多的。TTL 主要系列有 74、74H、74S、74LS、74AS、74ALS,CMOS 主要系列有 CC4000、74HC、74HCT。

由于 TTL 电路具有开关速度高、抗干扰能力强、带载能力好等优点,因此发展快、应用广。在 TTL 中与非门的应用最多,除了与非门以外,还有或非门、与或非、与门、或门、异或门等。TTL 普通门电路输出端不能直接并联,特殊的集电极开路门(OC 门)能实现线与功能,常用三态门(TS 门)来传输数据到总线上。使用时应注意它们各自的逻辑功能及引脚连接、工作电压等。

CMOS 门是由 PMOS 管与 NMOS 管构成的互补逻辑门。由于 CMOS 门电路具有制造工艺简单、体积小、集成度高,输入阻抗大等优点,且工作电压范围宽至 $3\sim18$ V、噪声容限大、扇出系数大、功耗低、速度快,因此发展迅猛,应用广泛。CMOS 门电路除了普通逻辑门以外,还有 OD 门、三态门等,使用时应注意它们各自的逻辑功能及引脚连接、工作电压等。

综 合 习 题

1. 填空题

(1)数字信号的特点是在_____上和_____上都是不连续变化的,其高电平和低电平分别常用_____和_____来表示。

（2）信号的 ⎍⎍⎍ 二进制代码是_____。

（3）数字电路包含_____电路和_____电路两大部分。

（4）晶体三极管作为开关元件时工作在_____区和_____区。

（5）逻辑变量是用来表示逻辑关系的二值变量,它只有两种状态,分别用逻辑_____和逻辑_____表示。

（6）$(1101110010)_2 = ($_____$)_8 = ($_____$)_{16} = ($_____$)_{10} = ($_____$)_{8421BCD}$

（7）$(67)_{10} = ($_____$)_2$ ，$(011010010000)_{8421BCD} = ($_____$)_{10}$。

（8）$(5E)_{16} = ($_____$)_2 = ($_____$)_8 = ($_____$)_{10} = ($_____$)_{8421BCD}$

（9）基本逻辑关系有_____逻辑关系、_____逻辑关系和_____逻辑关系。

（10）逻辑代数的三种基本运算是_____、_____、_____。

（11）逻辑函数的常用表示方法有_____、_____和_____。

（12）和最小项 $A\bar{B}C$ 相邻的最小项有_____、_____、_____。

（13）逻辑函数式 $F = AB + AC$ 的最小项表达式为 $F = \Sigma m($_____$)$。

（14）TTL 门电路电源电压为_____V,空载时输出高电平为_____V,输出低电平为_____V。

（15）CMOS 门电路电源电压为_____V,空载时输出高电平为_____V,输出低电平为_____V。

（16）通常 TTL 门电路的工作速度比 CMOS 门电路的工作速度_____,而功耗比 CMOS 门电路的功耗_____。

（17）CMOS 门电路的多余输入端不允许_____,应接_____或_____。

（18）OC 门称为_____门,多个 OC 门输出端可以直接并联在一起,实现_____功能。

2. 判断题

（1）数字电路中的输入、输出信号都是正弦信号。　　　　　　　　（　　）

（2）逻辑变量的取值,1 比 0 大。　　　　　　　　　　　　　　　（　　）

（3）数字电路中用"1"和"0"分别表示两种对立状态,二者无大小之分。（　　）

（4）若两个函数具有不同的逻辑函数式,则两个逻辑函数必然不相等。（　　）

（5）若两个函数具有不同的真值表,则两个逻辑函数必然不相等。　（　　）

（6）若两个函数具有不同的逻辑电路,则两个逻辑函数必然不相等。（　　）

（7）八位二进制数可以表示 256 种不同状态。　　　　　　　　　（　　）

（8）BCD 码就是 8421BCD 码。　　　　　　　　　　　　　　　（　　）

（9）八进制数 $(18)_8$ 比十进制数 $(18)_{10}$ 小。　　　　　　　　　（　　）

（10）在全部输入是"1"的情况下,函数 $F = \overline{ABCD}$ 运算的结果是逻辑"1"。（　　）

（11）在全部输入是"0"的情况下,函数 $F = \overline{A + B + C + D}$ 运算的结果是逻辑"1"。

（　　）

(12)与非门的逻辑功能是"见 0 得 0,全 1 得 1"。　　　　　　　　　　　　　　　　（　　　）

(13)或非门的逻辑功能是"见 1 得 0,全 0 得 1"。　　　　　　　　　　　　　　　　（　　　）

(14)右图门电路的 A B &◇ —Y 输出 $Y = \overline{\overline{AB}}$。　　　　　　　　　　　　　　　　（　　　）

(15)门电路 A 1 & ○—Y 与门电路 A 1 ○—Y 的输出相同。　　　　　　　　　　（　　　）

(16)异或门的逻辑功能是"相同为 1、相异为 0"。　　　　　　　　　　　　　　　　（　　　）

(17)TTL 集成门电路中的内部开关器件是半导体三极管。　　　　　　　　　　　　（　　　）

(18)CMOS 集成门电路中的开关器件是绝缘栅场效应管。　　　　　　　　　　　　（　　　）

(19)TTL 或非门与 CMOS 或非门的逻辑功能完全不同。　　　　　　　　　　　　　（　　　）

(20)当 TTL 与非门的输入端悬空时相当于输入为逻辑 1。　　　　　　　　　　　　（　　　）

(21)在干扰影响不大的情况下,CMOS 门电路的多余输入端可以悬空。　　　　　　（　　　）

(22)普通 TTL 逻辑门电路的输出端不可以并联在一起,否则可能会损坏门电路。
　　　　　　　　　　　　　　　　　　　　　　　　　　　　　　　　　　　（　　　）

(23)OC 门(集电极开路门)的输出端可以直接相连,实现线与。　　　　　　　　　（　　　）

3. 选择题

(1)数字电路中的三极管工作在_____。

A. 饱和区　　　　　　B. 截止区　　　　　　C. 饱和区或截止区　　　　　　D. 放大区

(2)三输入变量的函数共有_____个最小项。

A. 3 个　　　　　　　B. 6 个　　　　　　　C. 8 个　　　　　　　　　　　D. 9 个

(3)机器电路能识别的数制是_____。

A. 二进制　　　　　　B. 八进制　　　　　　C. 十进制　　　　　　　　　　D. 十六进制

(4)以下代码中为无权码的为_____。

A. 8421BCD 码　　　B. 5421BCD 码　　　C. 2421BCD 码　　　　　　　D. 格雷码

(5)下列逻辑代数基本运算关系式中不正确的是_____。

A. $A + A = A$　　　　B. $A \cdot A = A$　　　　C. $A + 0 = 0$　　　　　　　　D. $A + 1 = 1$

(6)以下表达式中符合逻辑运算法则的是_____。

A. $C + C = 2C$　　　B. $1 + 1 = 2$　　　　C. $0 < 1$　　　　　　　　　D. $A + 1 = 1$

(7)下图所示门电路中,图_____的输出逻辑表达式是 $Y = \overline{AB}$。

A　　　　　　　　　　B　　　　　　　　　　C　　　　　　　　　　D

(8)OC 门就是_____。

A. 集电极开路门　　B. 三态门　　　　　　C. 与非门　　　　　　　　　D. 非门

(9)TTL 门电路电源电压为 5 V 时,其输出高电平为_____。

A. 3 V   B. 5 V   C. 3. 6 V   D. 0 V

(10) TTL 门电路的电源电压应加_____ V。

  A. 3 V   B. 5 V   C. 10 V   D. 15 V

(11) CMOS 集成门电路电源电压范围是_____。

  A. 0~5 V   B. 0~3. 6 V   C. 0~10 V   D. 3~18 V

(12) CMOS 门电路电源电压为 10 V 时,其输出高电平为_____。

  A. 3. 6 V   B. 5 V   C. 10 V   D. 15 V

(13) 在 TTL 电路中,输入端悬空,相当于_____。

  A. 接 CP B. 接低电平   C. 接高电平   D. 不确定

(14) 通常 CMOS 门电路的工作速度比 TTL 门电路的工作速度_____,而功耗比 TTL 门电路的功耗_____。

  A. 快   大   B. 慢   大   C. 快   小   D. 慢   小

(15) 三态门主要用于_____。

  A. 提高功率   B. 两个门电路线与

  C. 总线数据传输   D. 提高速度

4. 分析回答

(1) 数字电路与模拟电路相比较有哪些不同? 数字电路的主要特点是什么?

(2) 什么是 TTL 集成门电路? 什么是 CMOS 集成门电路? 各有什么优点?

(3) 什么是逻辑变量? 逻辑函数的常用表达方式有那几种?

(4) 什么是最小项? n 变量逻辑函数有多少个最小项?

5. 分析计算

(1) 各种门电路如图 4-53 所示,已知 A、B 波形,试求 Y_1、Y_2、Y_3、Y_4 的逻辑表达式;并画出 Y_1、Y_2、Y_3、Y_4 的波形。

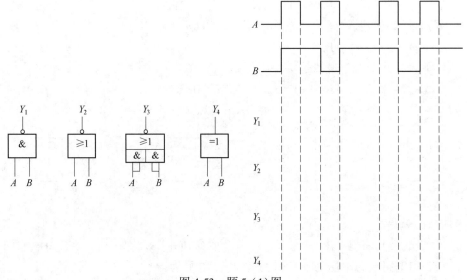

图 4-53 题 5-(1)图

（2）用公式法化简逻辑函数

① $Y = \overline{A}\,\overline{B}\,\overline{C} + A + B + C$。

② $Y = AD + A\overline{D} + AB + \overline{A}C + BD + ACEF + \overline{B}EF + DEFG$。

③ $Y = AB + \overline{A}C + \overline{B}C + \overline{C}D + \overline{D}$。

④ $Y = A + \overline{\overline{B} + \overline{CD}} + \overline{\overline{AD} \cdot \overline{B}}$。

⑤ $Y = A + B\overline{C} + A\overline{B} \cdot \overline{C} + \overline{ABC}$。

⑥ $Y = (\overline{A\overline{B}} + \overline{A}BC + A\overline{B}C)(AD + BC)$。

（3）用卡诺图法化简逻辑函数

① $Y = \overline{A}\,\overline{B} + AC + \overline{B}C$。

② $Y = ABC + \overline{A}B + \overline{B}C$。

③ $Y = ABC + ABD + \overline{C}D + A\overline{B}C + \overline{A}C\overline{D} + A\overline{C}D$。

④ $Y(A、B、C、D) = \sum m(0、1、2、3、5、7、8、10)$。

⑤ $Y(A、B、C、D) = \sum m(0、1、2、8、9、10、12、13、14、15)$。

⑥ $Y(A、B、C、D) = \sum m(0,1,4,9,12,13) + \sum d(2,3,6,10,11,14)$。

6. 分析故障

（1）在使用异或门 74LS86 时，发现当输入 A、B 相同时，表示输出 Y 的灯仍然亮着，问可能是什么原因？

（2）如图 4-54 所示的 TTL 门电路中，对于多余脚的处理，请将错误的加以改进。

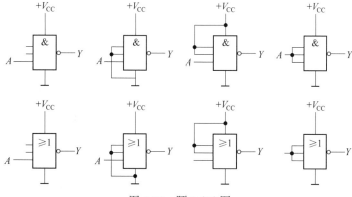

图 4-54　题 6-（2）图

项目五　组合逻辑电路的基本设计与制作调试

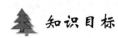

能力目标

1. 能分析和设计小规模组合逻辑电路。
2. 能用中规模组合逻辑器件设计组合逻辑电路。
3. 能查找组合逻辑电路的常见故障。

知识目标

理解并掌握小规模组合逻辑电路的分析方法与设计方法;熟悉和掌握中规模组合逻辑器件数据选择器、编码器、译码器的基本工作原理、功能及应用;掌握 LED 数码管的原理、功能及使用,具体工作任务见表 5-1。

表 5-1　项目工作任务单

序号	任　　务
1	有三台电机 A、B、C,要求:①A 开机时则 B 必须也开机;②B 开机时则 C 必须也开机。如果不满足上述要求,即发出报警信号
2	小组制订工(实)作计划,明确工作任务
3	分析逻辑功能,按照设计步骤设计小系统组合逻辑电路
4	画出用 74LS00 实现的最简逻辑图,列出所需的元件清单
5	画出布线图,根据布线图制作电动机开机指示灯控制小系统组合逻辑电路
6	完成对电路功能的测试
7	画出用 74LS151、74LS138 实现的逻辑图。列出所需的元件清单
8	画出布线图,根据布线图制作电动机开机指示灯控制组合逻辑电路
9	完成对电路功能的测试
10	小组讨论总结并编写项目报告

（一）目标

1. 掌握组合逻辑电路的设计方法。

2. 掌握用集成门电路实现小系统组合逻辑电路的方法。

3. 掌握用集成组合逻辑器件实现组合逻辑电路的方法。

4. 学习电路的故障分析与处理。

5. 培养良好的操作习惯，提高职业素质。

（二）器材

所用器材见表 5-2。

表 5-2　器材清单

器材名称	规格型号	电路符号	数量
数字实验箱	TPE-D2		1
数字万用表	VC890C+		1
尖镊子			1
导线			若干
集成门	74LS00、74LS20	G	各 1
集成组合逻辑电路器件	74LS151、74LS138		各 1

（三）内容及步骤

1. 根据任务单认真分析。

2. 列出电动机开机指示灯控制电路的真值表。

3. 由真值表写出逻辑函数表达式并化简。

4. 画出用 74LS00 实现的小系统最简逻辑电路，画出布线图。

5. 画出用 74LS151、74LS138 实现的中规模逻辑电路，画出布线图。

（四）电路安装与调试

根据自己的布线图进行电路安装制作，并进行功能调试，排除故障。

 思考

1. 若不论输入什么状态，火灾报警电路的输出始终为 0，可能是什么原因？

2. 若不论输入什么状态，火灾报警电路的输出始终为 1，可能是什么原因？

3. 若设备、器件均完好，如果中规模集成器件输入端的高、低位弄反了，输出显示会出错吗？

 实作考核

项目	步骤	分数	序号	考核内容及评分标准	配分	扣分	得分	备注
电动机开机指示灯控制电路设计制作与调试	电路设计	15	1	分析题意,绘制真值表。真值表每错一项扣2分,直至扣完为止	5			
			2	根据真值表写表达式。表达式错误可根据情况扣分	5			
			3	绘制电路图。控制管脚错误每个扣2分,其他连线错误可根据情况酌情扣分,直至扣完为止	5			
	电路连接及测试	55	4	确认元件选择。元件错误一个扣2分	5			
			5	根据电路正确连接电路。连线错误一处扣2分,直至扣完为止	10			
			6	实现电路功能。实现部分功能酌情给分	35			
			7	正确使用万用表进行电路测试。要求保留小数点后两位,每错一处扣2分。万用表操作不规范扣5分。直至扣完为止	5			
	回答	10	8	原因描述合理	10			
	整理	10	9	规范操作,不可带电插拔元器件,错误一次扣5分	5			
			10	正确穿戴,文明作业,违反规定,每处扣2分	2			
			11	操作台整理,测试合格应正确复位仪器仪表,保持工作台整洁,每处扣3分	3			
时限		10		时限为45 min,每超1 min扣1分	10			
合计					100			

注意:操作中出现各种人为损坏,考核成绩不合格者按照学校相关规定赔偿。

知识链接

模块1 组合逻辑电路的分析与设计

知识点一 组合逻辑电路简介

按电路逻辑功能的特点来分,数字电路可分为组合逻辑电路和时序逻辑电路。

(一)特点

电路在任一时刻的输出信号都只取决于该时刻的输入信号,而与输入信号作用之前电路原来的状态无关,则该数字电路称为组合逻辑电路。

(二)电路结构

组合逻辑电路仅由门电路组成(门电路是组合逻辑电路的基本单元),电路中无记忆单

元,输入与输出之间一般也不含有无反馈。组合逻辑电路一般有多个输入端和多个输出端,其结构如图 5-1 所示,图中 X_1、X_2、$\cdots$、X_n 表示输入变量,Y_1、Y_2、$\cdots$、Y_m 表示输出变量,输出与输入间的函数关系可表示为

图 5-1　组合逻辑电路结构示意图

$$Y_1 = F_1(X_1, X_2, \cdots, X_n)$$
$$Y_2 = F_2(X_1, X_2, \cdots, X_n)$$
$$Y_3 = F_3(X_1, X_2, \cdots, X_n)$$
$$\vdots$$
$$Y_m = F_m(X_1, X_2, \cdots, X_n)$$

(三)逻辑功能描述

常用真值表、逻辑函数表达式、逻辑图、卡诺图、时序图(波形图)来描述组合逻辑电路的逻辑功能。这些表达方式可互相转换。在未知电路结构和逻辑功能的情况下,可采用测量输入与输出的波形,来分析电路的逻辑功能,再转换为其他表达方式。

知识点二　组合逻辑电路的分析方法

所谓组合逻辑电路的分析,就是对给定的组合逻辑电路进行逻辑分析以确定其逻辑功能。组合逻辑电路分析的一般步骤如图 5-2 所示。

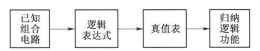

图 5-2　组合逻辑电路分析步骤框图

1. 写出逻辑函数表达式

根据已知逻辑图,从输入到输出逐级写出逻辑函数表达式,直至写出输出信号的逻辑函数表达式。

2. 列真值表

根据逻辑函数表达式列出真值表。

3. 归纳电路的逻辑功能

根据真值表,分析真值表中输出函数与输入变量取值规律,归纳电路的逻辑功能。

分析组合逻辑电路的关键是写出输出信号的逻辑函数表达式和列出真值表。

【例 5-1】　试分析图 5-3 所示组合逻辑电路。

解:(1)由逻辑图逐级写出 Y 的逻辑表达式为

$$Y_1 = \overline{AB} \quad Y_2 = \overline{AC} \quad Y_3 = \overline{B} \quad Y_4 = Y_2 Y_3 = \overline{AC} \cdot \overline{B}$$

$$Y = \overline{Y_1 + Y_4} = \overline{\overline{AB} + \overline{AC} \cdot \overline{B}}$$

(2)列出真值表见表 5-3。

(3)分析归纳逻辑功能。在输入变量 A、B、C 全部为 1 时,输出变量 Y 为 1,否则为 0。

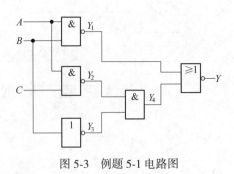

图 5-3　例题 5-1 电路图

表 5-3

A	B	C	Y
0	0	0	0
0	0	1	0
0	1	0	0
0	1	1	0
1	0	0	0
1	0	1	0
1	1	0	0
1	1	1	1

知识点三　组合逻辑电路的设计方法

组合逻辑电路的设计,就是根据给出的实际逻辑问题(逻辑功能),设计出能实现该逻辑功能的最简单逻辑电路。组合逻辑电路的设计步骤与分析步骤相反,如图 5-4 所示。

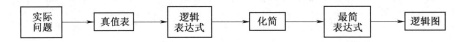

图 5-4　组合逻辑电路设计方框图

(1)分析设计要求,确定输入变量。根据设计要求中提出的逻辑功能,按照功能要求,确定输入变量、输出函数,并进行变量赋值,即用 0 或 1 表示它们的对立状态。这是设计过程中的最关键的一步。

(2)列真值表。根据分析得到的输入与输出函数之间的逻辑关系列出真值表。注意:状态赋值不同,所得的真值表也不同。

(3)根据真值表写出逻辑函数表达式,并化简逻辑函数成最简表达式。

(4)根据最简表达式画小系统组合逻辑电路图。

【例 5-2】　试设计一个火灾报警系统。该火灾报警系统有烟感、温感和紫外光感三种类型的探测器,分别采集烟雾、发热和火焰信号。为了防止误报警,要求:只有当其中两种或两种以上类型的探测器发出火灾检测信号时,报警系统产生报警控制信号。

解:(1)分析题目给定的逻辑功能要求,确定输入变量、输出变量及其 0、1 逻辑赋值。

设输入变量 A、B、C 分别代表三种不同类型的探测器,其中烟感为 A、温感为 B、紫外线光感为 C。当 A、B、C 为 1 时,表示检测出火灾信号;当 A、B、C 为 0 时,表示未检测到火灾信号。

设输出变量 Y 表示报警控制信号,Y 为 1 表示有信号输出,为 0 则表示无信号输出。

(2)列真值表。

根据输入、输出变量逻辑赋值的含义列出真值表见表 5-4。

(3)由真值表写逻辑函数表达式:

$$Y = \bar{A}BC + A\bar{B}C + AB\bar{C} + ABC$$

（4）卡诺图化简逻辑函数：

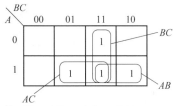

表 5-4

A	B	C	Y
0	0	0	0
0	0	1	0
0	1	0	0
0	1	1	1
1	0	0	0
1	0	1	1
1	1	0	1
1	1	1	1

化简得最简式：$Y = AB + AC + BC$。

（5）用与门、或门实现的小系统组合逻辑电路图如图 5-5 所示。

（6）若用与非门实现，则运用摩根定律作以下变换

$$Y = \overline{\overline{AB + AC + BC}} = \overline{\overline{AB} \cdot \overline{AC} \cdot \overline{BC}}$$

其逻辑电路如图 5-6 所示。

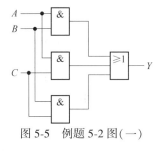

图 5-5 例题 5-2 图（一）

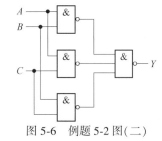

图 5-6 例题 5-2 图（二）

模块2 常用集成组合逻辑电路器件及其应用

组合逻辑电路的种类很多，常见的有数据选择器、编码器、译码器、数字比较器、加法器等。由于这些电路应用很广，因此，有厂家把这些组合逻辑电路制作成专用的中规模集成器件（MSI）。采用 MSI 实现逻辑函数可以缩小体积，使电路设计更为简单，大大提高了电路的可靠性。

中规模功能器件的功能往往可以扩展，因此 MSI 通常设置有一些控制端（又称为使能端）、功能端和级联端等，在不用或少用附加电路的情况下，就能将若干功能部件扩展成位数更多、功能更复杂的电路。本模块我们主要学习加法器、数据选择器、编码器、译码器。

知识点一 加法器

在数字系统中，实现算术运算和逻辑运算的电路称为运算电路。算术运算电路一般能实现加、减、乘、除等四则运算，加法器是构成算术运算器的基本单元。

（一）半加器

不考虑来自低位的进位，仅仅只是将本位的两个一位二进制数 A_i 和 B_i 相加，称为半加。实现半加运算的组合电路称为半加器，简称 HA。

两个本位二进制数 A_i 和 B_i 半加时，有两个输入变量 A_i（加数）和 B_i（加数）；两个输出变量 S_i（本位和）和 C_i（向相邻高位的进位数）。半加器真值表见表 5-5。

由真值表写出逻辑函数表达式 $\begin{cases} S_i = \overline{A_i}B_i + A_i\,\overline{B_i} \\ C_i = A_iB_i \end{cases}$ （5-1）

半加器的逻辑图和逻辑符号如图 5-7 所示，它是由异或门和与门组成的，也可以用与非门实现。

表 5-5

A_i	B_i	S_i	C_i
0	0	0	0
0	1	1	0
1	0	1	0
1	1	0	1

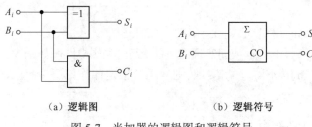

（a）逻辑图　　　　　　（b）逻辑符号

图 5-7　半加器的逻辑图和逻辑符号

（二）全加器

实际上，两个本位的二进制数 A_i、B_i 和来自低位的进位数 C_{i-1} 三个数相加，称为全加，实现全加运算的组合电路称全加器，简称 FA。

两个本位二进制数 A_i、B_i 和低位进位数 C_{i-1} 全加时，有三个输入变量 A_i（加数）、B_i（加数）和 C_{i-1}（来自低位的进位数）；二个输出变量 S_i（本位和）和 C_i（向相邻高位的进位数）。

全加器真值表见表 5-6。

表 5-6

输　入			输　出	
A_i	B_i	C_{i-1}	S_i	C_i
0	0	0	0	0
0	0	1	1	0
0	1	0	1	0
0	1	1	0	1
1	0	0	1	0
1	0	1	0	1
1	1	0	0	1
1	1	1	1	1

由真值表写出逻辑函数表达式为

$$\begin{cases} S_i = \overline{A_i}\,\overline{B_i}C_{i-1} + \overline{A_i}B_i\,\overline{C_{i-1}} + A_i\,\overline{B_i}\,\overline{C_{i-1}} + A_iB_iC_{i-1} \\ \quad = (A_i \oplus B_i)\,\overline{C_{i-1}} + \overline{A_i \oplus B_i}C_{i-1} \\ \quad = A_i \oplus B_i \oplus C_{i-1} \\ C_i = \overline{A_i}B_iC_{i-1} + A_i\,\overline{B_i}C_{i-1} + A_iB_i\,\overline{C_{i-1}} + A_iB_iC_{i-1} \\ \quad = (\overline{A_i}B_i + A_i\,\overline{B_i})C_{i-1} + A_iB_i(\overline{C_{i-1}} + C_{i-1}) \\ \quad = (A_i \oplus B_i)C_{i-1} + A_iB_i \\ \quad = \overline{\overline{(A_i \oplus B_i)C_{i-1}} \cdot \overline{A_iB_i}} \end{cases}$$ （5-2）

全加器的逻辑图和逻辑符号如图 5-8 所示。

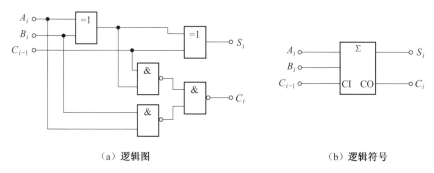

（a）逻辑图　　　　　　　　　　　　　　（b）逻辑符号

图 5-8　全加器的逻辑图和逻辑符号

全加器能实现两个一位二进制数的相加。74LS283 集成组合逻辑电路是一个四位加法器电路,内部集成了四个全加器,且进位线已接好,可方便实现两个四位二进制数相加。74LS283 的管脚排列图和逻辑符号如图 5-9 所示。在使用中,$A_3A_2A_1A_0$ 和 $B_3B_2B_1B_0$ 分别送入四位二进制数,求和结果由 $S_3S_2S_1S_0$ 输出四位二进制数,CI 是低位来的进位 C_{i-1},向高位的进位 C_i 由 CO 送出。将多片 74LS283 进行级联可扩展成八位、十六位等加法器。

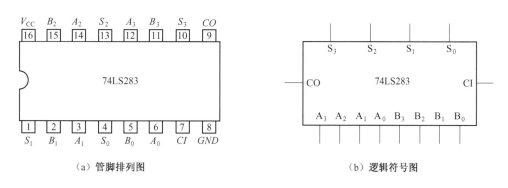

（a）管脚排列图　　　　　　　　　　　　（b）逻辑符号图

图 5-9　74LS283 的管脚排列和逻辑符号图

💡 知识点二　数据选择器

数据选择器的功能是从多路数据中选择所需要的那一路进行传输,或者是将并行输入转换为串行输出。数据选择器又称多路开关,英文缩写是 MUX。常用的数据选择器有 4 选 1、8 选 1 等。

（一）4 选 1 数据选择器

如图 5-10 所示是 4 选 1 数据选择器原理框图。

图中 $D_0 \sim D_3$ 称为数据输入端,A_0、A_1 为地址输入端,当 A_1A_0 取不同的数值时,可从 $D_0 \sim D_3$ 中选取所要的一个,并送到输出端 Y。$\overline{S}$ 为使能端（又称控制端、选通端）,用于控制电路的工作状态和扩展功能,当 $\overline{S}=0$ 时允许数据选通,当 $\overline{S}=1$ 时,禁止数据输入。

通常，当 A_1A_0 分别为 00、01、10、11 时，依次选择输入端 D_0、D_1、D_2、D_3 数据输出，Y 分别为 D_0、D_1、D_2、D_3。由此可得出 4 选 1 数据选择器的真值表，见表 5-7。

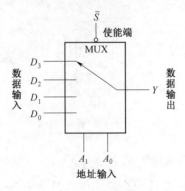

表 5-7

输	入			输出
$\bar{S}$	D	A_1	A_0	Y
1	×	×	×	0
0	D_0	0	0	D_0
0	D_1	0	1	D_1
0	D_2	1	0	D_2
0	D_3	1	1	D_3

图 5-10　4 选 1 数据选择器原理框图

由真值表可写出输出逻辑表达式

$$Y = D_0 \cdot \bar{A}_1 \bar{A}_0 + D_1 \cdot \bar{A}_1 A_0 + D_2 \cdot A_1 \bar{A}_0 + D_3 \cdot A_1 A_0 \tag{5-3}$$

实现 4 选 1 功能的集成数据选择器有 74LS153（双 4 选 1）等，其管脚排列和逻辑符号如图 5-11 所示。

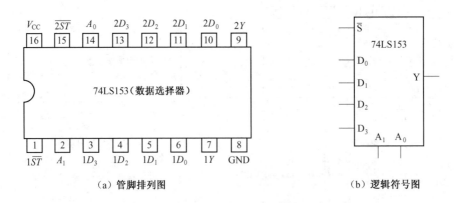

（a）管脚排列图　　　　　　　　　　　　　（b）逻辑符号图

图 5-11　74LS153 的管脚排列和逻辑符号图

(二)8 选 1 数据选择器

图 5-12 所示是 8 选 1 数据选择器原理框图。

图中 A_2、A_1、A_0 为三个地址输入端，当 $A_2A_1A_0$ 分别为 000～111 时依次可选择 D_0～D_7 八个数据中的一个。由此可得出 8 选 1 数据选择器的真值表，见表 5-8。

由真值表可写出输出逻辑函数表达式

$$Y = \bar{A}_2 \bar{A}_1 \bar{A}_0 D_0 + \bar{A}_2 \bar{A}_1 A_0 D_1 + \cdots + A_2 A_1 A_0 D_7 = \sum_{i=0}^{7} m_i D_i \tag{5-4}$$

实现 8 选 1 功能的集成数据选择器有 74LS151，其管脚排列和逻辑符号如图 5-13 所示。

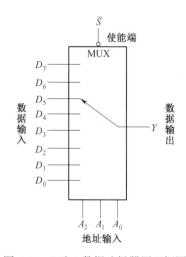

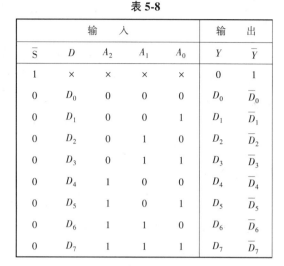

表 5-8

输 入					输 出	
$\bar{S}$	D	A_2	A_1	A_0	Y	$\bar{Y}$
1	×	×	×	×	0	1
0	D_0	0	0	0	D_0	$\bar{D}_0$
0	D_1	0	0	1	D_1	$\bar{D}_1$
0	D_2	0	1	0	D_2	$\bar{D}_2$
0	D_3	0	1	1	D_3	$\bar{D}_3$
0	D_4	1	0	0	D_4	$\bar{D}_4$
0	D_5	1	0	1	D_5	$\bar{D}_5$
0	D_6	1	1	0	D_6	$\bar{D}_6$
0	D_7	1	1	1	D_7	$\bar{D}_7$

图 5-12　8 选 1 数据选择器原理框图

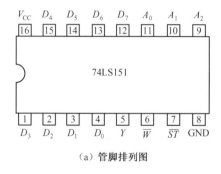

（a）管脚排列图

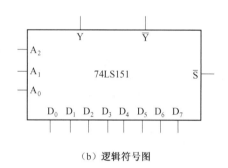

（b）逻辑符号图

图 5-13　74LS151 的管脚排列和逻辑符号图

数据选择器的输入端数目不够时,可以采用扩展的方法,用两片 8 选 1 数据选择器,构成一个 16 选 1 数据选择器。

(三)数据选择器的应用

利用数据选择器可以实现组合逻辑函数。当使能端有效时,将函数中的输入变量送至数据选择器地址输入端,并按要求把数据输入端接成所需状态,便可实现各种功能的组合逻辑函数。

【例 5-3】 试用 8 选 1 数据选择器 74LS151 实现逻辑函数 $Y = \bar{A}B + C$

解:把逻辑函数变换成最小项表达式

$$Y = \bar{A}B(C + \bar{C}) + C(A + \bar{A}) = \bar{A}BC + \bar{A}B\bar{C} + \bar{A}C + AC$$

$$= \bar{A}BC + \bar{A}B\bar{C} + \bar{A}C(B + \bar{B}) + AC(B + \bar{B})$$

$$= \bar{A}BC + \bar{A}B\bar{C} + \bar{A}\,\bar{B}C + \bar{A}BC + A\bar{B}C + ABC$$

$$= \bar{A}\,\bar{B}C + \bar{A}B\bar{C} + \bar{A}BC + A\bar{B}C + ABC$$

$$= m_1 + m_2 + m_3 + m_5 + m_7$$

当 $\bar{S} = 0$ 时，8 选 1 数据选择器的输出函数表达式为

$$Y = D_0 m_0 + D_1 m_1 + D_2 m_2 + \cdots + D_6 m_6 + D_7 m_7$$

将 A、B、C 分别从数据选择器 74LS151 地址端 A_2、A_1、

A_0 输入，作为输入变量；Y 端作为输出。$\bar{S} = 0$，取

$$D_1 = D_2 = D_3 = D_5 = D_7 = 1, D_0 = D_4 = D_6 = 1$$

画出该逻辑函数的逻辑图，如图 5-14 所示。

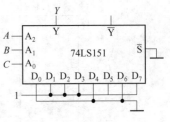

图 5-14   例 5-1 逻辑电路图

 知识点三　编码器

在数字系统中，常常需要把某种具有特定意义的输入信号编成相应的若干位二进制代码来处理，这一过程称为编码。能够实现编码的集成组合逻辑电路称为编码器。

(一)二进制编码器

将 2^n 个输入信号变换成相应的 n 位二进制代码输出的编码电路，称为二进制编码器，又称 2^n 线-n 线编码器。

1. 二进制普通编码器

普通编码器的特点：任何时刻 2^n 个输入信号中只允许一个输入信号有效，即只允许一个输入信号请求编码，其他输入信号都无效，否则输出将发生紊乱。以 8 线-3 线二进制普通编码器为例，说明普通编码器的工作原理。8 线-3 线二进制普通编码器的示意图如图 5-15 所示，其中 $I_0 \sim I_7$ 为 8 个需要编码的特定含义信号，Y_2、Y_1、Y_0 为 3 位二进制代码输出。8 线-3 线普通编码器的输入、输出之间的对应关系见表 5-9，表中输入端每次只有一个输入信号。

根据表 5-9 可以写出普通 8 线-3 线编码器的逻辑表达式，并且可以画出逻辑图。读者可自行分析。

表 5-9

输入	输出		
I	Y_2	Y_1	Y_0
I_0	0	0	0
I_1	0	0	1
I_2	0	1	0
I_3	0	1	1
I_4	1	0	0
I_5	1	0	1
I_6	1	1	0
I_7	1	1	1

图 5-15   8 线-3 线编码器示意

普通编码器的优点是电路简单。但在使用时却有着很大的局限性，因为任何时刻只允许输入一个编码信号，若多个编码信号同时输入，则普通编码器会产生错误的输出。

2. 优先编码器

为了解决普通编码器的使用局限性,一般都把编码器设计成优先编码器。优先编码器是数字系统中实现优先权管理的一个重要逻辑部件,它允许多个输入信号同时有效,即允许多个请求编码的信号同时输入,但是由于我们事先对所有编码输入按优先顺序排了队,当多个输入信号有效时,优先编码器只对其中优先级别最高的一个进行编码,输出相应的二进制代码。至于优先级别的高低,可由设计人员根据问题的轻重缓急决定。例如,普速铁路线旅客列车分为 Z(直达特快)、T(特快)、K(快速)和普通列车等,它们的优先级顺序是 Z 字头列车高于 T 字头列车、T 字头高于 K 字头列车、K 字头高于普通列车。显然,在同期间同向运行时,只能给出一个发车信号,让优先级别高的列车先通过,其他优先级别低的列车在小站等待。优先编码器便可满足上述要求。

74LS148 是 8 线-3 线优先编码器,常用于优先中断系统和键盘编码。74LS148 的管脚排列和逻辑符号如图 5-16 所示,$\overline{I}_0 \sim \overline{I}_7$ 为输入信号端,$\overline{S}$ 是使能输入端,$\overline{Y}_0 \sim \overline{Y}_2$ 是三个输出端,$\overline{Y}_{EX}$ 和 $\overline{Y}_S$ 是用于扩展功能的输出端。表 5-10 是 74LS148 的真值表。

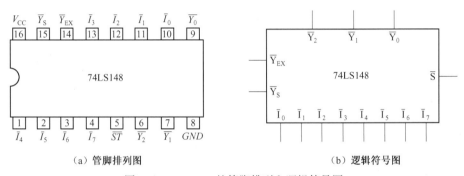

（a）管脚排列图　　　　　　　　　　　　　　（b）逻辑符号图

图 5-16　74LS148 的管脚排列和逻辑符号图

表 5-10

| 输　　入 | | | | | | | | | 输　　出 | | | | |
$\overline{S}$	$\overline{I}_0$	$\overline{I}_1$	$\overline{I}_2$	$\overline{I}_3$	$\overline{I}_4$	$\overline{I}_5$	$\overline{I}_6$	$\overline{I}_7$	$\overline{Y}_2$	$\overline{Y}_1$	$\overline{Y}_0$	$\overline{Y}_S$	$\overline{Y}_{EX}$
1	×	×	×	×	×	×	×	×	1	1	1	1	1
0	1	1	1	1	1	1	1	1	1	1	1	0	1
0	×	×	×	×	×	×	×	0	0	0	0	1	0
0	×	×	×	×	×	×	0	1	0	0	1	1	0
0	×	×	×	×	×	0	1	1	0	1	0	1	0
0	×	×	×	×	0	1	1	1	0	1	1	1	0
0	×	×	×	0	1	1	1	1	1	0	0	1	0
0	×	×	0	1	1	1	1	1	1	0	1	1	0
0	×	0	1	1	1	1	1	1	1	1	0	1	0
0	0	1	1	1	1	1	1	1	1	1	1	1	0

（1）使能输入端$\overline{S}$

$\overline{S}$是整个电路的控制端。$\overline{S}=0$时编码器工作，对输入信号$\overline{I_0}\sim\overline{I_7}$进行编码；$\overline{S}=1$时编码器不工作。电路输出无效（伪码）。

（2）输入端$\overline{I_0}\sim\overline{I_7}$

输入端$\overline{I_0}\sim\overline{I_7}$，"非"号表示输入信号低电平有效，即输入端$\overline{I_0}\sim\overline{I_7}$中为低电平的就是有编码输入信号，为高电平的就是无编码信号。由74LS148的真值表可看出，$\overline{I_7}$的优先级最高，$\overline{I_6}$次之，$\overline{I_0}$的优先级最低。只要$\overline{I_7}=0$，其他输入端即便都为0，电路只对$\overline{I_7}$进行编码，输出与脚标"7"对应的二进制代码。

（3）输出端$\overline{Y_0}\sim\overline{Y_2}$

输出端$\overline{Y_0}\sim\overline{Y_2}$，"非"号表示编码器74LS148的编码输出是反码。例如，当$\overline{I_7}=0$时，编码器就对$\overline{I_7}$进行编码，输出$\overline{Y_2}\,\overline{Y_1}\,\overline{Y_0}=111=000$，也就是与脚标"7"的二进制码111正好相反。

（4）选通输出端$\overline{Y_S}$和扩展输出端$\overline{Y_{EX}}$

从表中可以看出，$\overline{Y_S}=0$表示：电路工作（$\overline{S}=0$），但无编码输入（$\overline{I_0}\sim\overline{I_7}$输入都是1）。$\overline{Y_{EX}}=0$表示：电路工作（$\overline{S}=0$），且有编码输入（$\overline{I_0}\sim\overline{I_7}$输入有0）。当$\overline{Y_S}$和$\overline{Y_{EX}}$都为1时，表示电路不工作（$\overline{S}=1$）。

（二）10线-4线8421BCD优先编码器

74LS147优先编码器的真值表见表5-11，输入端$\overline{I_1}\sim\overline{I_9}$脚标数字越大优先级别越高，$\overline{I_9}$的优先权最高、$\overline{I_8}$次之、以此类推$\overline{I_0}$最低，且输入信号低电平有效，输出是反码。如果$\overline{I_1}\sim\overline{I_9}$均为高电平1时，隐含着此时是对$\overline{I_0}$编码，则输出$\overline{Y_3}\,\overline{Y_2}\,\overline{Y_1}\,\overline{Y_0}=0000=1111$，它是8421BCD码"0"的反码。

表5-11

输　　　　　入									输　　出			
$\overline{I_1}$	$\overline{I_2}$	$\overline{I_3}$	$\overline{I_4}$	$\overline{I_5}$	$\overline{I_6}$	$\overline{I_7}$	$\overline{I_8}$	$\overline{I_9}$	$\overline{Y_3}$	$\overline{Y_2}$	$\overline{Y_1}$	$\overline{Y_0}$
×	×	×	×	×	×	×	0		0	1	1	0
×	×	×	×	×	×	×	0	1	0	1	1	1
×	×	×	×	×	0	1	1		1	0	0	0
×	×	×	×	0	1	1	1		1	0	0	1
×	×	×	0	1	1	1	1		1	0	1	0
×	×	×	0	1	1	1	1		1	0	1	1
×	×	0	1	1	1	1	1		1	1	0	0
×	0	1	1	1	1	1	1		1	1	0	1
0	1	1	1	1	1	1	1		1	1	1	0
1	1	1	1	1	1	1	1		1	1	1	1

74LS147 的管脚排列和逻辑符号如图 5-17 所示,$\overline{I_1} \sim \overline{I_9}$ 为输入信号端,$\overline{Y_0} \sim \overline{Y_3}$ 是四个输出端,也是输入信号低电平有效,反码输出。

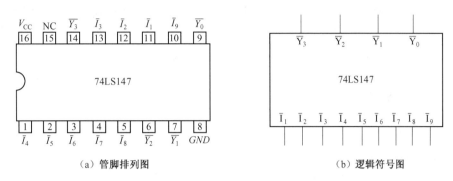

（a）管脚排列图　　　　　　　　　　　　　（b）逻辑符号图

图 5-17　74LS147 的管脚排列和逻辑符号图

CD40147 是一种标准型 CMOS 集成 10 线-4 线 8421BCD 优先编码器,其管脚排列和逻辑符号如图 5-18 所示,真值表见表 5-12。CD40147 有 10 个输入端 $I_0 \sim I_9$,有 4 个输出端 $Y_0 \sim Y_3$,是输入信号高电平有效,正码输出。当 10 个输入信号都为 0 时,输出 $Y_3 Y_2 Y_1 Y_0 = 1111$,伪码,表示无编码信号输入。

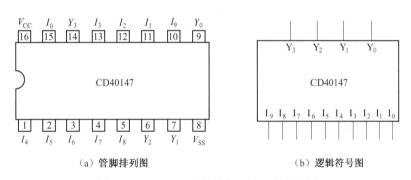

（a）管脚排列图　　　　　　　　　　　　　（b）逻辑符号图

图 5-18　CD40147 的管脚排列和逻辑符号图

表 5-12　真值表

输　　　入										输　　出			
I_0	I_1	I_2	I_3	I_4	I_5	I_6	I_7	I_8	I_9	Y_3	Y_2	Y_1	Y_0
0	0	0	0	0	0	0	0	0	0	1	1	1	1
×	×	×	×	×	×	×	×	×	1	1	0	0	1
×	×	×	×	×	×	×	×	1	0	1	0	0	0
×	×	×	×	×	×	×	1	0	0	0	1	1	1
×	×	×	×	×	×	1	0	0	0	0	1	1	0
×	×	×	×	×	1	0	0	0	0	0	1	0	1
×	×	×	×	1	0	0	0	0	0	0	1	0	0
×	×	×	1	0	0	0	0	0	0	0	0	1	1
×	×	1	0	0	0	0	0	0	0	0	0	1	0
×	1	0	0	0	0	0	0	0	0	0	0	0	1
1	0	0	0	0	0	0	0	0	0	0	0	0	0

知识点四　译码器

译码是编码的逆过程,也就是把每一组二进制代码所表示的特定含义"翻译"出来。其输入是二进制代码,输出是相应的一个个特定含义。实现译码功能的电路称为译码器。常用的集成译码器有二进制译码器、二-十进制译码器和显示译码器。

(一)二进制译码器

二进制译码器是将输入的 n 位二进制代码"翻译"成相应 2^n 个输出信号的电路,又称为 n 线-2^n 线译码器。

1. 3 线-8 线译码器

这里我们介绍 3 线-8 线集成译码器 74LS138,其管脚排列和逻辑符号如图 5-19 所示,真值表见表 5-13。74LS138 有 3 个输入端、8 个输出端,因此称 3 线-8 线译码器。

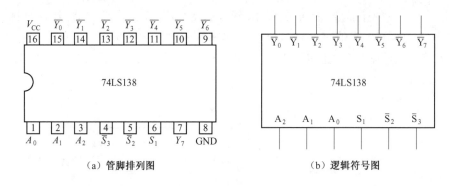

(a) 管脚排列图　　　　　　　　　(b) 逻辑符号图

图 5-19　74LS138 的管脚排列和逻辑符号图

(1)3 个输入端 A_0、A_1、A_2:输入二进制代码 $A_2 A_1 A_0 = 000 \sim 111$,共 $2^3 = 8$ 种组合状态。

(2)8 个输出端 $\overline{Y_0} \sim \overline{Y_7}$:输出低电平有效。在正常译码("使能")的情况下,$\overline{Y_0} \sim \overline{Y_7}$ 八个输出端中只有一个输出端为低电平,其余输出端为高电平。

(3)3 个使能端 S_1、$\overline{S_2}$、$\overline{S_3}$:只有当 S_1、$\overline{S_2}$、$\overline{S_3}$ 分别为 1、0、0 时,译码器正常译码,否则译码器禁止译码,所有输出 $\overline{Y_0} \sim \overline{Y_7}$ 都为高电平 1。

表 5-13

输　入						输　出							
S_1	$\overline{S_2}$	$\overline{S_3}$	A_2	A_1	A_0	$\overline{Y_0}$	$\overline{Y_1}$	$\overline{Y_2}$	$\overline{Y_3}$	$\overline{Y_4}$	$\overline{Y_5}$	$\overline{Y_6}$	$\overline{Y_7}$
0	×	×	×	×	×	1	1	1	1	1	1	1	1
×	1	×	×	×	×	1	1	1	1	1	1	1	1
×	×	1	×	×	×	1	1	1	1	1	1	1	1
1	0	0	0	0	0	0	1	1	1	1	1	1	1
1	0	0	0	0	1	1	0	1	1	1	1	1	1

续上表

输　入						输　出							
S_1	$\overline{S_2}$	$\overline{S_3}$	A_2	A_1	A_0	$\overline{Y_0}$	$\overline{Y_1}$	$\overline{Y_2}$	$\overline{Y_3}$	$\overline{Y_4}$	$\overline{Y_5}$	$\overline{Y_6}$	$\overline{Y_7}$
1	0	0	0	1	0	1	1	0	1	1	1	1	1
1	0	0	0	1	1	1	1	1	0	1	1	1	1
1	0	0	1	0	0	1	1	1	1	0	1	1	1
1	0	0	1	0	1	1	1	1	1	1	0	1	1
1	0	0	1	1	0	1	1	1	1	1	1	0	1
1	0	0	1	1	1	1	1	1	1	1	1	1	0

由真值表可写出输出逻辑函数表达式

$$\overline{Y_0} = \overline{\overline{A_2}\,\overline{A_1}\,\overline{A_0}} = \overline{m_0} \qquad\qquad \overline{Y_4} = \overline{A_2\overline{A_1}\,\overline{A_0}} = \overline{m_4}$$

$$\overline{Y_1} = \overline{\overline{A_2}\,\overline{A_1}A_0} = \overline{m_1} \qquad\qquad \overline{Y_5} = \overline{A_2\overline{A_1}A_0} = \overline{m_5}$$

$$\overline{Y_2} = \overline{\overline{A_2}A_1\overline{A_0}} = \overline{m_2} \qquad\qquad \overline{Y_6} = \overline{A_2A_1\overline{A_0}} = \overline{m_6}$$

$$\overline{Y_3} = \overline{\overline{A_2}A_1A_0} = \overline{m_3} \qquad\qquad \overline{Y_7} = \overline{A_2A_1A_0} = \overline{m_7}$$

2. 应用

从输出逻辑表达式可以看出:二进制译码器实质上是一个最小项产生器,即每一个输出对应一个最小项。因此常常使用二进制译码器和门电路来实现各种组合逻辑函数。

【例5-4】　试用3线-8线集成译码器74LS138实现逻辑函数 $Y = \overline{A}B + C$。

解:(1)把逻辑函数变换成最小项表达式

$$Y = \overline{A}B(C + \overline{C}) + C(A + \overline{A}) = \overline{A}BC + \overline{A}B\overline{C} + \overline{A}C + AC$$

$$= \overline{A}BC + \overline{A}B\overline{C} + \overline{A}C(B + \overline{B}) + AC(B + \overline{B})$$

$$= \overline{A}BC + \overline{A}B\overline{C} + \overline{A}BC + \overline{A}\overline{B}C + AB C + A\overline{B}C$$

$$= \overline{A}\,\overline{B}C + \overline{A}B\overline{C} + \overline{A}BC + A\overline{B}C + ABC$$

$$= m_1 + m_2 + m_3 + m_5 + m_7$$

$$= \overline{\overline{m_1 + m_2 + m_3 + m_5 + m_7}}$$

$$= \overline{\overline{m_1} \cdot \overline{m_2} \cdot \overline{m_3} \cdot \overline{m_5} \cdot \overline{m_7}}$$

(2)比较逻辑函数 Y 与74LS138的输出逻辑函数表达式:设 $A = A_2$、$B = A_1$、$C = A_0$,得

$$Y = \overline{\overline{Y_1} \cdot \overline{Y_2} \cdot \overline{Y_3} \cdot \overline{Y_5} \cdot \overline{Y_7}}$$

(3)画出该逻辑函数的逻辑图,如图5-20所示。

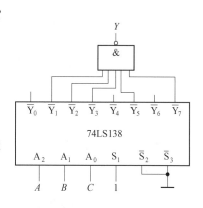

图5-20　例5-4图

(二)二-十进制译码器

二-十进制译码器就是将某种二-十进制代码(BCD 码)变换为相应的十进制数码的组合逻辑电路,又称 4 线-10 线译码器。其输入是 BCD 码,为四个输入端 A_3、A_2、A_1、A_0,$A_3A_2A_1A_0$ = 0000 ~ 1001;输出是与 10 个十进制数码相对应的 10 个信号,用 $\overline{Y_0}$ ~ $\overline{Y_9}$ 表示,输出低电平有效。常用的有 74LS42、74LS145、74HC42 等。74LS42 的逻辑符号如图 5-21 所示,真值表见表 5-14。当 $A_3A_2A_1A_0$ = 1010 ~ 1111 时,输出全是 1,称伪码。

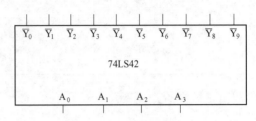

图 5-21　74LS42 的逻辑符号

表 5-14

十进制数	输　　入				输　　　　出									
	A_2	A_2	A_1	A_0	$\overline{Y_0}$	$\overline{Y_1}$	$\overline{Y_2}$	$\overline{Y_3}$	$\overline{Y_4}$	$\overline{Y_5}$	$\overline{Y_6}$	$\overline{Y_7}$	$\overline{Y_8}$	$\overline{Y_9}$
0	0	0	0	0	0	1	1	1	1	1	1	1	1	1
1	0	0	0	1	1	0	1	1	1	1	1	1	1	1
2	0	0	1	0	1	1	0	1	1	1	1	1	1	1
3	0	0	1	1	1	1	1	0	1	1	1	1	1	1
4	0	1	0	0	1	1	1	1	0	1	1	1	1	1
5	0	1	0	1	1	1	1	1	1	0	1	1	1	1
6	0	1	1	0	1	1	1	1	1	1	0	1	1	1
7	0	1	1	1	1	1	1	1	1	1	1	0	1	1
8	1	0	0	0	1	1	1	1	1	1	1	1	0	1
9	1	0	0	1	1	1	1	1	1	1	1	1	1	0
无效输入	1	0	1	0	1	1	1	1	1	1	1	1	1	1
	1	0	1	1	1	1	1	1	1	1	1	1	1	1
	1	1	0	0	1	1	1	1	1	1	1	1	1	1
	1	1	0	1	1	1	1	1	1	1	1	1	1	1
	1	1	1	0	1	1	1	1	1	1	1	1	1	1
	1	1	1	1	1	1	1	1	1	1	1	1	1	1

(三)显示译码器

在数字系统中常常需要把二-十进制代码译成十进制数,并驱动数字显示器显示,方便人们观测使用。所以显示译码器由译码器和功率驱动器两部分组成,驱动器与显示器相连接。通常译码器和功率驱动器都集成在一块芯片上。

1. 七段数码显示器

常见的七段数码显示器有半导体数码管(也称 LED 数码管),这种数码管由多个 PN 结封装而成,PN 结正向导通时辐射发光,辐射波长决定发光颜色,通常有红、绿、橙、蓝、黄等颜色。半导体数码管内部有共阳极和共阴极两种接法,例如 BS201 就是一种带有小数点的七段共阴极半导体数码管,一段就是一个 LED,其管脚排列图和内部接线图如图 5-22(a)、(b)所示,全部 LED 的阴极连接在一起,使用时接地,阳极 a、b、c、d、e、f、g、h 接高电平时点亮相应的 LED。如图 5-22(c)、(d)所示为发光二极管的共阳极接法,全部 LED 的阳极连接在一起,使用时接高电平,阴极 a、b、c、d、e、f、g、h 接低电平时点亮相应的 LED。

各段笔划的组合能显示十进制数 0~9 及某些英文字母,如图 5-23 所示。

半导体数码管的优点是工作电压低(1.7~1.9 V),体积小,可靠性高,寿命长(大于一万小时),响应速度快(优于 10 ns),颜色丰富等;缺点是耗电较大,工作电流一般为几毫安至几十毫安。

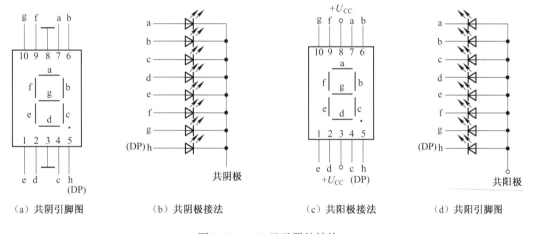

(a)共阴引脚图　　　(b)共阴极接法　　　(c)共阳极接法　　　(d)共阳引脚图

图 5-22　LED 显示器的结构

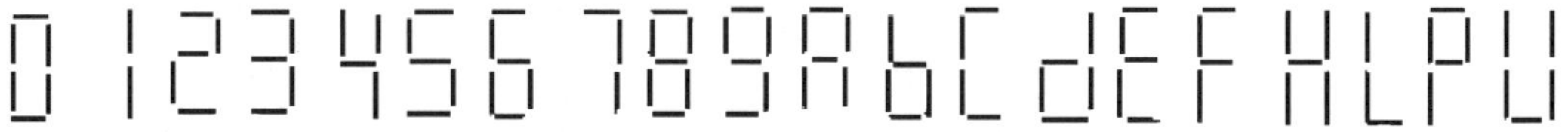

图 5-23　七段数码管显示的数字和英文字母图形

2. 七段显示译码器

七段数码管是利用不同发光段的组合来显示不同的数字和字母图形,因此译码器必须先将需要显示十进制数码译出,然后经驱动器控制对应的某段显示状态。例如,对于 8421BCD 码的 0111 状态,对应的十进制数码是 7,则译码驱动就应使 a、b、c 三段为一种电平,d、e、f、g、h 各段为同一种电平。

74LS48 是中规模集成 BCD 码七段驱动译码器,其管脚排列和逻辑符号如图 5-24 所示,真值表见表5-15。

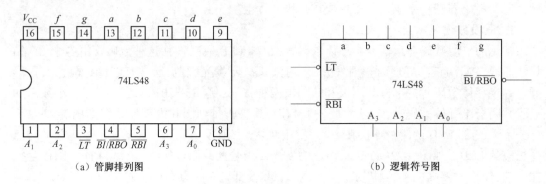

（a）管脚排列图 　　　　　　　　　　（b）逻辑符号图

图 5-24　74LS48 的管脚排列和逻辑符号图

表 5-15

功能	输入						输入/输出	输出							说明
	$\overline{LT}$	$\overline{RBI}$	A_3	A_2	A_1	A_0	$\overline{BI}/\overline{RBO}$	Y_a	Y_b	Y_c	Y_d	Y_e	Y_f	Y_g	
灯测试	0	×	×	×	×	×	1	1	1	1	1	1	1	1	全亮
灭灯	1	×	×	×	×	×	0	0	0	0	0	0	0	0	全灭
灭零	1	0	0	0	0	0	0	0	0	0	0	0	0	0	全灭
0	1	1	0	0	0	0	1	1	1	1	1	1	1	0	显示 0
1	1	×	0	0	0	1	1	0	1	1	0	0	0	0	显示 1
2	1	×	0	0	1	0	1	1	1	0	1	1	0	1	显示 2
3	1	×	0	0	1	1	1	1	1	1	1	0	0	1	显示 3
4	1	×	0	1	0	0	1	0	1	1	0	0	1	1	显示 4
5	1	×	0	1	0	1	1	1	0	1	1	0	1	1	显示 5
6	1	×	0	1	1	0	1	0	0	1	1	1	1	1	显示 6
7	1	×	0	1	1	1	1	1	1	1	0	0	0	0	显示 7
8	1	×	1	0	0	0	1	1	1	1	1	1	1	1	显示 8
9	1	×	1	0	0	1	1	1	1	1	0	0	1	1	显示 9
10	1	×	1	0	1	0	1	0	0	0	1	1	0	1	无效
11	1	×	1	0	1	1	1	0	0	1	1	0	0	1	无效
12	1	×	1	1	0	0	1	0	1	0	0	0	1	1	无效
13	1	×	1	1	0	1	1	1	0	0	1	0	1	1	无效
14	1	×	1	1	1	0	1	0	0	0	1	1	1	1	无效
15	1	×	1	1	1	1	1	0	0	0	0	0	0	0	无效

（1）$\overline{LT}$——测试灯输入端。$\overline{LT}=0$(低电平有效)且 $\overline{BI}/\overline{RBO}=1$ 时，Y_a-Y_g 输出均为 1，显示器七段应全亮，否则说明显示器件有故障。正常译码显示时，$\overline{LT}$ 应处于高电平，即 $\overline{LT}=1$。

（2）$\overline{RBI}$——灭零输入端。该端的作用是将数码管显示的数字 0 熄灭。当 $\overline{RBI}=0$（低电平有效）、$\overline{LT}=1$ 且 $A_3A_2A_1A_0=0000$ 时，Y_a-Y_g 均输出 0，数码管不显示。

（3）$\overline{BI}/\overline{RBO}$——双重功能端。此端可作为输入信号端又可以作为输出信号端。

①作为输入端时是熄灭信号输入端 $\overline{BI}$，利用 $\overline{BI}$ 端可按照需要控制数码管显示或不显示。当 $\overline{BI}=0$ 时（低电平有效），无论 $A_3A_2A_1A_0$ 状态如何，Y_a-Y_g 均为 0，数码管不显示。

②作为输出端时是灭零输出端 $\overline{RBO}$，当 $\overline{RBI}=0$，且 $A_3A_2A_1A_0=0000$ 时，$\overline{RBO}=0$，用于指示灭零状态。

$\overline{RBO}$ 与 $\overline{RBI}$ 配合使用，可消去混合小数的首位零和无用的尾零。例如一个七位数显示器，要将 008.0300 显示成 8.03，可按图 5-25 连接。

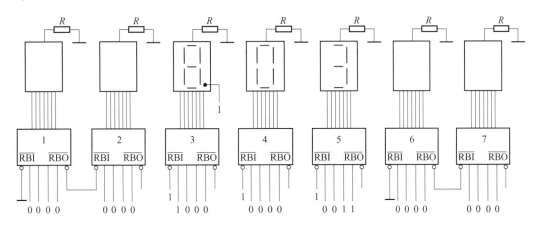

图 5-25　具有灭零控制的七位数码显示系统

对于共阴接法的数码管，还可以采用 CMOS BCD 锁存/7 段译码/驱动器 CD4511。CD4511 的管脚排列图见附录 C（十八），第 5 脚 LE 为数据锁存控制端，$LE=1$ 锁存数据，$LE=0$ 译码。

对于共阳接法的数码管，可以 74LS47 等七段译码驱动器，在相同输入条件下，其输出电平与 74LS48 相反。其管脚排列和逻辑符号如图 5-26 所示。

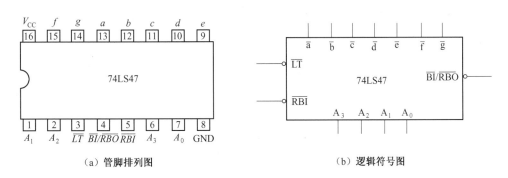

（a）管脚排列图　　　　　　　　（b）逻辑符号图

图 5-26　74LS48 的管脚排列和逻辑符号图

另外,在为半导体数码管选择译码驱动电路时,还需要注意根据半导体数码管工作电流的要求,来选择适当的限流电阻。

项 目 小 结

本项目讲述了组合逻辑电路的特点、分析方法和设计方法,重点介绍了常用的集成组合逻辑器件,如运算器、数据选择器、编码器、译码器等。

组合逻辑电路的基本组成单元是门电路,其特点是电路在任一时刻的输出信号仅取决于当前的输入信号,而与原来状态无关,即“无记忆”功能。

分析组合逻辑电路的方法是根据给定的逻辑电路,写出表达式,说明电路的逻辑功能。组合逻辑电路的设计是根据实际功能要求,设计出一个最佳的逻辑电路,其关键步骤是将实际问题抽象为一个逻辑变量问题,列出其真值表,写出表达式。组合逻辑电路的分析与设计步骤是相逆的。

加法器是构成算术运算器的基本单元,它有半加器和全加器两种。

数据选择器的基本功能是在地址输入信号的控制下,从多个数据输入通道中选取所需的信号,相当于一个智能开关。典型的有四选一 74LS153、八选一 74LS151 数据选择器。它的应用十分广泛,可扩展数据通道、可用于构成组合电路来实现逻辑函数、完成数据并行到串行的转换等。

编码是用一组代码来表示文字、符号等特定信息对象的过程。常采用二进制数作代码,n 位二进制数有 2^n 个代码,可表示 2^n 个信号,即为 2^n 个信号编码。在任一时刻只能对一个输入信号进行编码。常见的编码器有二进制编码器、二-十进制编码器和优先编码器等。普通编码器的输入信号中每次只允许有一个信号有效;而优先编码器的输入信号中每次允许多个信号同时有效,但是只为优先级别最高的输入有效信号编码。

译码是将代码的特定含义“翻译”出来,是编码的逆过程。译码器的种类很多,按照功能可分成三类。

①变量译码器,典型的有 2-4 线 74LS139、3-8 线 74LS138 译码器。

②码制变换译码器,典型的有 4-10 线 BCD-十进制译码器 74LS42。

③显示译码器,常用的显示器件有半导体数码管、液晶显示器等,七段显示译码器74LS48、CD4511 可直接驱动共阴极的 LED 数码管;七段显示译码器 74LS47 可直接驱动共阳极的 LED 数码管。

综 合 习 题

1. 填空题

(1)如果对键盘上 108 个符号进行二进制编码,则至少要_____位二进制数码。

(2)当 10 线-4 线优先编码器 CD40147 的输入端 $I_9 I_8 I_7 I_6 I_5 I_4 I_3 I_2 I_1 I_0 = 0010110001$ 时,则输出编码是_____。

(3)译码器按用途大致分为三大类,即_____译码器、_____译码器和_____译码器。

(4)常用的集成组合逻辑电路器件有_____、_____、_____等。

2. 判断题

(1)组合逻辑电路的基本逻辑单元是门电路,无"记忆"。 （　　）

(2)普通编码器每次只能输入一个有效信号并进行编码。 （　　）

(3)优先编码器只对同时输入的有效信号中的优先级别最高的一个信号编码。（　　）

(4)组合逻辑电路设计与组合逻辑电路分析的步骤是一样的。 （　　）

(5)组合逻辑电路任一时刻的输出只取决于该时刻的输入,无"记忆"功能。 （　　）

(6)编码与译码是互逆的过程。 （　　）

(7)二进制译码器相当于一个最小项发生器,便于实现组合逻辑电路。 （　　）

(8)共阴极的数码管显示器需选用有效输出为高电平的七段显示译码器来驱动。

（　　）

3. 选择题

(1)组成组合逻辑电路的基本单元是_____。

　　A. 场效应管　　　　　　B. 触发器　　　　　　C. 半导体三极管　　　　D. 门电路

(2)一个74LS151八选一数据选择器的数据输入端有_____个。

　　A. 8　　　　　　　　　B. 2　　　　　　　　　C. 3　　　　　　　　　D. 4

(3)74LS153四选一数据选择器的地址输入信号有_____个。

　　A. 4　　　　　　　　　B. 3　　　　　　　　　C. 8　　　　　　　　　D. 2

(4)一个16选1的数据选择器,其地址输入端有_____个。

　　A. 1　　　　　　　　　B. 2　　　　　　　　　C. 4　　　　　　　　　D. 16

(5)若在编码器中有62个编码对象,则要求输出二进制代码位数为_____位。

　　A. 5　　　　　　　　　B. 50　　　　　　　　　C. 10　　　　　　　　　D. 6

(6)十进制数码6的8421BCD码的编码为_____。

　　A. 0110　　　　　　　　B. 1000　　　　　　　　C. 0111　　　　　　　　D. 不确定

(7)下列逻辑电路中不是组合逻辑电路的是_____。

　　A. 加法器　　　　　　B. 数据选择器　　　　C. 译码器　　　　　　　D. 寄存器

4. 分析回答

(1)组合逻辑电路在逻辑功能和电路结构上有什么特点?

(2)组合逻辑电路如图5-27所示,试写出输出逻辑函数表达式,列出真值表,分析电路的逻辑功能。

(3)组合逻辑电路的设计步骤是什么?

(4)全加器和半加器的区别是什么?

(5)数据选择器的基本功能是什么?

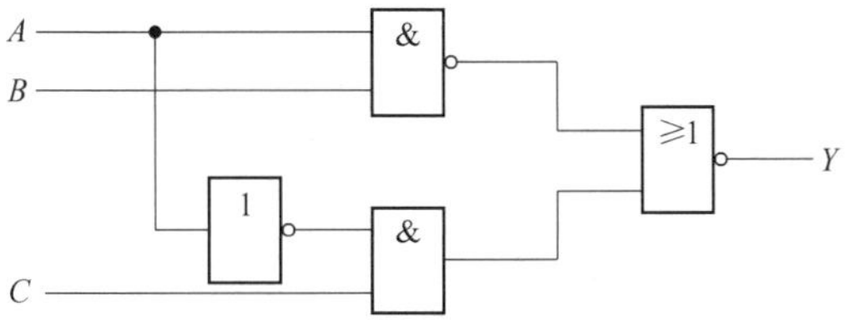

图 5-27　题4-(2)图

(6)试用四选一数据选择器74LS153实现逻辑函数：$Y(A,B,C)=\Sigma m(1,2,5,6)$

(7)什么是编码？什么是编码器？

(8)什么是译码？译码器有哪些类型？

(9)二线-四线译码器74LS139组成的电路如图5-28所示，试填写表5-16。

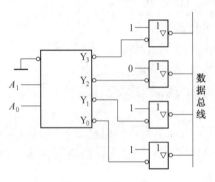

图5-28　题4-9图

表5-16

A_1	A_0	总线上的数据
1	1	
1	0	
0	1	
0	0	

5. 分析设计

(1)举重裁判电路。要求：举重比赛有三个裁判，一个主裁判，两个副裁判。杠铃完全举起的裁决由每个裁判按下自己面前的按钮来决定，只有两个以上（含两个）的裁判（其中必有主裁判）判明成功时，表明成功的灯亮有效。试列出真值表，写出并化简逻辑表达式，画出用74LS151、74LS138及门电路实现的逻辑图。

(2)设计一个三输入变量的判奇电路。当三个输入变量中有奇数个变量为1时，其输出为1，否则为0。试列出真值表，写出并化简逻辑表达式，画出用74LS151、74LS138及门电路实现的逻辑图。

(3)设计一个火灾报警器。火灾报警系统内部设有烟感、温感和红外光感三种不同类型的火灾探测器。为了防止误报警，要求只有当其中两种或两种以上的探测器发出火灾检测信号时，报警系统才会发出报警信号。试列出真值表，写出并化简逻辑表达式，画出用74LS151、74LS138及门电路实现的逻辑图。

(4)设计一个指示灯的控制电路。某车间有 A、B、C 三台电动机，要求：A 机必须开机；B 机和 C 机中至少有一台开机。如果满足上述要求，则指示灯亮为1；电动机开机信号有输入为1，无输入为0。试列出真值表，写出并化简逻辑表达式，画出用74LS151、74LS138及门电路实现的逻辑图。

(5)设计一个十字路口直行红、绿、黄三色交通灯故障报警电路。要求三色交通信号灯发生故障，输出为 1 报警。试列出真值表，写出并化简逻辑表达式，画出用 74LS151、74LS138及门电路实现的逻辑图。

(6)试用两片 8 选 1 构成一个 16 选 1 的数据选择器。

6. 分析故障

(1)某同学用数据选择器 74LS153 接成如图 5-29 所示实验电路，现在输出 Y 是什么状态？试说明理由。

（2）74LS138 的逻辑符号如图 5-30 所示，若在使用时不论 $A_2A_1A_0$ 输入什么状态，输出始终为 $Y=0$，试分析可能是什么原因？

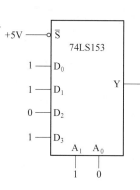

图 5-29　题 6-（1）图

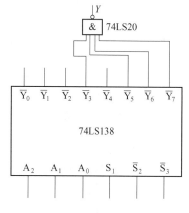

图 5-30　题 6-（2）图

项目六 时序逻辑电路的基本设计 与制作测试

 能力目标

1. 能简单识别、检测常用集成触发器。
2. 能使用常用集成时序逻辑器件设计时序逻辑电路。
3. 能查找时序逻辑电路的常见故障。

知识目标

掌握常用触发器的逻辑符号、逻辑功能,熟悉常用集成触发器的型号与应用;掌握同步、异步控制的特点;掌握数码寄存器的逻辑功能与应用,掌握移位寄存器的基本原理,熟悉集成双向移位寄存器 74LS194 的逻辑功能与应用;了解二进制计数器的基本原理,掌握集成十进制计数器 74LS192 的逻辑功能与应用,具体工作任务见表 6-1。

表 6-1 项目六工作任务单

序号	任 务
1	小组制订工作计划,明确工作任务
2	分析移位计数显示电路功能框图,明确电路结构,画出定时显示电路逻辑图
3	确定所用器件,列出材料清单
4	画出布线图。检测元器件功能,根据布线图制作移位计数显示电路
5	完成对电路功能的测试
6	小组讨论总结并编写项目报告

(一)目标
1. 熟悉常用集成时序逻辑电路器件的功能。
2. 掌握用集成时序逻辑电路器件实现时序逻辑电路的方法。
3. 学习电路的故障分析与处理。
4. 培养良好的操作习惯,提高职业素质。

（二）器材

所用器材见表6-2。

表6-2 实训器材清单

器材名称	规格型号	电路符号	数量
数字实验箱	TPE-D2		1
数字万用表	VC890C+		1
尖镊子			1
导线			若干
集成门	74LS02、74LS04、74LS08	G	各1
集成时序逻辑电路器件	74LS194、74LS192		各1
集成组合逻辑电路器件	CD4511		1

（三）原理与说明

电路一边移位一边计数显示，当移位寄存器恢复初始状态时，计数器进位，然后重新开始新一轮移位计数显示。电路框图如图6-1所示。

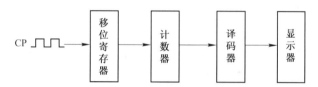

图6-1 移位计数显示电路基本结构框图

1. 移位寄存器

选用集成双向移位寄存器74LS194构成任意移位电路。

2. 计数器

选用集成十进制可逆计数器74LS192构成10以内任意N进制计数器。

3. 译码器

选用CD4511构成显示译码器，驱动数码管显示数字。

4. 显示器

选用共阴极半导体数码管，在译码器驱动下显示十进制数码。

（四）电路安装与调试

1. 扭环形移位寄存器电路的安装与调试

（1）扭环形移位寄存器逻辑电路如图6-2所示。

（2）按图接线，先清零，再使清零端$\overline{C_r}=1$，电路开始扭环形移位。当第8个CP到来时，$Q_AQ_BQ_CQ_D=0000$，恢复初始状态。列出电路的状态转换表。

2. 8进制加法计数译码显示电路的安装与调试

（1）8进制加法计数译码显示电路如图6-3所示。

（2）按图接线，清零，再将清零端CR接至与门的输出端，电路开始计数。当第8个CP到来时，计数器进位，数码管显示0。列出电路的状态转换表。

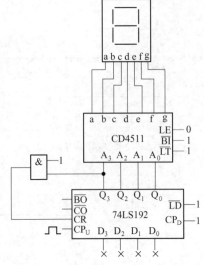

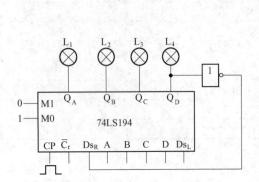

图 6-2　扭环形移位寄存器逻辑电路图

图 6-3　8 进制计数译码显示逻辑电路图

3. 移位计数显示电路的安装与调试

（1）移位计数显示电路如图 6-4 所示。

（2）按图接线，先使 $\overline{C_r}=0$，74LS194 和 74LS192 同时清零。再使 $\overline{C_r}=1$，开始移位计数显示。当移位寄存器恢复初始状态时，计数器进位，然后重新开始新一轮移位计数显示。列出电路的状态转换表。

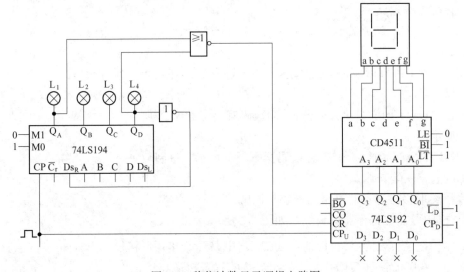

图 6-4　移位计数显示逻辑电路图

 思考

1. 如图 6-4 所示，设备器材均正常，如果 74LS194 的 $L_1 \sim L_4$ 四个灯全亮，且数码管一直显示 0,可能是什么原因?

　　2. 如果数码管只显示 0、2、4、6,可能是什么原因?

　　3. 如果数码管只显示 1、3、5、7,可能是什么原因?

　　4. 如果数码管显示到 9 才翻转回 0,可能是什么原因?

 实训考核

项目	步骤	分数	序号	考核内容及评分标准	配分	扣分	得分	备注
N进制计数器的基本制作与调试	电路设计	10	1	用 74LS192 和 74LS08 实现 6 进制加法计数器(清零复位法)。控制及输入线每错一根扣 1 分,与门错误扣 3 分,计数进制接线错误扣 2 分。直至扣完为止	5			
			2	绘制数码管及 CD4511 逻辑图,控制管脚每错一个扣 2 分,数码管与 CD4511 输出接线每错一根扣 1 分。直至扣完为止	5			
	电路连接及测试	60	3	确认元件选择。元件错误一个扣 2 分	5			
			4	正确连接电路。连线错误一处扣 2 分,直至扣完为止	20			
			5	实现电路功能。能实现部分功能,酌情给分	25			
			6	单脉冲下或连续脉冲下计数电路测试,接线错误扣 5 分	5			
			7	正确使用万用表进行电路测试。要求保留小数点后两位,每错一处扣 2 分。万用表操作不规范扣 5 分。直至扣完为止	5			
	回答	10	8	原因描述合理	10			
	整理	10	9	规范操作,不可带电插拔元器件,错误一次扣 5 分	5			
			10	正确穿戴,文明作业,违反规定,每处扣 2 分	2			
			11	操作台整理,测试合格应正确复位仪器仪表,保持工作台整洁,每处扣 3 分	3			
时限		10		时限为 45min,每超 1min 扣 1 分	10			
合计					100			

　　注意:操作中出现各种人为损坏,考核成绩不合格者按照学校相关规定赔偿。

知识链接

　　数字电路分为组合逻辑电路和时序逻辑电路两大类。时序逻辑电路的特点是:任意时刻的输出状态不仅取决于该时刻的输入信号,还与电路原来的输出状态有关,即时序逻辑电路具有记忆功能,时序逻辑电路的基本单元是具有记忆功能的触发器。组合逻辑电路无记忆功能,其基本单元是门电路。

模块 1　集成触发器的识别与检测

　　触发器是能存储一位二进制数 0 或 1 的基本单元电路。触发器有两个稳定状态,分别用来表示逻辑 1 和逻辑 0。一般规定 Q 端的状态为触发器的输出状态：$Q=1(\overline{Q}=0)$ 时称触发器为 1 状态；$Q=0(\overline{Q}=1)$ 时称触发器为 0 状态。在输入信号作用下，触发器的两个稳定状态可以相互转换（称为翻转），当输入信号消失后，电路能将新建立的状态保持下来，这种电路也称为双稳态电路。

触发器种类较多，按电路结构形式分：有基本 RS 触发器、同步触发器、主从触发器和维持阻塞触发器、边沿触发器等。

按逻辑功能分：有 RS 触发器、JK 触发器、D 触发器、T 触发器、T′触发器。

按触发方式分：有电平触发器、主从触发器和边沿触发器。

按器件类型分：有双极型（TTL）触发器和单极型（CMOS）触发器。

 知识点一　基本 RS 触发器

（一）电路组成与逻辑符号

基本 RS 触发器是结构最简单的一种触发器，是各种复杂触发器的基本组成单元。图 6-5(a) 所示电路是由两个与非门交叉反馈连接成的基本 RS 触发器。$\overline{S}$、$\overline{R}$ 是两个信号输入端，"非号"表示输入信号低电平有效。Q、$\overline{Q}$ 为两个互补的信号输出端，通常规定以 Q 端的状态作为触发器状态。如图 6-5(b) 所示是基本 RS

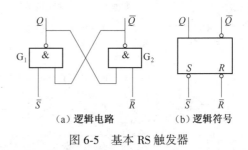

(a) 逻辑电路　　(b) 逻辑符号

图 6-5　基本 RS 触发器

触发器的逻辑符号，$\overline{S}$、$\overline{R}$ 端的小圆圈也表示输入信号为低电平有效。

（二）逻辑功能

1. 逻辑功能分析

(1) 当 $\overline{S}=\overline{R}=0$ 时，$Q=\overline{Q}=1$。这破坏了 Q 和 $\overline{Q}$ 的互补关系，对于触发器来说，是一种不正常状态，如果随后 $\overline{S}$ 和 $\overline{R}$ 同时返回 1，则触发器的状态均要向 0 转变，究竟哪个为 0 或为 1 是不确定的，故称为"不定"状态。为此，在正常情况下，$\overline{S}$ 和 $\overline{R}$ 应遵守 $\overline{S}+\overline{R}=1(R\cdot S=0)$ 的约束条件，不允许 $\overline{S}=\overline{R}=0$ 的情况出现。

(2) 当 $\overline{S}=0$、$\overline{R}=1$ 时，$\overline{S}=0$ 使与非门 G_1 的输出端 $Q=1$，与非门 G_2 的输入全为 1，$\overline{Q}=0$。输出 $Q=1$、$\overline{Q}=0$ 称为触发器的"1 态"。由于是 $\overline{S}$ 端加入有效的低电平使触发器置 1，故称 $\overline{S}$ 端为置 1 端或置位端。

(3) 当 $\overline{S}=1$、$\overline{R}=0$ 时，$\overline{R}=0$ 使与非门 G_2 的输出端 $\overline{Q}=1$，与非门 G_1 的输入全为 1，$Q=0$。输出 $Q=0$、$\overline{Q}=1$ 称为触发器的"0 态"。由于是 $\overline{R}$ 端加入有效的低电平使触发器置 0，故称 $\overline{R}$ 端为置 0 端或复位端。

（4）当 $\overline{S}=\overline{R}=1$ 时，电路维持原来的状态不变。如果原来 $Q=1$、$\overline{Q}=0$，与非门 G_1 由于 $\overline{Q}=0$ 而输出 $Q=1$，与非门 G_2 则因输入全部为 1 而使输出 $\overline{Q}=0$。如果原来 $Q=0$、$\overline{Q}=1$，与非门 G_2 由于 $Q=0$ 而输出 $\overline{Q}=1$，与非门 G_1 则因输入全部为 1 而使输出 $Q=0$。

2. 逻辑功能的描述

在描述触发器的逻辑功能时，我们规定：触发器在接收新的输入信号之前的原稳定状态称为初态，用 Q^n 表示；触发器在接收输入信号之后建立的新稳定状态叫做次态，用 Q^{n+1} 表示。触发器的次态 Q^{n+1} 由输入信号和初态 Q^n 的取值情况决定。触发器的逻辑功能常用以下几种方法描述。

（1）用真值表描述逻辑功能

基本 RS 触发器的真值表见表 6-3。

表 6-3

输　　入			输　出	逻辑功能
$\overline{S}(S)$	$\overline{R}(R)$	Q^n	Q^{n+1}	
0(1)	0(1)	0	×	不定
0(1)	0(1)	1	×	
0(1)	1(0)	0	1	置1
0(1)	1(0)	1	1	
1(0)	0(1)	0(0)	0(1)	置0
1(0)	0(1)	1	0	
1(0)	1(0)	0	0	保持
1(0)	1(0)	1	1	

（2）用特征方程描述逻辑功能

描述触发器逻辑功能的函数表达式称为特征方程。由表 6-3 可写出逻辑表达式为

$$Q^{n+1} = \overline{S} \cdot \overline{R} \cdot Q^n + S \cdot \overline{R} \cdot \overline{Q^n} + S \cdot \overline{R} \cdot Q^n$$

如图 6-6 所示，用卡诺图化简得

$$\begin{cases} Q^{n+1} = S + \overline{R}\, Q^n \\ R \cdot S = 0(\text{约束条件}) \end{cases} \quad (6\text{-}1)$$

（3）用时序图（波形图）描述逻辑功能

波形图能够更形象地反映基本 RS 触发器的逻辑功能，如图 6-7 所示。

基本 RS 触发器还可以用或非门构成，其逻辑电路与逻辑符号如图 6-8 所示，其输入信号高电平有效。真值表见表 6-4。

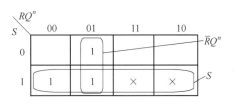

图 6-6　基本 RS 触发器次态卡诺图

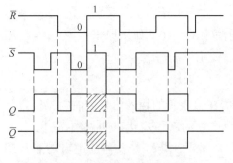

图 6-7　基本 RS 触发器时序图

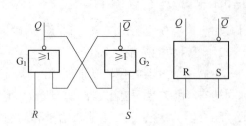

图 6-8　或非门构成的基本 RS 触发器

表 6-4

输　入			输　出	逻辑功能
R	S	Q^n	Q^{n+1}	
0	0	0	0	保持
0	0	1	1	
0	1	0	1	置1(同 S)
0	1	1	1	
1	0	0	0	置0(同 S)
1	0	1	0	
1	1	0	×	不定
1	1	1	×	

 知识点二　引入时钟脉冲控制的各种触发器

(一)时钟脉冲的触发控制方式

　　基本 RS 触发器的输出状态由触发信号直接控制,一旦输入信号发生变化,其输出状态也随之改变。实际应用时,常常要求触发器的状态只在某一指定时刻变化,这个指定时刻可以由时钟脉冲(Clock Pulse,简称 CP)来决定。由同步的时钟脉冲控制的触发器称为同步触发器(或称钟控触发器)。CP 的一个周期可以分为低电平、高电平两个时间段,以及上升沿、下降沿两个脉冲跳变时刻,因此 CP 触发的方式可以分为电平触发方式和边沿触发方式(下降沿或上升沿触发)。

　　如图 6-9 所示为时钟脉冲一个周期的有效时段。图 6-10 为 CP 有效触发的逻辑符号表示。

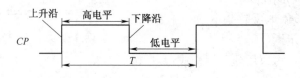

图 6-9　CP 的有效时段图

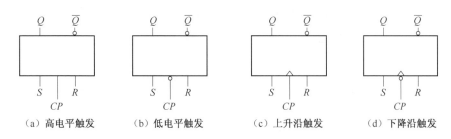

（a）高电平触发　　（b）低电平触发　　（c）上升沿触发　　（d）下降沿触发

图 6-10　CP 有效触发的逻辑符号表示

（二）引入 CP 控制的 RS 触发器

1. 同步 RS 触发器

1）电路组成与逻辑符号

同步 RS 触发器是同步触发器中最简单的一种,其逻辑电路和逻辑符号如图 6-11 所示。图中在 G_1、G_2 组成的基本 RS 触发器的基础上,增加了两个输入控制门 G_3、G_4,来实现时钟脉冲 CP 对输入端 R、S 的控制。

2）逻辑功能

（1）逻辑功能分析

① 在 $CP = 0$ 期间,G_3、G_4 被封锁,$Q_3 = Q_4 = 1$,基本 RS 触发器保持原状态不变。

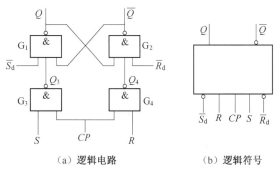

（a）逻辑电路　　　　（b）逻辑符号

图 6-11　同步 RS 触发器

② 在 $CP = 1$ 期间,G_3、G_4 解除封锁,将输入信号 R、S 导引进来,同时 $Q_3 = \overline{S}$,$Q_4 = \overline{R}$,触发器按基本 RS 触发器的逻辑功能进行变化。

③ 预置触发器的初始状态:实际使用时,常常需要在 CP 到来之前预先将触发器设置成某种状态,为此,在同步 RS 触发器中设置了直接置位端 $\overline{S_d}$ 和直接复位端 $\overline{R_d}$,当 $\overline{S_d}$ 有效时,立即置 $Q = 1$,与 CP 无关;同样当 $\overline{R_d}$ 有效时,立即置 $Q = 0$,也与 CP 无关。$\overline{S_d}$ 又称异步置位端,$\overline{R_d}$ 又称异步复位端。初始状态设置完毕,应使 $\overline{S_d}$ 和 $\overline{R_d}$ 处于高电平无效,触发器才能正常工作。

（2）逻辑功能的描述

① 用真值表描述逻辑功能图。同步 RS 触发器的真值表见表 6-5。CP 高电平触发方式,输入信号 R、S 高电平有效。

② 用特征方程描述逻辑功能。在 $CP = 1$ 期间,同步 RS 触发器的特征方程与基本 RS 触发器相同,见式(6-1)。

③ 用时序图（波形图）描述逻辑功能。同步 RS 触发器的波形图如图 6-12 所示。

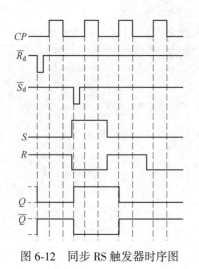

图 6-12 同步 RS 触发器时序图

表 6-5

CP	$\overline{S}_d$	$\overline{R}_d$	S	R	Q^n	Q^{n+1}	逻辑功能
×	0	1	0	1	×	0	直接置1
×	1	0	1	0	×	1	直接置0
1	1	1	0	0	0	0	保持
1	1	1	0	0	1	1	
1	1	1	0	1	0	0	置0
1	1	1	0	1	1	0	(同 S)
1	1	1	1	0	0	1	置1
1	1	1	1	0	1	1	(同 S)
1	1	1	1	1	0	×	不定
1	1	1	1	1	1	×	

3）同步 RS 触发器的空翻问题

CP 高电平期间有效的同步 RS 触发器,要求在 $CP=1$ 期间输入信号 R、S 保持不变,如果 R、S 发生了变化,比如受到外界干扰,可能会引起触发器状态的相应翻转,从而失去同步的意义。在 CP 一个周期内,触发器的状态发生两次及两次以上翻转的现象,称为"空翻",如图 6-13 所示。"空翻"现象是同步型触发器的主要缺点。

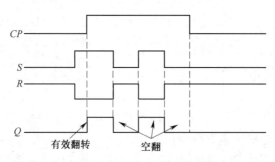

图 6-13 同步 RS 触发器的空翻现象

2. 主从 RS 触发器

CP 电平触发方式引起的触发器的空翻现象,限制了触发器的应用。为了解决同步 RS 触发器的空翻现象,引入主从 RS 触发器。

1）电路组成与逻辑符号

主从 RS 触发器逻辑电路和逻辑符号如图 6-14 所示,逻辑符号输出端加"┐"表示延迟输出。图中主从 RS 触发器由两个同步 RS 触发器组成,主触发器接收 R、S 输入信号,从触发器接收主触发器的输出信号。

2）逻辑功能

（1）逻辑功能分析

①在 $CP=1$ 期间,主触发器按同步 RS 触发器的逻辑功能进行变化,从触发器被封锁,

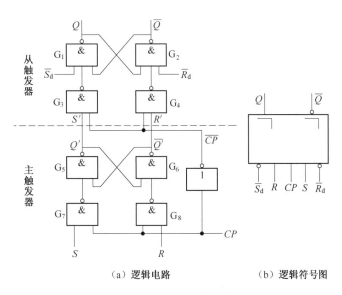

（a）逻辑电路　　　　　　（b）逻辑符号图

图 6-14　主从 RS 触发器

状态保持不变。

②在 $CP=1\rightarrow0$ 时刻，即 CP 下降沿到来的瞬间，主触发器被封锁，其输出 Q' 保持不变；而从触发器解除封锁，将主触发器的输出状态引入后传到输出。

也就是说，对整个电路而言，$CP=1$ 时主触发器接收 R、S 输入信号，为从触发器复制状态做准备，到 CP 下降沿时刻从触发器将复制的主触发器的状态输出。这种主、从触发器的两步隔离工作，有效地防止了空翻现象。

（2）逻辑功能的描述

①用真值表描述逻辑功能。主从 RS 触发器的真值表见表 6-6。CP 下降沿触发方式，输入信号 R、S 高电平有效。

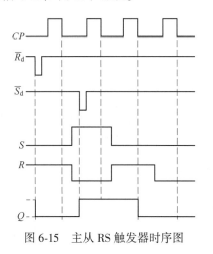

图 6-15　主从 RS 触发器时序图

表 6-6

CP	$\overline{S_d}$	$\overline{R_d}$	S	R	Q^n	Q^{n+1}	逻辑功能
×	0	1	0	1	×	1	直接置 1
×	1	0	1	0	×	0	直接置 0
↓	1	1	0	0	0	0	保持
↓	1	1	0	0	1	1	
↓	1	1	0	1	0	0	置 0 （同 S）
↓	1	1	0	1	1	0	
↓	1	1	1	0	0	1	置 1 （同 S）
↓	1	1	1	0	1	1	
↓	1	1	1	1	0	×	不定
↓	1	1	1	1	1	×	

②用特征方程描述逻辑功能。在 CP 下降沿时刻，主从 RS 触发器的特征方程与基本 RS 触发器相同，见式(6-1)。

③用时序图(波形图)描述逻辑功能。主从 RS 触发器的波形图如图 6-15 所示。

主从触发器的问题在于主触发器仍然是一个同步 RS 触发器，仍然要求在 $CP=1$ 期间，输入信号 R、S 保持不变，以保证一次性翻转。所以，要彻底避免空翻现象，目前大多采用边沿触发器。

(三) JK 触发器

将 RS 触发器逻辑电路中的输出交叉引回到输入，同时使 $S=J \cdot \overline{Q^n}$、$R=KQ^n$，便构成了 JK 触发器。JK 触发器解决了 RS 触发器逻辑功能的"不定"状态，是一种功能完善，应用广泛的触发器。JK 触发器按电路结构的不同，分为同步 JK 触发器、主从 JK 触发器和边沿 JK 触发器。

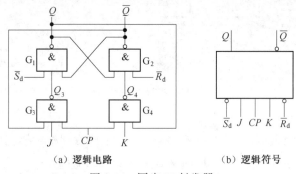

(a) 逻辑电路　　　　　(b) 逻辑符号

图 6-16　同步 JK 触发器

1. 同步 JK 触发器

1)电路组成与逻辑符号：

同步 JK 触发器的逻辑电路和逻辑符号如图 6-16 所示。

2)逻辑功能

(1)逻辑功能分析

①在 $CP=0$ 期间，触发器保持原状态不变。

②在 $CP=1$ 期间，G_3、G_4 解除封锁。

设触发器原状态 $Q^n=0(\overline{Q^n}=1)$：

当 $J=0$、$K=0$ 时，$Q_3=Q_4=1$，触发器 $Q^{n+1}=Q^n=0$；

当 $J=0$、$K=1$ 时，因 $Q^n=0$、$\overline{Q^n}=1$，故 $S=J \cdot \overline{Q^n}=0$、$R=KQ^n=0$，触发器 $Q^{n+1}=Q^n=0$；

当 $J=1$、$K=0$ 时，因 $Q^n=0$、$\overline{Q^n}=1$，故 $S=J \cdot \overline{Q^n}=1$、$R=KQ^n=0$，触发器 $Q^{n+1}=S=1$；

当 $J=1$、$K=1$ 时，因 $Q^n=0$、$\overline{Q^n}=1$，故 $S=J \cdot \overline{Q^n}=1$、$R=KQ^n=0$，触发器 $Q^{n+1}=S=1$。

设触发器原状态 $Q^n=1$：

当 $J=0$、$K=0$ 时，$Q_3=Q_4=1$，触发器 $Q^{n+1}=Q^n=1$；

当 $J=0$、$K=1$ 时，因 $Q^n=1$、$\overline{Q^n}=0$，故 $S=J \cdot \overline{Q^n}=0$、$R=KQ^n=1$，触发器 $Q^{n+1}=\overline{S}=0$；

当 $J=1$、$K=0$ 时，因 $Q^n=1$、$\overline{Q^n}=0$，故 $S=J \cdot \overline{Q^n}=0$、$R=KQ^n=0$，触发器 $Q^{n+1}=\overline{S}=1$；

当 $J=1$、$K=1$ 时,因 $Q^n=1$、$\overline{Q^n}=0$,故 $S=J\cdot\overline{Q^n}=0$、$R=KQ^n=1$,触发器 $Q^{n+1}=S=0$。
可见,JK 触发器消除了逻辑功能"不定"状态。

(2)逻辑功能的描述

① 用真值表描述逻辑功能。同步 JK 触发器的真值表见表 6-7,CP 高电平触发方式。

② 用特征方程描述逻辑功能。

将 $S=J\cdot\overline{Q^n}$、$R=KQ^n$ 代入 RS 触发器的特征方程 $Q^{n+1}=S+\overline{R}Q^n$,即得

$$Q^{n+1}=J\cdot\overline{Q^n}+\overline{KQ^n}\,Q^n=J\cdot\overline{Q^n}+(\overline{K}+\overline{Q^n})Q^n=J\cdot\overline{Q^n}+\overline{K}\cdot Q^n \qquad (6\text{-}2)$$

③用时序图(波形图)描述逻辑功能。同步 JK 触发器的波形图如图 6-17 所示。

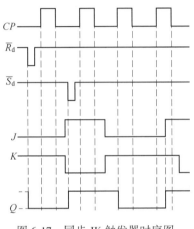

图 6-17　同步 JK 触发器时序图

表 6-7

CP	输入		输出	逻辑功能
	J	K	Q^n	Q^{n+1}	
1	0	0	0	0	保持
1	0	0	1	1	
1	0	1	0	0	置0(同 J)
1	0	1	1	0	
1	1	0	0	1	置1(同 J)
1	1	0	1	1	
1	1	1	0	1	计数(翻转)
1	1	1	1	0	

2. 主从 JK 触发器

1)电路组成与逻辑符号

主从 JK 触发器的逻辑电路和逻辑符号如图 6-18 所示。

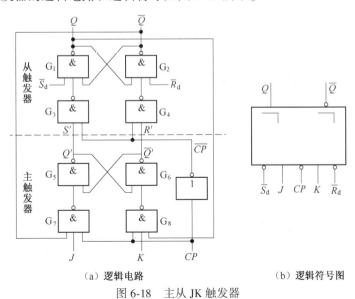

（a）逻辑电路　　　　（b）逻辑符号图

图 6-18　主从 JK 触发器

2）逻辑功能

（1）逻辑功能分析

在 $CP=1$ 期间，J、K 输入信号存入主触发器，从触发器状态不变；CP 下降沿道路时刻，主触发器的状态传到从触发器输出，主触发器状态不变。主从 JK 触发器能有效防止空翻现象。

（2）逻辑功能的描述

①用真值表描述逻辑功能。主从 JK 触发器的真值表见表 6-8，CP 下降沿触发方式。

②用特征方程描述逻辑功能。在 CP 下降沿时刻，主从 JK 触发器的特征方程与同步 JK 触发器相同，见式（6-2）。

③用时序图（波形图）描述逻辑功能。主从 JK 触发器的波形图如图 6-19 所示。

表 6-8

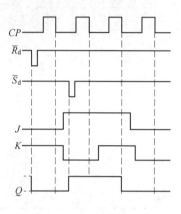

图 6-19　主从 JK 触发器时序图

CP	输入			输出	逻辑功能
	J	K	Q^n	Q^{n+1}	
↓	0	0	0	0	保持
↓	0	0	1	1	
↓	0	1	0	0	置0（同 J）
↓	0	1	1	0	
↓	1	0	0	1	置1（同 J）
↓	1	0	1	1	
↓	1	1	0	1	计数（翻转）
↓	1	1	1	0	

3. 边沿 JK 触发器

边沿 JK 触发器既能彻底解决"空翻"，又能具有"保持、置0、置1、计数"全功能。其逻辑符号如图 6-20 所示。逻辑符号加"^"表示 CP 上边沿触发或下边沿触发。图 6-20（a）、（b）中的 $\overline{S}_D$、$\overline{R}_D$ 都是低电平有效。图 6-20（c）、（d）中的 $\overline{S}_D$、$\overline{R}_D$ 都是高电平有效。图 6-20 四个图的逻辑功能完全相同。

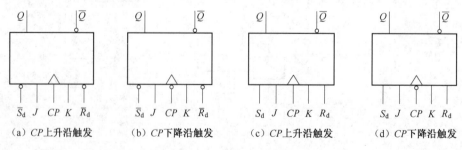

（a）CP 上升沿触发　　（b）CP 下降沿触发　　（c）CP 上升沿触发　　（d）CP 下降沿触发

图 6-20　边沿 JK 触发器

(四)D 触发器

1. 同步 D 触发器

1)电路组成与逻辑符号

同步 D 触发器又称 D 锁存器,其逻辑图和逻辑符号如图 6-21 所示。同步 D 触发器只有一个输入信号 D 和一个 CP 输入端,也可以设置直接置位端和直接复位端。

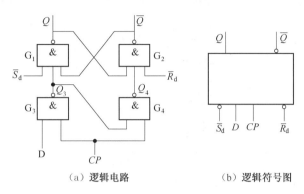

（a）逻辑电路　　　　　　（b）逻辑符号图

图 6-21　同步 D 触发器(D 锁存器)

2)逻辑功能

(1)逻辑功能分析

当 $CP=0$ 时,触发器状态保持不变;

当 $CP=1$ 期间:若 $D=0$,$Q_3=1$ 使 $Q_4=0$,又因为 $Q_3=\bar{S}$、$Q_4=\bar{R}$,此时 $\bar{R}$ 有效,触发器被置 0;若 $D=1$,$Q_3=0$ 使 $Q_4=1$,又因为 $Q_3=\bar{S}$、$Q_4=\bar{R}$,此时 $\bar{S}$ 有效,触发器被置 1。

(2)逻辑功能的描述

①用真值表描述逻辑功能。同步 D 触发器的真值表见表 6-9,CP 高电平触发方式。

②用特征方程描述逻辑功能。由表 6-9 可写出逻辑表达式为

$$Q^{n+1} = D \cdot \overline{Q^n} + D \cdot Q^n = D \tag{6-3}$$

③用时序图(波形图)描述逻辑功能。同步 D 触发器的波形图如图 6-22 所示。

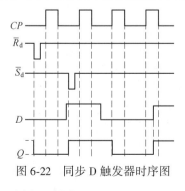

图 6-22　同步 D 触发器时序图

表 6-9　真值表

CP	输入		输出	逻辑功能
	D	Q^n	Q^{n+1}	
1	0	0	0	置 0(同 D)
1	0	1	0	
1	1	0	1	置 1(同 D)
1	1	1	1	

2. 边沿 D 触发器

边沿 D 触发器克服了"空翻",还具有 D 触发器的"置 0、置 1"功能。其逻辑符号如图

6-23 所示。

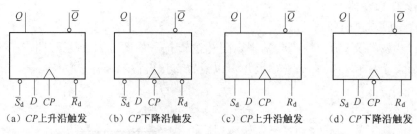

（a）CP上升沿触发　　（b）CP下降沿触发　　（c）CP上升沿触发　　（d）CP下降沿触发

图 6-23　边沿 D 触发器

边沿 D 触发器的时序图如图 6-24 所示。

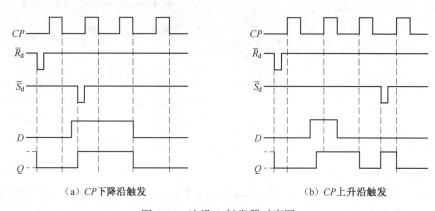

（a）CP下降沿触发　　　　　　　　（b）CP上升沿触发

图 6-24　边沿 D 触发器时序图

💡 知识点三　触发器的逻辑功能转换

目前生产的 CP 控制触发器定型产品多为 JK、D 触发器，为了得到其他功能的触发器，可将 JK、D 触发器通过适当连线和附加门电路来实现，这便是触发器的逻辑功能转换。

1. JK 触发器转换成 D 触发器

JK 触发器的特性方程为　　$Q^{n+1} = J \cdot \overline{Q^n} + \overline{K} \cdot Q^n$

D 触发器的特性方程为　　$Q^{n+1} = D$

将 JK 触发器转换成 D 触发器，即是

$$Q^{n+1} = J \cdot \overline{Q^n} + \overline{K} \cdot Q^n = D = D(Q^n + \overline{Q^n}) = D\overline{Q^n} + DQ^n)$$

令 $J = D$、$K = \overline{D}$，即可将 JK 触发器转换成 D 触发器，如图 6-25 所示。

2. JK 触发器转换成 T 触发器

T 触发器的逻辑功能是：当 $T = 0$ 时，$Q^{n+1} = Q^n$，"保持"功能；当 $T = 1$ 时，$Q^{n+1} = \overline{Q^n}$，"计数"功能。其特性方程为

$$Q^{n+1} = T \cdot \overline{Q^n} + \overline{T} \cdot Q^n \tag{6-4}$$

将 JK 触发器转换成 D 触发器,即是 $Q^{n+1} = J \cdot \overline{Q^n} + \overline{K} \cdot Q^n = T \cdot \overline{Q^n} + \overline{T} \cdot Q^n$

令 $J = K = T$,即可将 JK 触发器转换成 T 触发器,如图 6-26 所示。

3. JK 触发器转换成 T′触发器

T′触发器的逻辑功能是"计数"功能,其特性方程为

$$Q^{n+1} = \overline{Q^n} \tag{6-5}$$

令 $J = K = 1$,即可将 JK 触发器转换成 T 触发器,如图 6-27 所示。

4. D 触发器转换成 T′触发器

将 D 触发器转换成 T′触发器,即是 $Q^{n+1} = D = \overline{Q^n}$,如图 6-28 所示。

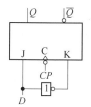 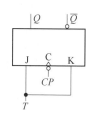 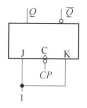 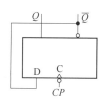

图 6-25　JK 转换成 D　　图 6-26　JK 转换成 T　　图 6-27　JK 转换成 T′　　图 6-28　D 转换成 T′

T′触发器的工作时序图如图 6-29 所示。从图中可以看出 T′触发器具有二分频功能。

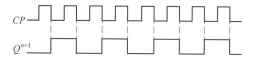 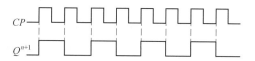

图 6-29　T′触发器的工作时序图

知识点四　常用集成触发器简介

集成触发器也分 TTL 和 CMOS 两类,它们的内部结构虽然不同,但逻辑功能、逻辑符号是相同的。实际应用时,可通过查阅产品手册,了解其引脚排列和有关参数。下面介绍几种常用的集成 JK 触发器。

74LS111 为 TTL 集成边主从 JK 触发器,芯片的引脚排列如图 6-30 所示。

74LS112 为 TTL 集成边沿双 JK 触发器,CP 下降沿触发,同类型的 CMOS 产品有74HC112,芯片的引脚排列如图 6-31 所示。

74LS109 为 TTL 集成边沿双 JK 触发器,CP 上升沿触发,同类型的 CMOS 产品有74HC109,芯片的引脚排列如图 6-32 所示。

CC4027 为 CMOS 集成边沿双 JK 触发器,CP 上升沿触发,芯片的引脚排列如图 6-33所示。

74LS74 为 TTL 维持阻塞型集成边沿双 D 触发器,CP 上升沿触发,芯片的引脚排列如图6-34 所示。

CC4013 为 CMOS 集成边沿双 D 触发器,CP 上升沿触发,芯片的引脚排列如图 6-35

所示。

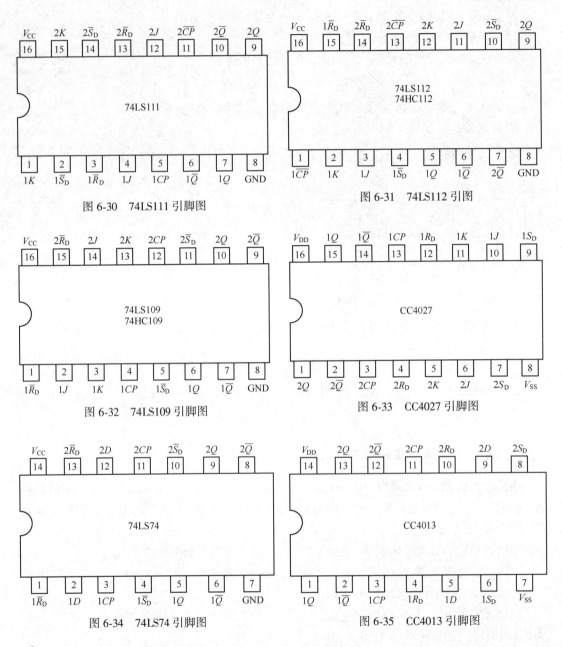

图 6-30　74LS111 引脚图

图 6-31　74LS112 引脚图

图 6-32　74LS109 引脚图

图 6-33　CC4027 引脚图

图 6-34　74LS74 引脚图

图 6-35　CC4013 引脚图

训练:常用集成触发器功能检测

1. JK 触发器 74LS112 的功能检测

1)异步复位端$\overline{R}_D$和置位端$\overline{S}_D$的功能测试

(1)$Q^n=0$，$\overline{Q}^n=1$ 时,将$\overline{R}_D$、$\overline{S}_D$、J、K端分别接逻辑开关 K_1、K_2、K_3、K_4;CP 接连续脉冲;

Q 端接指示灯 L_1。分别令 $\overline{R_D}$、$\overline{S_D}$ 为 00、01、10、11，观察 Q 端的状态并记录在表 6-10 中。

（2）$Q^n=1$，$\overline{Q^n}=0$ 时，重复上述操作，观察并记录在表 6-10 中。

2）逻辑功能测试

$\overline{R_D}$、$\overline{S_D}$ 为高电平，拨动 K_3、K_4 使 J、K 端分别为 00、01、10、11，CP 接单脉冲，观察并记录当 CP 为 0、↑、1、↓ 时 Q 端状态的变化。

3）验证边沿触发的特点

分别在 $CP=0$ 和 $CP=1$ 期间，改变 J、K 端状态，观察触发器状态 Q 是否变化。

表 6-10

| | 输　　入 | | | | | 现　态 | 次　　态 | |
| | | | | | | | 分析 | 测试 |
	$\overline{S_D}$	$\overline{R_D}$	J	K	CP	Q^n	Q^{n+1}	Q^{n+1}
置数	0	1	×	×	×	×		
	1	0	×	×	×	×		
测试	1	1→0→1	0	0	⌐	0		
	1→0→1	1			⌐	1		
	1	1→0→1	0	1	⌐	0		
	1→0→1	1			⌐	1		
	1	1→0→1	1	0	⌐	0		
	1→0→1	1			⌐	1		
	1	1→0→1	1	1	⌐	0		
	1→0→1	1			⌐	1		
结论								

2．D 触发器 74LS74 的功能检测

1）异步复位端 $\overline{R_D}$ 和置位端 $\overline{S_D}$ 的功能测试

（1）$Q^n=0$，$\overline{Q^n}=1$ 时，将 $\overline{R_D}$、$\overline{S_D}$、D 端分别接逻辑开关 K_1、K_2、K_3；CP 接连续脉冲；Q 端接指示灯 L_1。分别令 $\overline{R_D}$、$\overline{S_D}$ 为 00、01、10、11，观察 Q 端的状态并记录在表 6-11 中。

（2）$Q^n=1$，$\overline{Q^n}=0$ 时，重复上述操作，观察并记录在表 6-11 中。

2）逻辑功能测试

$\overline{R_D}$、$\overline{S_D}$ 为高电平，拨动 K_3 使 D 端分别接高、低电平，CP 接单脉冲，观察并记录当 CP 为 0、↑、1、↓ 时 Q 端状态的变化。

3）验证边沿触发的特点

分别在 $CP=0$ 和 $CP=1$ 期间，改变 D 端状态，观察触发器状态 Q 是否变化。

表 6-11

| | 输　　　入 | | | | 现态 | 次　　态 | |
| | | | | | | 分析 | 测试 |
	$\overline{S_{\mathrm{D}}}$	$\overline{R_{\mathrm{D}}}$	D	CP	Q^n	Q^{n+1}	Q^{n+1}
置数	0	1	×	×	×		
	1	0	×	×	×		
测试	1	1→0→1	0	↑	0		
	1→0→1	1			1		
	1	1→0→1	1	↑	0		
	1→0→1	1			1		
结论							

3. 用 74LS74 构成 T′触发器的功能检测

写出图 6-36 由 D 触发器构成的 T′触发器的次态逻辑表达式,填入表 6-12。

选用 74LS74 的其中一个 D 触发器按图 6-36 连接构成 T′触发器。

CP 接连续脉冲信号,用双踪示波器观测 CP 和输出端 Q 的波形,画在表 6-12 中。

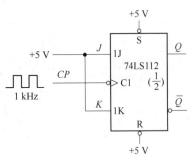

图 6-36　74LS74 构成的 T′触发器

表 6-12

T′触发器特征方程	实验测试波形
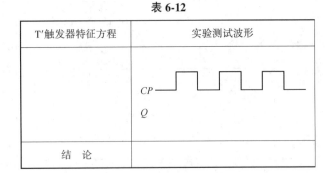	
结　论	

模块2　常用集成时序逻辑电路器件及其应用

知识点一　寄存器

(一)寄存器的功能和分类

在计算机和数字系统中,经常需要将运算数据或指令代码等一些数据信息暂时存放起来,留待处理或运算。我们把能够寄存数码的数字逻辑部件称为寄存器。寄存器主要由"记忆单元"触发器组成,每一个触发器能够存放一位二进制数码,存放 n 位二进制数码就应具备 n 个触发器。除触发器外,寄存器中通常还有一些起控制作用的门电路。寄存器是时序逻辑电路中的一个重要逻辑部件。

触发器在寄存器中仅需要"置0"和"置1"功能,有这两种逻辑功能的触发器,都可组成寄存器。

寄存器按所具备的功能不同可分为两大类:数码寄存器和移位寄存器。

(二)数码寄存器

数码寄存器只具有接收数码和清除原有数码的功能。

图6-37是一个由四个D触发器构成的四位数码寄存器,在CP上升沿作用下,将四位数码寄存到四个触发器中。例如待寄存的数码为1101,将其送到各触发器的输入端$D_3D_2D_1D_0 = 1101$,当CP上升沿到达时,由D触发器的特性方程$Q^{n+1} = D$可知各触发器的状态为:$Q_3Q_2Q_1Q_0 = D_3D_2D_1D_0 = 1101$。这样就将待寄存的数码存入了寄存器中。在存入新数码时,寄存器中原有的数码会自动清除,这类寄存器只需在一个寄存指令将能全部数码存入寄存器中,故称单拍接收方式。如果寄存器在存入数码时,各位数码同时输入,又同时从各触发器输出,称为并行输入、并行输出(并入并出)的寄存器。

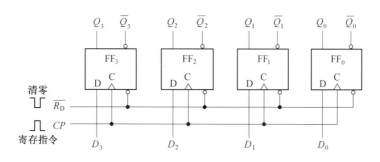

图6-37　四个D触发器构成的四位数码寄存器

常见的集成数码寄存器有两种:一种是由触发器构成的,另一种是由锁存器构成的。实际上锁存器是由同步触发器构成的寄存器,为CP电平触发方式,分高电平有效和低电平有效两种;而一般所指的寄存器是由边沿触发器构成的寄存器。具有三态输出结构的锁存器广泛应用在微型计算机中。

(三)移位寄存器

移位寄存器除了具有存储数码的功能外,还具有使存储的全部数码在移位脉冲作用下依次进行左移或右移的功能。移位寄存器可进行数据的串行-并行转换、数据的运算及处理,例如将一个四位二进制数左移一位就相当于对该数作乘以2的运算、右移一位就相当于对该数作除以2的运算。

移位寄存器可分成为单向移位寄存器和双向移位寄存器,其中单向移位寄存器又有单向左移寄存器和单向右移寄存器。

1.单向移位寄存器

(1)单向左移寄存器

如图6-38所示为四个边沿D触发器构成的单向左移移位寄存器,图中低位触发器的输出端与相邻高位触发器的输入端相连,数据由最低位触发器的输入端D_0送入,D_{SL}为串行输入端,Q_3 为串行输出端,$Q_0 \sim Q_3$ 为并行输出端。

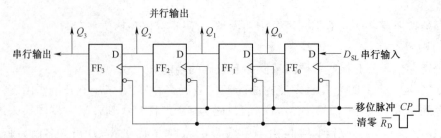

图 6-38　四个 D 触发器构成的左移寄存器

我们来分析将数码 1101 左移送入寄存器的工作情况:假设寄存器的初原始状态为 0000 清零状态。因为寄存器的最高位在最右侧,遵循"远数先送"的原则,应将待存数码的最低位数据先送入。当第 1 个 CP 上升沿到达时,寄存器状态为 $Q_3Q_2Q_1Q_0 = 0001$;第 2 个 CP 上升沿到达时,$Q_3Q_2Q_1Q_0 = 0011$;第 3 个 CP 上升沿到达时,$Q_3Q_2Q_1Q_0 = 0110$;第 4 个 CP 上升沿到达时,$Q_3Q_2Q_1Q_0 = 1101$。也就是说,经过 4 个 CP 脉冲后,4 位数码全部存入寄存器中,此时并行输出的数码与输入数码相对应,完成了由 4 位串行数据输入转换成并行输出的过程。移位寄存器中数码左移状态见表 6-13,左移工作时序图如图 6-39 所示。

如果将 Q_3 作为串行输出端,再送 4 个 CP 脉冲,就可输出原输入 4 位数码。可见,单向移位寄存器可组成串行输入、并行输出或串行输入、串行输出。

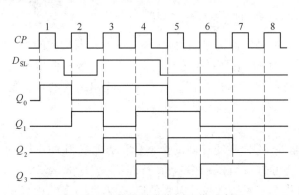

图 6-39　四位左移寄存器工作时序图

表 6-13　移位寄存器真值表

CP	D	Q_3	Q_2	Q_1	Q_0
0	×	0	0	0	0
1	1	0	0	0	1
2	0	0	0	1	1
3	1	0	1	1	0
4	1	1	1	0	1
5	0	1	0	1	0
6	0	0	1	0	0
7	0	1	0	0	0
8	0	0	0	0	0

(2)单向右移寄存器

图 6-40 所示为四个边沿 D 触发器构成的单向右移移位寄存器,图中高位触发器的输出端与相邻低位触发器的输入端相连,数据由最高位触发器的输入端 D_3 送入,D_{SR} 为串行输入端,Q_0 为串行输出端,$Q_0 \sim Q_3$ 为并行输出端。

单向右移寄存器与单向左移寄存器的工作原理类似,相关分析由学习者自行完成。

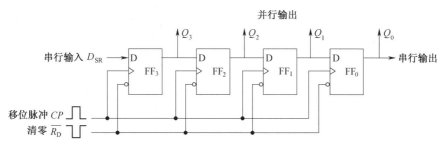

图 6-40　四个 D 触发器构成的右移寄存器

2. 双向移位寄存器

在单向移位寄存器的基础上增加左、右移控制电路,就构成了双向移位寄存器。双向移位寄存器的使用更加方便灵活。

常用的 74LS194 就是四位双向集成移位寄存器,其引脚排列图和逻辑符号如图 6-41 所示,功能表见表 6-14。74LS194 具有异步清零、并行置数、保持、左移、右移的功能。各引脚功能为:$\overline{CR}$ 为异步清零端,低电平有效;CP 为时钟脉冲输入端;A、B、C、D 为数码并行输入端;Q_A、Q_B、Q_C、Q_D 为数码并行输出端;D_{SR} 为数码右移串行输入端;D_{SL} 为数码左移串行输入端;M_0、M_1 为工作方式控制端。当 $M_1M_0 = 11$ 时为并行置数功能、$M_1M_0 = 01$ 时为右移功能(数据从 D_{SR} 端送入)、$M_1M_0 = 10$ 时为左移功能(数据从 D_{SL} 端送入)、$M_1M_0 = 00$ 时为保持功能,M_1M_0 的四种工作方式对应于寄存器的四个功能。

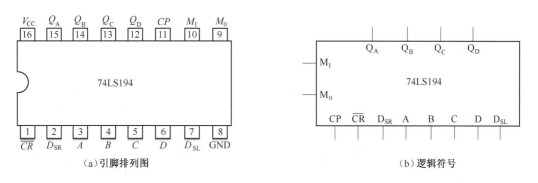

（a）引脚排列图　　　　　　　　　　　　　（b）逻辑符号

图 6-41　四位双向移位寄存器 74LS194

表 6-14

输　　入										输　　出				功　能
清零	方式控制		时钟	串行输入		并行输入								
$\overline{CR}$	M_1	M_0	CP	D_{SL}	D_{SR}	A	B	C	D	Q_A^{n+1}	Q_B^{n+1}	Q_C^{n+1}	Q_D^{n+1}	
0	×	×	×	×	×	×	×	×	×	0	0	0	0	清零
1	×	×	0	×	×	×	×	×	×	Q_A^n	Q_B^n	Q_C^n	Q_D^n	保持
1	1	1	↑	×	×	A	B	C	D	A	B	C	D	并行置数

续上表

输入											输出				功能
清零	方式控制		时钟	串行输入		并行输入				输出					功能
$\overline{CR}$	M_1	M_0	CP	D_{SL}	D_{SR}	A	B	C	D	Q_A^{n+1}	Q_B^{n+1}	Q_C^{n+1}	Q_D^{n+1}	功能
1	1	0	↑	0	×	×	×	×	×	Q_B^n	Q_C^n	Q_D^n	0	左移
1			↑	1	×	×	×	×	×	Q_B^n	Q_C^n	Q_D^n	1	左移
1	0	1	↑	×	0	×	×	×	×	0	Q_A^n	Q_B^n	Q_C^n	右移
1			↑	×	1	×	×	×	×	1	Q_A^n	Q_B^n	Q_C^n	右移
1	0	0	↑	×	×	×	×	×	×	Q_A^n	Q_B^n	Q_C^n	Q_D^n	保持

3. 集成移位寄存器的应用

1）环形移位寄存器

将移位寄存器的串行输出端反馈接到移位寄存器的串行输入端，就构成了环形移位寄存器。如图 6-42 所示为 74LS194 构成的环形移位寄存器。

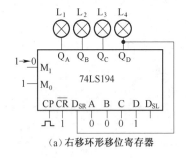
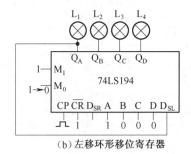

图 6-42　74LS194 构成的环形移位寄存器

需要注意的是：74LS194 构成的环形移位寄存器初始输出状态不能为全 0 或全 1，因此，环形移位寄存器在工作前先通过置数设定初始输出状态，一般使初始输出状态中有一个 1，其余为 0。n 位环形移位寄存器只需要 n 个 CP 就能移回到设定的初始输出状态。

2）扭环形移位寄存器

将移位寄存器的串行输出端反相后再反馈接到移位寄存器的串行输入端，就构成了扭环形移位寄存器，如图 6-43 所示。扭环形移位寄存器在清零后便可直接移位工作。n 位扭环形移位寄存器需要 $2n$ 个 CP 才能移回全 0 状态。

3）广告灯循环控制电路

图 6-44 所示为两片 74LS194 扩展组成八位扭环形右移寄存器。8 个广告灯 L1～L8 点亮顺序依次为 00000000 → 10000000 → 11000000 → 11100000 → 11110000 → 11111000 → 11111100 → 11111110 → 11111111 → 01111111 → 00111111 → 00011111 → …… → 00000000 → 10000000 → 10000000 → ……。每经 16 个 CP，广告灯回到初始状态。

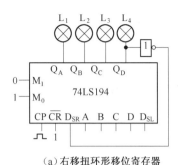 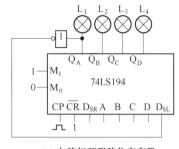

（a）右移扭环形移位寄存器　　　　　（b）左移扭环形移位寄存器

图 6-43　74LS194 构成的扭环形移位寄存器

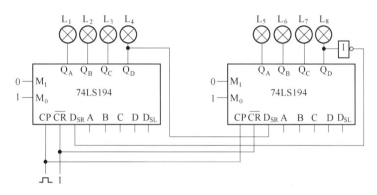

图 6-44　74LS194 构成的广告灯循环控制电路

知识点二　计数器

（一）计数器的逻辑功能与分类

计数器是数字系统中使用最多的时序电路。计数器不仅用来对时钟脉冲进行计数，还常用于分频、定时、产生节拍脉冲等。

计数器是由"计数单元"构成的，计数单元即是指处于计数（翻转）状态的 T' 触发器。

计数器的种类繁多，按计数进位制（计数长度）可分为二进制、十进制及 N 进制计数器；按计数脉冲的引入方式可分为异步计数器和同步计数器；按计数的增减趋势可分为加法、减法及可逆计数器。目前市场上的定型产品有 TTL 型、CMOS 型两种集成计数器。

（二）二进制计数器

计数器的计数状态顺序按照 n 位自然二进制的进位规则循环变化时，称为二进制计数器。一个 T' 触发器就构成一位二进制计数器，由 n 个 T' 触发器组成的二进制计数器称为 n 位二进制计数器，它可以累计 $M=2^n$ 个有效状态，M 称为计数器的"模"或"计数器容量"，也称为"计数器的长度"。n 位二进制计数器有时又称为模 2^n 进制计数器。

1. 异步二进制计数器

如果组成计数器的各触发器不是采用同一时钟脉冲控制，则各触发器不是同时翻转，这就称为异步计数器。

1）异步二进制加法计数器

（1）下降沿触发的触发器构成的异步二进制加法计数器

①电路组成

如图 6-45 所示是由下降沿 JK 触发器构成的异步 4 位二进制加法计数器,图中每个 JK 触发器都工作在计数状态。异步二进制加法计数器的计数脉冲加到最低位触发器的 CP 端,低位触发器的输出作为相邻高位触发器的时钟脉冲控制。由于二进制数进位规律是"逢二进一",而低位触发器的输出 Q 端状态从 1→0 进位时,正好满足相邻高位触发器的时钟脉冲下降沿触发方式。故下降沿触发的触发器构成的异步二进制加法计数器必须是低位触发器的输出 Q 端与相邻高位触发器的时钟脉冲端相连接。

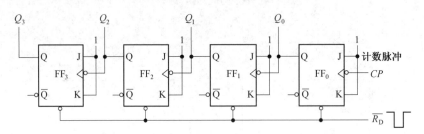

图 6-45　下降沿 JK 触发器构成的异步 4 位二进制加法计数器

②工作原理

计数器清零后,初始状态 $Q_3Q_2Q_1Q_0 = 0000$,当第 1 个计数脉冲到来后,计数器状态为 $Q_3Q_2Q_1Q_0 = 0001$;当第 2 个计数脉冲到来后,计数器状态为 $Q_3Q_2Q_1Q_0 = 0010$;当第 3 个计数脉冲到来后,计数器状态为 $Q_3Q_2Q_1Q_0 = 0011$;…;第 9 个计数脉冲到来后,$Q_3Q_2Q_1Q_0 = 1001$;…第 15 个计数脉冲到来后,$Q_3Q_2Q_1Q_0 = 1111$;第 16 个计数脉冲到来后,触发器 FF$_3$ 向它的相邻高位进位,$Q_3Q_2Q_1Q_0 = 0000$,又回到初始状态,同时输出进位脉冲。

③逻辑功能表示

用状态转换表、状态转换图、时序图表示异步二进制加法计数器的逻辑功能,分别见表 6-15、图 6-46、图 6-47。可知,如果计数器从 0000 状态开始计数,在第 16 个计数脉冲输

表 6-15

CP	$Q_3Q_2Q_1Q_0$	十进制数	CP	$Q_3Q_2Q_1Q_0$	十进制数
0	0000	0	9	1001	9
1	0001	1	10	1010	10
2	0010	2	11	1011	11
3	0011	3	12	1100	12
4	0100	4	13	1101	13
5	0101	5	14	1110	14
6	0110	6	15	1111	15
7	0111	7	16	0000	0
8	1000	8			

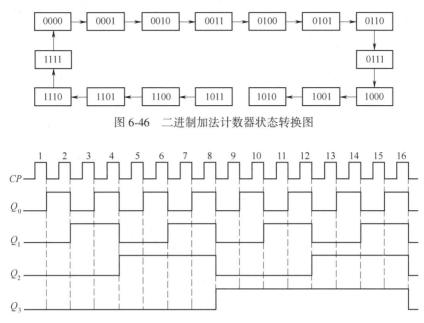

图 6-46　二进制加法计数器状态转换图

图 6-47　(下降沿触发器)二进制加法计数器的工作时序图

入后,计数器又重新回到 0000 状态,完成了一次计数循环。所以 4 位二进制加法计数器是 $16(=2^4)$ 进制加法计数器或称为模 16 加法计数器。

由图 6-47 可以看出,如果计数脉冲 CP 的频率为 f_0,则 Q_0 输出波形的频率为 f_0 的 $1/2$,称为 f_0 的 2 分频;Q_1 输出波形的频率为 f_0 的 $1/4$,称为 f_0 的 4 分频;Q_2 输出波形的频率为 f_0 的 $1/8$,称为 f_0 的 8 分频;Q_3 输出波形的频率为 f_0 的 $1/16$,称为 f_0 的 16 分频。这说明了计数器具有"分频"功能。

(2)上升沿触发的触发器构成的异步二进制加法计数器

如图 6-48 所示是由上升沿 D 触发器构成的异步 4 位二进制加法计数器,图中每个 D 触发器都工作在计数状态。对于上升沿触发的触发器构成的异步二进制加法计数器,低位触发器的输出 Q 端状态从 1→0 进位时,不能满足相邻高位触发器的时钟脉冲上升沿触发方式,但是此时低位触发器的输出 $\overline{Q}$ 端状态是从 0→1。故上升沿触发的触发器构成的异步二进制加法计数器必须是低位触发器的输出 $\overline{Q}$ 端与相邻高位触发器的时钟脉冲端相连接。

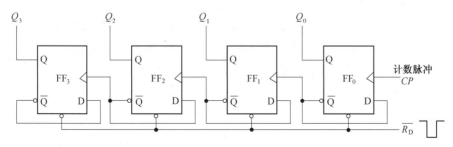

图 6-48　上升沿 D 触发器构成的异步 4 位二进制加法计数器

该计数器的工作原理、状态转换表、状态转换图不再赘述,其工作时序图如图6-49所示。

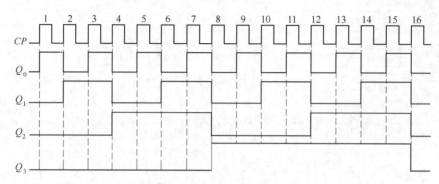

图6-49 (上升沿触发器)二进制加法计数器的工作时序图

2)异步二进制减法计数器

(1)下降沿触发的触发器构成的异步二进制减法计数器

①电路组成

图6-50所示是由下降沿JK触发器构成的异步4位二进制减法计数器,图中每个JK触发器都工作在计数状态。异步二进制减法计数器的计数脉冲加到最低位触发器的CP端,低位触发器的输出作为相邻高位触发器的时钟脉冲控制。由于低位触发器的输出Q端状态从0→1时需要向相邻高位触发器借位,此时低位触发器的输出$\overline{Q}$端状态却是从1→0,正好满足相邻高位触发器的时钟脉冲下降沿触发方式。故下降沿触发的触发器构成的异步二进制减法计数器必须是低位触发器的输出$\overline{Q}$端与相邻高位触发器的时钟脉冲端相连接。

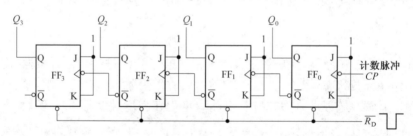

图6-50 下降沿JK触发器构成的异步4位二进制减法计数器

②工作原理

计数器清零后,初始状态$Q_3Q_2Q_1Q_0 = 0000$,当第1个计数脉冲到来后,计数器状态全部翻转为$Q_3Q_2Q_1Q_0 = 1111$,同时输出借位脉冲;当第2个计数脉冲到来后,计数器状态为$Q_3Q_2Q_1Q_0 = 1110$;当第3个计数脉冲到来后,计数器状态为$Q_3Q_2Q_1Q_0 = 1101$;…;第9个计数脉冲到来后,$Q_3Q_2Q_1Q_0 = 0111$;…第15个计数脉冲到来后,$Q_3Q_2Q_1Q_0 = 0001$;第16个计数脉冲到来后,又回到初始状态,$Q_3Q_2Q_1Q_0 = 0000$。

③逻辑功能表示

用状态转换表、状态转换图、时序图表示异步二进制加法计数器的逻辑功能,分别见表

6-16、图 6-51、图 6-52。可知,如果计数器从 0000 状态开始计数,在第 16 个计数脉冲输入后,计数器又重新回到 0000 状态,完成了一次计数循环。所以 4 位二进制减法计数器也是 16($=2^4$)进制减法计数器或称为模 16 减法计数器。

表 6-16　状态转换表

CP	$Q_3Q_2Q_1Q_0$	十进制数	CP	$Q_3Q_2Q_1Q_0$	十进制数
0	0000	0	9	0111	7
1	1111	15	10	0110	6
2	1110	14	11	0101	5
3	1101	13	12	0100	4
4	1100	12	13	0011	3
5	1011	11	14	0010	2
6	1010	10	15	0001	1
7	1001	9	16	0000	0
8	1000	8			

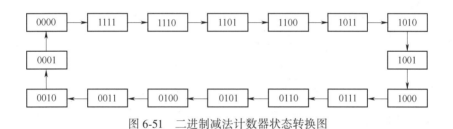

图 6-51　二进制减法计数器状态转换图

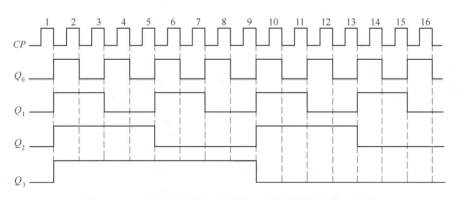

图 6-52　(下降沿触发器)二进制减法计数器的工作时序图

(2)上升沿触发的触发器构成的异步二进制减法计数器

图 6-53 所示是由上升沿 D 触发器构成的异步 4 位二进制减法计数器,图中每个 D 触发器都工作在计数状态。对于上升沿触发的触发器构成的异步二进制加法计数器,低位触发器的输出 Q 端状态从 0→1 借位时,正好满足相邻高位触发器的时钟脉冲上升沿触发方

式。故上升沿触发的触发器构成的异步二进制减法计数器必须是低位触发器的输出 Q 端与相邻高位触发器的时钟脉冲端相连接。

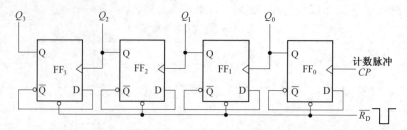

图 6-53 上升沿 D 触发器构成的异步 4 位二进制减法计数器

该计数器的工作原理、状态转换表、状态转换图不再赘述,其工作时序图如图 6-54 所示。

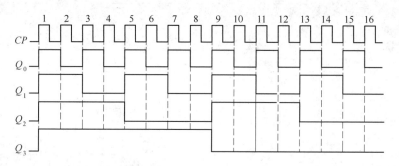

图 6-54 (上升沿)二进制减法计数器的工作时序图

2. 同步二进制计数器

在计数器中如果各触发器的时钟脉冲输入端均由同一计数脉冲 CP 控制,各触发器的翻转均在 CP 的作用下同时完成,这就是同步计数器。

1)同步二进制加法计数器

(1)电路组成

如图 6-55 所示为同步 4 位二进制加法计数器,电路由下降沿触发的 JK 触发器组成 T 触发器。当 $T=0$ 时,$Q^{n+1}=Q^n$,为保持功能;当 $T=1$ 时,$Q^{n+1}=\overline{Q}$,为计数功能。低位触发器

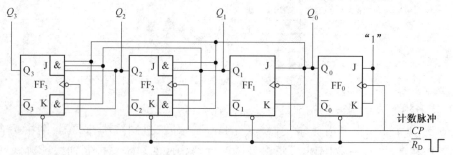

图 6-55 同步 4 位二进制加法计数器

FF_0 始终处于计数状态。同步二进制加法计数器的计数脉冲加到每个触发器的 CP 端,高位触发器的 J、K 输入信号来自其所有低位触发器的 Q 输出端信号相"与"。当全部低位触发器的输出 Q 端状态从 1→0 进位时,高位触发器的状态发生翻转。故同步二进制加法计数器必须是全部低位触发器的输出 Q 端相"与"后接入高位触发器的 J、K 输入端。

（2）工作原理

时序电路的分析方法。

①写出驱动方程:

$$T_0 = J_0 = K_0 = 1$$
$$T_1 = J_1 = K_1 = Q_0$$
$$T_2 = J_2 = K_2 = Q_1 Q_0$$
$$T_3 = J_3 = K_3 = Q_2 Q_1 Q_0$$

n 位计数器,上述驱动方程的一般式可写成:

$$T_n = J_n = K_n = Q_{n-1} \cdots \cdot Q_2 \cdot Q_1 \cdot Q_0$$

②求出状态方程,将驱动方程代入触发器的特性方程即可求出状态方程。

$$Q_0^{n+1} = \overline{Q^n}$$

$$Q_1^{n+1} = T_1 \overline{Q_1^n} + \overline{T_1} Q_1^n = Q_0^n \overline{Q_1^n} + \overline{Q_0^n} Q_1^n$$

$$Q_2^{n+1} = T_2 \overline{Q_2^n} + \overline{T_2} Q_2^n = Q_1^n Q_0^n \overline{Q_2^n} + \overline{Q_1^n Q_0^n} Q_2^n$$

$$Q_3^{n+1} = T_3 \overline{Q_3^n} + \overline{T_3} Q_3^n = Q_2^n Q_1^n Q_0^n \overline{Q_3^n} + \overline{Q_2^n \, Q_1^n Q_0^n} Q_3^n$$

③进行状态计算,并列出状态表。从各触发器的状态方程可知,FF_0 始终处于计数状态,来一个 CP 脉冲它就翻转一次;FF_1 在 $Q_0^n = 1$ 时处于计数状态,$Q_0^n = 0$ 时处于保持状态;FF_2 在 Q_1^n、Q_0^n 都为 1 时处于计数,否则保持;FF_3 在 Q_2^n、Q_1^n、Q_0^n 都为 1 时处于计数,否则保持。于是可推出各触发器的翻转规律为:

计数器清零后,初始状态 $Q_3 Q_2 Q_1 Q_0 = 0000$,当第 1 个计数脉冲到来后,计数器状态为 $Q_3 Q_2 Q_1 Q_0 = 0001$,当第 2 个计数脉冲到来后,计数器状态为 $Q_3 Q_2 Q_1 Q_0 = 0010$;当第 3 个计数脉冲到来后,计数器状态为 $Q_3 Q_2 Q_1 Q_0 = 0011 \cdots$;第 9 个计数脉冲到来后,$Q_3 Q_2 Q_1 Q_0 = 1001$,$\cdots$第 15 个计数脉冲到来后,$Q_3 Q_2 Q_1 Q_0 = 1111$;第 16 个计数脉冲到来后,触发器 FF_3 向它的相邻高位进位,$Q_3 Q_2 Q_1 Q_0 = 0000$,又回到初始状态,同时输出进位脉冲。状态转换表如表 6-17 所示。

表 6-17　状态转换表

CP	$Q_3^n Q_2^n Q_1^n Q_0^n$	$Q_3^{n+1} Q_2^{n+1} Q_1^{n+1} Q_0^{n+1}$
0	0 0 0 0	0 0 0 0
1	0 0 0 0	0 0 0 1
2	0 0 0 1	0 0 1 0
3	0 0 1 0	0 0 1 1

续上表

CP	$Q_3{}^n Q_2{}^n Q_1{}^n Q_0{}^n$	$Q_3{}^{n+1} Q_2{}^{n+1} Q_1{}^{n+1} Q_0{}^{n+1}$
4	0 0 1 1	0 1 0 0
5	0 1 0 0	0 1 0 1
6	0 1 0 1	0 1 1 0
7	0 1 1 0	0 1 1 1
8	0 1 1 1	1 0 0 0
9	1 0 0 0	1 0 0 1
10	1 0 0 1	1 0 1 0
11	1 0 1 0	1 0 1 1
12	1 0 1 1	1 1 0 0
13	1 1 0 0	1 1 0 1
14	1 1 0 1	1 1 1 0
15	1 1 1 0	1 1 1 1
16	1 1 1 1	0 0 0 0

④画状态转换图和时序图。4 位同步二进制加法计数器的状态转换图和时序图,与异步二进制加法计数器一样。由于各触器也为时钟脉冲下降沿触发,因此它的状态转换图、时序图分别如图 6-46、图 6-47 所示。

2)同步二进制减法计数器

图 6-56 所示为同步 4 位二进制减法计数器,与同步二进制加法计数器不同的是当全部低位触发器的输出 Q 端状态从 0→1 借位时,高位触发器的状态发生翻转。故同步二进制减法计数器必须是全部低位触发器的输出 $\overline{Q}$ 端相"与"后接入高位触发器的 J、K 输入端。

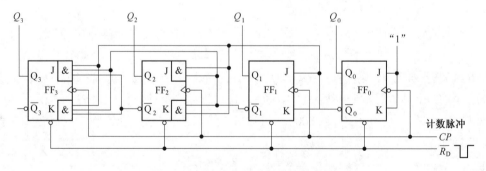

图 6-56 同步 4 位二进制减法计数器

图 6-56 所示的同步 4 位二进制减法计数器的工作原理分析及状态计数列表由学习者自己进行。其状态转换图、时序图分别如图 6-51、图 6-52 所示。

在二进制计数器的基础上,利用一定的方法跳过多余的状态就可以是十进制计数器、N 进制计数器。例如十进制计数器就是跳过了 4 位二进制计数器的 1010～1111 这六个状态,五进制计数器就是跳过了 3 位二进制计数器的 101~111 这三个状态,等等。我们在数字系统中会经常使用十进制计数器。

既能加计数又能减计数的计数器叫做可逆计数器。在可逆计数器的电路中加入了相应的控制逻辑电路,有加、减工作方式控制端。当输入不同的控制信号时,计数器的状态转换规律可以分别按加法计数器或减法计数器的计数规律进行工作。

(二)常用集成计数器及其应用

目前市场上的各系列中规模集成计数器一般分为同步计数器和异步计数器两大类,主要有集成二进制计数器和 BCD 码集成十进制计数器。中规模集成计数器功能比较完善,如有预置数、清除、保持、计数等多种功能,通用性强,便于扩展,应用十分方便。

1. 集成二进制计数器

常见的异步二进制计数器集成器件有 4 位的 74LS293、74HC293、74LS177、74LS197 等。

常见的同步二进制计数器集成器件有 4 位的 74LS161 与 CC40161、74LS163 与 CC40163、74LS169、74LS193 与 CC40193 等。

我们以 4 位同步集成二进制加法计数器 74LS161 为例,介绍集成二进制加法计数器的功能及应用。

1)74LS161 的功能

图 6-57 所示为 74LS161 的引脚排列图和逻辑符号。

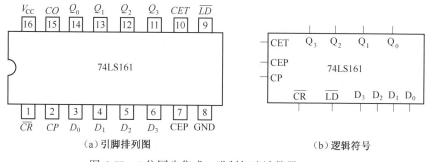

（a）引脚排列图　　　　　　　　　　（b）逻辑符号

图 6-57 4 位同步集成二进制加法计数器 74LS161

74LS161 除了具有二进制加法计数功能外,还具有预置数、清除、保持等功能,是一种功能较强的集成计数器。各引脚的功能为:$\overline{CR}$ 为异步清零端,低电平有效;$\overline{LD}$ 为同步并行置数控制端,低电平有效;CET、CEP 为计数使能控制端;CP 为时钟脉冲输入端;$D_0 \sim D_3$ 为预置数的并行数据输入端;$Q_0 \sim Q_3$ 为并行数据输出端;CO 为进位输出端。74LS161 的功能表见表 6-18。

表 6-18

功能	输入状态									输出状态			
	$\overline{CR}$	$\overline{LD}$	CEP	CET	CP	D_3	D_2	D_1	D_0	Q_3	Q_2	Q_1	Q_0
异步清零	0	×	×	×	×	×	×	×	×	0	0	0	0
同步置数	1	0	×	×	↑	D_3	D_2	D_1	D_0	D_3	D_2	D_1	D_0

功能	输入状态									输出状态			
	$\overline{CR}$	$\overline{LD}$	CEP	CET	CP	D_3	D_2	D_1	D_0	Q_3	Q_2	Q_1	Q_0
保持	1	1	0	×	×	×	×	×	×	Q_3	Q_2	Q_1	Q_0
	1	1	×	0	×	×	×	×	×	Q_3	Q_2	Q_1	Q_0
计数	1	1	1	1	↑	×	×	×	×	加计数			

74LS161 的四个逻辑功能讨论如下：

①异步清零功能

当 $\overline{CR}=0$ 时，不论其他控制端为何种状态，计数器直接置零，内容全部清除，即 $Q_3Q_2Q_1Q_0=0000$。由于这种清零与 CP 无关，不需要时钟脉冲的同步作用，称异步清零。

②预置数功能

$\overline{CR}=1$，若预置数控制端 $\overline{LD}=0$，在 CP 上升沿到达时，计数器输出 $Q_3Q_2Q_1Q_0=D_3D_2D_1D_0$，即将输入数据 $D_3D_2D_1D_0$ 置入计数器中。实现同步并行置数需要 1 个 CP。

③保持功能

$\overline{CR}=1$、$\overline{LD}=1$，只要 CEP、CET 中有一个为 0，则无论有无计数脉冲 CP 输入，计数器保持原状态不变。

④计数功能

当 $\overline{CR}=1$、$\overline{LD}=1$、$CEP=CET=1$ 时，在 CP 上升沿作用下，计数器作 4 位二进制加法计数功能，当计数到 $Q_3Q_2Q_1Q_0=1111$ 状态时，再来一个 CP，计数器回到初始状态"0000"，同时进位输出端 $CO=1$，送出一个正脉冲进位信号。

2）74LS161 的应用

常见的集成计数器芯片只有几种应用面广的产品，当需要任意进制的计数器时，可利用现成的中规模集成计数器典型产品经过外电路的不同连接来得到。以 74LS161 为例，讲述集成计数器构成任意 N 进制计数器的应用。

（1）采用"清零复位法"构成 N 进制计数器

清零复位法就是将数据输出端 $Q_3Q_2Q_1Q_0$ 任意状态中的全部"1"同时送入门电路，而门电路的输出与计数器的清零控制端 $\overline{CR}$ 连接，使 $\overline{CR}$ 有效，这就构成了任意进制计数器。如图 6-58 所示为用 74LS161 构成的清零复位法十一进制计数器的逻辑电路图和状态转换图。图中各功能端的状态设置为 $\overline{LD}=1$，预置数无效；而 $CEP=CET=1$，计数器处在计数状态；输出 Q_3、Q_1、Q_0 端作为与非门的输入，与非门的输出接到 $\overline{CR}$ 端。计数器在 $Q_3Q_2Q_1Q_0=0000\sim1011$ 期间正常计数，当第 11 个 CP 到来时，计数器状态为 $Q_3Q_2Q_1Q_0=1011$，$\overline{CR}=\overline{Q_3Q_1Q_0}=0$，使计数器置 0，复位到起始状态 $Q_3Q_2Q_1Q_0=0000$，这样就构成了十一进制计数器。用这种方法构成的 N 进制计数器计数初始状态始终是从 0000 开始的。

用这种方法存在两个问题：①存在短暂的过渡状态问题，例如在 11 进制计数器中，当计数到 1010 时,再输入一个计数脉冲理应回到 0000,但置 0 反馈复位法却要先进入到 1011 状态,才使 $\overline{CR}$ =0,其后计数器才复位,复位后 $\overline{CR}$ 恢复为 1,计数器又开始新一轮计数。这样在计数过程中总会出现 1011 的过渡状态。尽管过渡状态时间极短,但这是"复位法"必须出现的。②存在着异步置 0 复位的可靠性问题,因为过渡状态的短暂时间会使 $\overline{CR}$ = 0 的保持时间不够长,由于组成计数器的各触发器性能和负载不同,但凡有一个使 $\overline{CR}$ = 0 的触发器翻转到 0,则 $\overline{CR}$ =1,计数器无法清 0,造成错误动作。

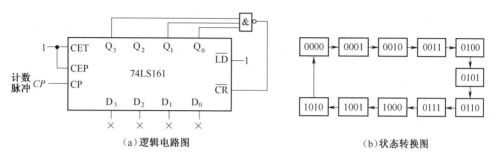

(a)逻辑电路图　　　　　　　　　　　(b)状态转换图

图 6-58　清零复位法构成的十一进制加法计数器

根据上述原理,只要将 $Q_3Q_2Q_1Q_0$ 不同的状态(0010-1111)通过与非门反馈到复位端便可以构成二至十五进制中的任意 N 进制计数器。"清零复位法"构成 N 进制计数器的电路简单、经济,虽然存在问题,但仍有比较多的应用场合。

(2)采用"预置数复位法"构成 N 进制计数器

预置数复位法就是将数据输出端 $Q_3Q_2Q_1Q_0$ 任意状态中的全部"1"同时送入门电路,而门电路的输出与计数器的预置数控制端 $\overline{LD}$ 连接,使 $\overline{LD}$ 有效,这就构成了任意进制计数器。如图 6-59 所示为用 74LS161 构成的预置数复位法十一进制计数器的逻辑电路图和状态转换图。图中各功能端的状态设置为 $\overline{CR}$ = CEP = CET = 1,数据输入端输入 $D_3D_2D_1D_0$ = 0000,输出 Q_3、Q_1 端作为与非门的输入,与非门的输出接到 $\overline{LD}$ 端。计数器在 $Q_3Q_2Q_1Q_0$ = 0000~1010 期间正常计数,当第 11 个 CP 到来时,$Q_3Q_2Q_1Q$ = 1010,$\overline{LD}$ =0 有效,为置数作好准备,在第 11 个 CP 脉冲到达时计数器置入 0000,$Q_3Q_2Q_1Q_0$ = 0000,这样就构成了十一进

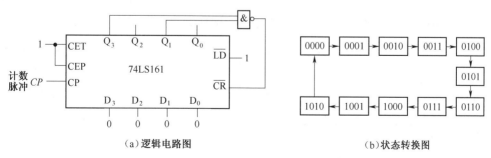

(a)逻辑电路图　　　　　　　　　　　(b)状态转换图

图 6-59　预置数复位法构成的自然态序十一进制加法计数器

制计数器。一旦计数器恢复到 0000 状态,$\overline{LD}=1$,计数器又继续新一轮计数,在连续 CP 作用下,计数器从 0000、0001、……、1010~0000……循环计数,得到自然序态的十一进制计数。

由于 74LS161 的预置数是同步式的,即 $\overline{LD}=0$ 后,还要等下一个 CP 到来时才置入数据 $D_3D_2D_1D_0$,而这时 $\overline{LD}=0$ 的信号已稳定建立,置 0 可靠性高,也无过渡状态。

根据上述原理,只要将 $Q_3Q_2Q_1Q_0$ 不同的状态(0010-1111)通过与非门反馈到预置数端便可以构成二至十五进制中的任意 N 进制计数器。

预置数复位法还可以实现非自然序态的 N 进制计数器。例如计数器是从 0011、0100、……1100、1101 循环计数,得到非自然序态的十一进制计数。这种电路接法是在数据输入端输入 $D_3D_2D_1D_0=0011$,输出端 Q_3、Q_1、Q_0 作为与非门的输入,与非门的输出接到 $\overline{LD}$ 端。计数器在 $Q_3Q_2Q_1Q_0=0011\sim1100$ 期间正常计数,当第 11 个 CP 到来时,$Q_3Q_2Q_1Q=1101$,$\overline{LD}=0$ 有效,为置数作好准备,在下一个 CP 到达时计数器被置成 $Q_3Q_2Q_1Q_0=0011$,这样就构成了非自然序态的十一进制计数器。如图 6-60 所示为用 74LS161 构成的预置数复位法非自然序态的十一进制计数器的逻辑电路图和状态转换图。

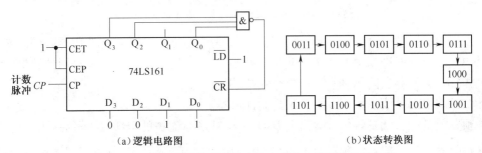

(a)逻辑电路图　　　　　　　　(b)状态转换图

图 6-60　预置数复位法构成的非自然态序十一进制加法计数器

(3)采用进位输出置数最小法构成 N 进制计数器

进位输出置最小数法是利用进位输出端 CO 与预置数控制端 $\overline{LD}$ 构成任意 N 进制计数器,其数据输入需要预置的最小数由 (2^n-N) 来确定。例如十一进制 $N=11$,则预置最小数为 $2^4-11=5$,即 $D_3D_2D_1D_0=0101$。图 6-61 所示为用 74LS161 构成的进位输出置数最小法十一进制计数器的逻辑电路图和状态转换图。在图中初态预置成 0101,当计数到 1111 状态时进位输出端 $CO=1$,$\overline{LD}=0$,计数器被置成 $Q_3Q_2Q_1Q_0=0101$。当计数器状态为 0101

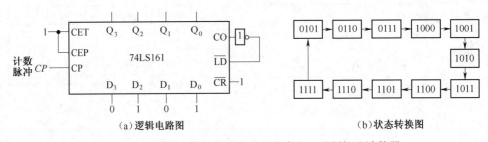

(a)逻辑电路图　　　　　　　　(b)状态转换图

图 6-61　CO 置最小数法构成非自然态序十一进制加法计数器

时,进位输出端 $CO=0$, $\overline{LD}=1$,计数器又又开始新一轮非自然序态的十一进制计数。二至十五进制中的任意进制计数器都可以实现,初始状态从 $D_3D_2D_1D_0$ 开始。

2. 集成十进制计数器

常见的十进制计数器的集成器件有 4 位同步的 74LS160 与 CC40160、74LS162 与 CC40162、74LS190、74LS192 与 CC40192、74LS390(双 4 位)等。

我们以 4 位同步可逆十进制计数器 74LS192 为例,介绍集成十进制加法计数器的功能及应用。

(1)74LS192 的功能

如图 6-62 所示为 74LS192 的引脚排列图和逻辑符号。

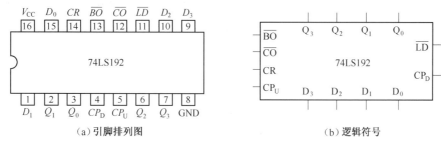

(a) 引脚排列图　　　　　　　　　(b) 逻辑符号

图 6-62　4 位同步集成可逆十进制计数器 74LS191

74LS192 的逻辑功能讨论如下:

①CR:异步清零端,高电平有效。当 $CR=1$ 时,$Q_3Q_2Q_1Q_0=0000$。

②$\overline{LD}$:预置数控制端,低电平有效。$CR=0$ 无效,$\overline{LD}=0$,当 CP 上升沿到达时,$Q_3Q_2Q_1Q_0=D_3D_2D_1D_0$。

③$\overline{CO}$:进位输出端。在 $Q_3Q_2Q_1Q_0=0000\sim1000$ 正常计数时,$\overline{CO}=1$;当计数器加计数到 $Q_3Q_2Q_1Q_0=1001$,在该计数脉冲 CP 变为低电平时,$\overline{CO}=0$,输出进位负脉冲信号,准备向高位进位;再来一个计数脉冲 CP,$Q_3Q_2Q_1Q_0=0000$,$\overline{CO}=1$。

④$\overline{BO}$:借位输出端。在 $Q_3Q_2Q_1Q_0=1001\sim0001$ 正常计数时,$\overline{BO}=1$;当计数器减计数到 $Q_3Q_2Q_1Q_0=0000$ 时,在该计数脉冲 CP 变为低电平时,$\overline{BO}=0$,输出借位负脉冲信号,准备向高位借位;再来一个计数脉冲 CP,$Q_3Q_2Q_1Q_0=1001$,$\overline{BO}=1$。

⑤CP_U:加计数时为计数脉冲输入端,减计数时为高电平有效。

⑥CP_D:减计数时为计数脉冲输入端,加计数时为高电平有效。

74LS192 的逻辑功能见表 6-19。

表 6-19

输　　　　　入								输　　出			
CR	$\overline{LD}$	CP_U	CP_D	D_3	D_2	D_1	D_0	Q_3	Q_2	Q_1	Q_0
1	×	×	×	×	×	×	×	0	0	0	0

续上表

输 入								输 出			
CR	$\overline{LD}$	CP_U	CP_D	D_3	D_2	D_1	D_0	Q_3	Q_2	Q_1	Q_0
0	0	×	×	D_3	D_2	D_1	D_0	D_3	D_2	D_1	D_0
0	1	1	1	×	×	×	×	Q_3	Q_2	Q_1	Q_0
0	1	↑	1	×	×	×	×	加计数			
0	1	1	↑	×	×	×	×	减计数			

（2）74LS192 的应用

①构成十进制计数器。74LS192 构成十进制加、减法计数器的逻辑电路图如图 6-63 所示。

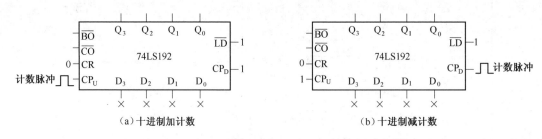

图 6-63　74LS192 构成十进制加、减法计数器逻辑电路图

②用"清零复位法"实现任意进制加法计数器。一片 74LS192 可以实现十以内任意 N 进制加法计数器。图 6-64 所示为 74LS192 采用清零复位法构成的六进制加法计数器的逻辑电路图和状态转换图。图 6-65 所示为 74LS192 采用清零复位法构成的八进制加法计数器的逻辑电路图和状态转换图。

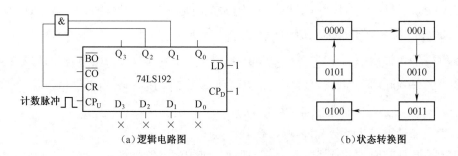

图 6-64　74LS192 采用清零复位法构成的六进制加法计数器

③用多片 74LS192 级联实现大容量计数器。用两片 74LS192 级联,可以构成十以上百以内任意 N 进制加法计数器;用三片 74LS192 级联,可以构成百以上千以内任意进制加法计数器。级联越多,计数容量越大模 $M = M_1 M_2 \cdots$。图 6-66 所示为两片 74LS192 及门电路构成的 82 进制加法计数器逻辑电路图。

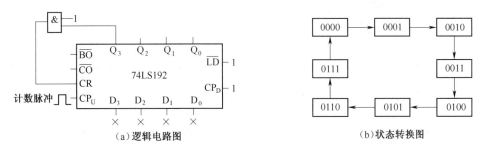

（a）逻辑电路图　　　　　　　　　（b）状态转换图

图 6-65　74LS192 采用清零复位法构成的八进制加法计数器

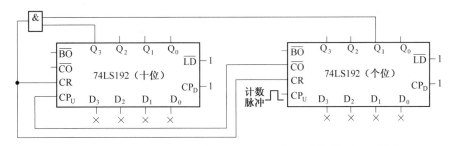

图 6-66　两片 74LS192 级联构成的 82 进制加法计数器逻辑电路图

项 目 小 结

本项目主要介绍了时序逻辑电路的特点和分析；触发器的分类，RS 触发器、JK 触发器、D 触发器的电路组成与功能描述；数码寄存器和移位寄存器的电路组成和工作原理；同步、异步计数器的电路组成和工作原理，集成计数器构成任意进制的方法及应用。

时序电路由触发器和门电路组成，输出与输入之间有反馈，有记忆功能，其特点是电路的输出状态既与当前的输入状态有关，还与电路原来的状态有关。

触发器是时序电路的基本单元。按逻辑功能分为 RS、JK、D、T、T' 触发器；按电路结构分为基本 RS 触发器、同步触发器、主从触发器、维持阻塞触发器和边沿触发器；按 CP 触发方式分为电平触发（$CP=1$ 或 $CP=0$）、边沿触发方式。基本 RS 触发器是构成各种触发器的基础，它有两个稳态 0 和 1，可存储一位二进制数，若要存储一个 n 位二进制数，需要 n 个触发器；同步触发器又称钟控触发器，因为电平触发方式而存在空翻问题；主从触发器为下降沿延迟触发，有一次性翻转问题；边沿触发器彻底解决了空翻和一次性翻转问题。RS 触发器的逻辑功能不全，存在"不定"状态；JK 触发器克服了"不定"状态，是功能完善的触发器，具有保持、置 0、置 1、计数功能；D 触发器有 D 锁存器和边沿触发器两种，具有置 0、置 1 功能；T' 触发器是计数触发器，又称计数单元。各类触发器之间可进行功能转换，它们的逻辑功能均可用特性表、特征方程和状态转换图来描述。

寄存器分数码寄存器和移位寄存器，由触发器组成，n 个触发器组成的寄存器能存储 n 位二进制信息。数码寄存器可实现并入并出存数，一次仅需 1 个节拍 CP；移位寄存器可实现串入、串出存数,串入、串出各需要 4 个节拍 CP。在移位脉冲作用下移位寄存器可实现数码的左移或右移,利用它可实现数据的串-并行转换、数据的运算及处理。

计数器具有计数和分频等功能。计数器可分二进制、十进制和 N 进制计数器,也可分为加法、减法和可逆计数器,还可分为同步和异步计数器。异步二进制计数器的电路连接要注意计数单元触发器是下降沿触发还是上升沿触发,异步计数器的优点是电路简单,缺点是计数速度慢,因此在高速数字系统中,大多采用同步计数器。目前市场上生产的中规模集成计数器,有同步计数器和异步计数器两大类,通常的集成芯片主要是 BCD 码十进制和四位二进制计数器。本项目主要介绍了 4 位同步二进制计数器 74LS161 和同步可逆计数器 74LS192 两种中规模集成计数器,它们都具有异步清零、同步预置数、保持和计数功能。在构成任意进制计数器时,常采用清零复位法、预置数复位法、进位输出置最小数法。采用多片中规模集成十进制计数器级联可以实现大容量计数器,其模 $M = M_1 M_2 \cdots$。

综 合 习 题

1. 填空题

(1) 常用的触发器有_____、_____、_____等。

(2) 触发器有_____个稳态,存储 8 位二进制信息要_____个触发器。

(3) 触发器有两个互补的输出端 Q、$\bar{Q}$,定义触发器的"1"状态为_____,"0"状态为_____,可见触发器的状态指的是输出端_____端的状态。

(4) 边沿触发器的触发方式分为_____触发和_____触发两种。

(5) JK 触发器的特征方程是 $Q^{n+1} =$ _____,D 触发器的特征方程是 $Q^{n+1} =$ _____。

(6) 时序逻辑电路按照其触发器是否有统一的时钟控制分为_____时序电路和_____时序电路。

(7) 时序逻辑电路的输出不仅取决于同一时刻的_____,而且还与输入信号作用前的_____状态有关。

(8) 常用的集成时序逻辑电路器件有_____、_____等。

(9) T 触发器的特征方程是 $Q^{n+1} =$ _____,T′ 触发器的特征方程是 $Q^{n+1} =$ _____。

(10) 寄存器按照功能不同可分为_____寄存器和_____寄存器。

(11) 四位左移移位寄存器,其输入数码加在最_____位触发器的输入端,在 CP 的作用下,输入数码从 Q _____向 Q _____方向移动。

(12) 四位右移移位寄存器,其输入数码加在最_____位触发器的输入端,在 CP 的作用下,输入数码从 Q _____向 Q _____方向移动。

(13) 计数器具有_____和_____功能。

(14) 构成一个 6 进制计数器至少需采用_____个触发器。若将一个频率为 8kHz 的矩形波变换为 1kHz 的矩形波,应采用_____电路。

2. 判断题

（1）时序逻辑电路含有记忆功能的器件。　　　　　　　　　　　　　　　　（　　）

（2）触发器是时序逻辑电路的基本单元。　　　　　　　　　　　　　　　　（　　）

（3）触发器的有 Q 端和 $\bar{Q}$ 端两个输出端，储存 8 位二进制信息只需要 4 个触发器。

　　　　　　　　　　　　　　　　　　　　　　　　　　　　　　　　　　（　　）

（4）同步触发器存在空翻现象，主从触发器彻底克服了空翻。　　　　　　　（　　）

（5）电平触发方式是在 CP 上升沿或下降沿时，触发器状态才发生翻转。　（　　）

（6）数码寄存器只具有接收数码和清除原有数码的功能。　　　　　　　　　（　　）

（7）寄存器和数据选择器都是常用时序逻辑电路。　　　　　　　　　　　　（　　）

（8）同步计数器的工作速度比异步计数器的工作速度慢。　　　　　　　　　（　　）

（9）同步计数器受 CP 脉冲控制，异步计数器不受 CP 脉冲控制。　　　　（　　）

（10）计数器的模是指构成计数器的触发器的个数。　　　　　　　　　　　（　　）

（11）把两个十进制计数器级联可得到 20 进制计数器。　　　　　　　　　（　　）

3. 选择题

（1）n 个触发器可以构成能寄存_____位二进制数码的寄存器。

　　A. $n-1$　　　　　　B. n　　　　　　C. $n+1$　　　　　　D. 2^n

（2）上升沿触发器的输出状态只在_____情况下才可能改变。

　　A. CP 由 1 到 0　　B. CP 由 0 到 1　　C. $CP=1$ 时　　　　D. $CP=0$ 时

（3）一个八进制计数器至少需要_____个触发器。

　　A. 3　　　　　　　　B. 4　　　　　　　C. 5　　　　　　　　D. 10

（4）对于 JK 触发器，若 $J=K=1$，则可完成_____触发器的逻辑功能。

　　A. RS　　　　　　　B. T'　　　　　　C. T　　　　　　　　D. D

（5）下列电路中，触发器在 CP 下降沿按 $Q^{n+1}=\bar{Q}^n$ 工作的电路是_____。

（6）下列电路中，触发器在 CP 触发边沿按 $Q^{n+1}=0$ 工作的电路是_____。

（7）欲使 D 触发器按 $Q^{n+1}=\bar{Q}^n$ 工作，应使输入 $D=$_____。

　　A. 0　　　　　　　　B. Q　　　　　　C. $\bar{Q}$　　　　　　D. 1

（8）具有保持置 0、置 1、保持、翻转全功能的触发器是_____。

A. JK 触发器　　　B. T 触发器　　　C. D 触发器　　　D. T′触发器

(9)已知 D 触发器的输入 $D=0$,在时钟的作用下,则触发器的次态输出为_____。

A. 0　　　　　　　B. 1　　　　　　　C. CP　　　　　　D. 不确定

(10)如图所示电路,若输入 CP 脉冲的频率为 100 kHz,则输出 Q 的

频率为_____。

A. 500 kHz　　　B. 200 kHz　　　C. 100 kHz　　　　D. 50 kHz

(11)为实现将 JK 触发器转换为 D 触发器,应使_____。

A. $K=D$、$J=\overline{D}$　　B. $J=D$、$K=\overline{D}$　　C. $J=K=D$　　　　D. $J=K=\overline{D}$

(12)下列触发器中有"不定"逻辑功能的是_____。

A. RS 触发器　　B. JK 触发器　　C. D 触发器　　　　D. T 触发器

(13)有且只有置 0 和置 1 功能的触发器是_____。

A. RS 触发器　　B. JK 触发器　　C. D 触发器　　　　D. T 触发器

(14)一个四位数码寄存器内部有_____个 D 触发器。

A. 3　　　　　　　B. 4　　　　　　　C. 5　　　　　　　D. 10

(15)4 位移位寄存器,串行输入时,经_____个 CP 脉冲后,4 位数码全部移入寄存
器中。

A.1　　　　　　　B.4　　　　　　　C.8　　　　　　　D.2

(16)四位并行输入寄存器输入一个新的四位数据时,需要_____个 CP 时钟脉冲
信号。

A. 0　　　　　　　B. 1　　　　　　　C. 2　　　　　　　D. 4

(17)n 位串行输入寄存器输入一个新的 n 位数据时,需要_____个 CP 时钟脉冲
信号。

A. $n-1$　　　　　B. 1　　　　　　　C. n　　　　　　　D. $n+1$

(18)四位串行输入寄存器输入一个新的四位数据,再将这四位数据串行输出,需要
_____个 CP 时钟脉冲信号。

A.1　　　　　　　B.4　　　　　　　C.8　　　　　　　D.2

(19)同步计数器和异步计数器比较,同步计数器的显著优点是_____。

A. 工作速度高　　　　　　　　　B. 触发器利用率高

C. 电路简单　　　　　　　　　　D. 不受时钟 CP 控制。

(20)n 个触发器可以构成最大计数长度(进制数)为_____的计数器。

A. n　　　　　　　B. $2n$　　　　　　C. n^2　　　　　　D. 2^n

(21)下列逻辑电路中是时序逻辑电路的是_____。

A. 译码器　　　　B. 加法器　　　　C. 计数器　　　　　D. 编码器

(22)若要将 4 kHz 的矩形波信号变换为 1 kHz 矩形波信号,应采用_____。

　　A. 十进制计数器　　　　　　　B. 四进制计数器

　　C. 一进制计数器　　　　　　　D. 三进制计数器

（23）同步计数器和异步计数器比较,其差异在于后者_____。

　　A. 没有触发器　　　　　　　　B. 没有统一的时钟脉冲控制

　　C. 没有稳定状态　　　　　　　D. 输出只与内部状态有关

（24）一个 9 进制计数器计数到第 76 个 CP 脉冲时的四位输出 $Q_3 Q_2 Q_3 Q_0 =$ _____。

　　A. 0100　　　　B. 0011　　　　C. 0101　　　　D. 1000

4. 分析回答

（1）时序电路在逻辑功能和电路结构上有何特点? 它与组合电路相比较有哪些不同?

（2）触发器有哪几种电路结构形式? 有哪几种触发方式?

（3）触发器的逻辑功能有哪些?

（4）触发器的"空翻"现象是什么? 如何克服?

（5）主从触发器的"一次性翻转"问题是什么?

（6）为什么说 T′ 触发器是二分频触发器?

（7）同步时序电路和异步时序电路在电路结构上和动作特点上有何不同。

（8）计数器内的触发器个数与计数器的模有什么关系?

（9）采用"清零复位法"构成 N 进制计数器存在什么问题?

（10）如图 6-67 所示,设各触发器的初态均为 $Q^n = 0$,试画出在 CP 脉冲连续作用下各触发器输出 Q^{n+1} 的波形。

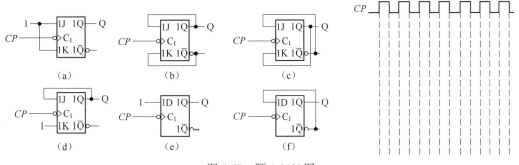

图 6-67　题 4-（10）图

（11）如图 6-68 所示电路,已知各触发器的初始状态均为 0,试画出在 CP 控制下 Q_1^{n+1}、Q_2^{n+1} 的波形。

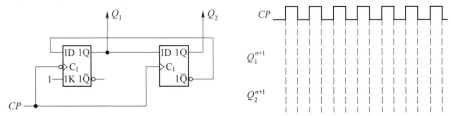

图 6-68　题 4-11 图

5. 分析设计

(1)采用清零复位法将 74LS161 及门电路构成的 13 进制计数器,画出逻辑图和状态转换图。

(2)采用预置数复位法将 74LS161 及门电路构成的 12 进制计数器,画出逻辑图和状态转换图。

(3)用进位输出置最小数法将 74LS161 及门电路构成的 9 进制计数器,画出逻辑图和状态转换图。

(4)采用清零复位法将 74LS192 及门电路构成任意 n 进制加法计数器,画出逻辑图和状态转换图。

(5)采用清零复位法将 74LS192 及门电路构成 56 进制加法计数器,画出逻辑图。

6. 分析故障

(1)某同学用集成 JK 触发器 74LS112 接成如图 6-69 所示实验电路,电路中所有元器件没有故障,但是 LED 始终不亮,试简单分析电路故障并改正。

(2)某同学用 D 触发器 74LS74 接成如图 6-70 所示实验电路后发现,发光二极管 D 一直亮,且不受输入信号控制,试简单分析可能是什么原因并改正。

(3)某同学用四线-二线译码器 74LS139 接成如图 6-71 所示电路,该同学想只让发光二极管 D_3 不亮,试分析图中接线是否能实现? 为什么?

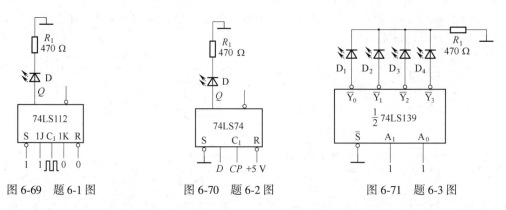

图 6-69　题 6-1 图　　　　图 6-70　题 6-2 图　　　　图 6-71　题 6-3 图

(4)一个由 74LS192、CD4511 及共阴七段数码管构成的 10 进制计数、译码、显示电路,如果不管输入信号如何变化,数码管上数字都显示 8,试分析可能是什么原因?

(5)一个由 74LS192,74LS48 及共阴七段数码管构成的 10 进制计数、译码、显示电路,如果只显示 0,2,4,6,8 等 5 个数字,试分析可能是什么原因? 如果只显示 1、3、5、7、9 等 5 个数字,试分析可能是什么原因?

阅读二　脉冲波形产生与变换电路的基本分析与应用

 能力目标

1. 能正确使用 555 定时器,会用 555 定时器构成多谐振荡器。
2. 能完成多谐振荡器构成的报警器、叮咚门铃的设计与制作。
3. 会分析计算多谐振荡器振荡频率,并能利用示波器、频率计等设备测量波形参数。

知识目标

1. 熟悉脉冲的特点及其作用。
2. 熟悉 555 定时器的结构框图和工作原理。
3. 熟悉 555 定时器的基本应用。

在数字电子电路中,通常需要各种脉冲信号,如时序电路中的时钟脉冲、控制过程中的定时信号等。那么脉冲信号是怎样产生的呢?

脉冲信号产生的方法主要有两种:一种是通过整形电路对已有的非脉冲波形进行变换获取;另一种是利用脉冲信号发生器(也叫多谐振荡器)直接产生。阅读篇二主要介绍如何利用 555 集成定时器构成多谐振荡器及其典型应用电路。

脉冲信号是一种离散信号,形状多种多样,与普通模拟信号(如正弦波)相比,波形之间在时间卜不连续(有明显的间隔),但又具有一定的周期性。最常见的脉冲波形是矩形。脉冲信号可以用来表示信息;也可以用来作为载波,比如脉冲调制中的脉冲编码调制(PCM),脉冲宽度调制(PWM)等等;还可以作为各种数字电路、高性能芯片的时钟信号。

一、555 集成定时器

555 定时器是一种将模拟电路与数字逻辑功能巧妙结合在一起的中规模集成电路,由于内部有一个由 3 个 $5k\Omega$ 构成的电阻分压器,故称 555 定时器电路。该电路使用灵活、方便,只需外接少量的阻容元件就可以构成施密特触发器、单稳态触发器和多谐振荡器。因此在波形的产生与变换、测量与控制、家用电器、电子玩具等许多领域中都得到了广泛的应用。

555 定时器的外形实物图如图 y2-1 所示。

1. 电路组成

555 定时器内部电路由 3 个阻值为 $5\ k\Omega$ 的电阻组成的分压器、两个电压比较器 C_1 和

C_2、一个基本 RS 触发器、放电开关(三极管 VT)及输出缓冲器 G_3、G_4 五部分组成,其内部结构简化原理图如图 y2-2(a)所示。

图 y2-1　555 定时器外形图

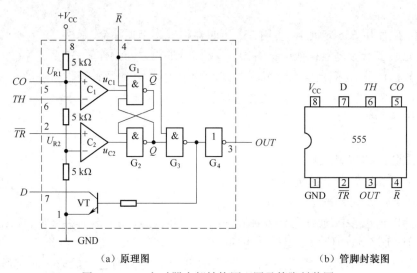

(a) 原理图　　　　　　　　　　　(b) 管脚封装图

图 y2-2　555 定时器内部结构原理图及管脚封装图

(1)分压器

由三个阻值相同的 5 kΩ 电阻组成分压器,为电压比较器提供参考电压。电压比较器 C_1 的参考电压为 $U_{R1} = \dfrac{2}{3} V_{CC}$,电压比较器 C_2 的参考电压为 $U_{R2} = \dfrac{1}{3} V_{CC}$。如果在控制电压端 CO 上外接电压 U_{CO} 时,可调整参考电压值,此时 $U_{R1} = U_{CO}$,$U_{R2} = \dfrac{1}{2} U_{CO}$;在不用此引脚时,一般通过 0.01μF 的电容接地,以防旁路高频干扰。

(2)电压比较器

电压比较器由两个结构相同的集成运放 C_1、C_2 组成,其作用是将触发电压与参考电压进行比较。图中,C_1 的同相输入端接 U_{R1},反相输入端接阈值端 TH;C_2 的同相输入端接触发端 $\overline{TR}$,反相输入端接 U_{R2}。根据电压比较器输入电压与输出电压的关系,可知 $U_+ > U_-$ 时,比较器输出为高电平"1";$U_+ < U_-$ 时,输出为低电平"0"。

(3)基本 RS 触发器

电压比较器的输出 U_{C1}、U_{C2} 是基本 RS 触发器的输入信号($U_{C1} = \overline{R}$,$U_{C2} = \overline{S}$)。当 $U_{TH} >$

U_{R1}、$U_{\overline{TR}} > U_{R2}$ 时，$U_{C1} =$ "0"，$U_{C2} =$ "1"，基本 RS 触发器置 "0"；当 $U_{TH} < U_{R1}$、$U_{\overline{TR}} > U_{R2}$ 时，$U_{C1} =$ "1"，$U_{C2} =$ "1"，基本 RS 触发器状态保持不变；当 $U_{TH} < U_{R1}$、$U_{\overline{TR}} < U_{R2}$ 时，$U_{C1} =$ "1"，$U_{C2} =$ "0"，基本 RS 触发器置 "1"。不允许 $U_{TH} > U_{R1}$、$U_{\overline{TR}} < U_{R2}$，否则基本 RS 触发器状态不定。

$\overline{R}$ 是外部置零输入端。当 $\overline{R} = 0$ 时，$G_3 = 1$，$G_4 = 0$，使定时器输出 OUT 立即置成低电平 "0"。正常工作时必须使 $\overline{R}$ 处于高电平。

（4）放电开关三极管

在 555 定时器的实际应用中，都会利用外接电容的充放电过程来实现定时控制。为了能准确定时，在完成一次定时控制后，应及时将外接电容上已充的电荷放掉，保证电容每次从零开始充电。电路中的放电开关三极管 VT 在基本 RS 触发器置 "0" 时导通，呈闭合状态，迅速放电，放电端 D 近似接地；当触发器置 "1" 时，VT 截止，放电开关呈断开状态，外接电容从零开始充电。

（5）输出缓冲器

G_4 为输出缓冲器，它的作用是提高电路的带负载能力，并隔离负载对定时器的影响。

2. 定时器的功能

综上所述，555 定时器的基本功能如表 y2-1 所示。

表 y2-1　555 定时器功能表

$\overline{R}$	TH	$\overline{TR}$	Q	OUT	D
0	×	×	×	0	接通
1	$> \dfrac{2}{3} V_{CC}$	$> \dfrac{1}{3} V_{CC}$	0	0	接通
1	$< \dfrac{2}{3} V_{CC}$	$> \dfrac{1}{3} V_{CC}$	保持	保持	保持
1	$< \dfrac{2}{3} V_{CC}$	$< \dfrac{1}{3} V_{CC}$	1	1	关断

一般用双极性工艺制作的称为 555，用 CMOS 工艺制作的称为 7555，除单定时器外，还有对应的双定时器 556/7556。555 定时器的电源电压范围宽，可在 4.5~16 V 工作，7555 可在 3~18 V 工作，输出驱动电流约为 200 mA，因而其输出可与 TTL、CMOS 或者模拟电路电平兼容。

二、555 定时器构成的多谐振荡器

1. 基本分析

多谐振荡器是一种典型的矩形脉冲产生电路，它是一种自激振荡器，接通电源后，不需要外加触发信号，便能自动的产生矩形脉冲信号。由于矩形波中含有丰富的高次谐波分量，所以称为多谐振荡器。

图 y2-3 所示为 555 定时器构成多谐振荡器的电路原理图及输出脉冲信号波形图，图

y2-4 所示为 555 多谐振荡器外部及内部电路原理图。接通电源后,电容 C 通过电阻 R_1、R_2 充电,电压 u_c 上升到 $\frac{2}{3}V_{CC}$ 时,触发器置"0",同时放电管 VT 导通,此时第 3 管脚输出低电平 $OUT=$"0",电容 C 通过电阻 R_2 和放电管 VT 放电,使 u_c 下降。当 u_c 下降到 $\frac{1}{3}V_{CC}$ 时,触发器置"1",放电管 VT 截止,同时输出翻转为高电平 $OUT=$"1";电容 C 又开始充电,同时使 u_c 上升,当 u_c 上升到到 $\frac{2}{3}V_{CC}$ 时,触发器又被置 0,同时放电管 VT 导通,输出再次翻转为低电平"0"······如此重复,就产生了周期变化的脉冲振荡信号。

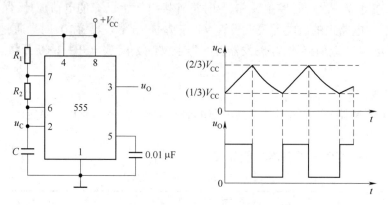

图 y2-3　555 定时器构成多谐振荡器的电路
原理图及输出脉冲波形图

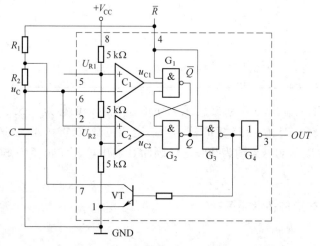

图 y2-4　555 多谐振荡器外部及内部电路原理图

由图 y2-3 中的波形可知,脉冲信号的周期 T 取决于电容 C 的充、放电时间,电容充电时脉冲信号为高电平,电容放电时脉冲信号为低电平,而电路中影响电容充放电的的因素为电

阻 R_1、R_2 和电容 C。因此,脉冲信号的周期可以用公式(y2-1)计算

$$T \approx 0.7(R_1 + 2R_2)C \qquad\qquad (y2\text{-}1)$$

2. 基本应用

555 定时器成本低,性能可靠,只需要外接几个电阻、电容,就可以实现多谐振荡器、单稳态触发器及施密特触发器等脉冲产生与变换电路。它也常作为定时器广泛应用于仪器仪表、家用电器、电子测量及自动控制等方面。

(1)555 定时器制作

如图 y2-5 所示为 555 集成定时器制作的叮咚门铃电路图。

初始时,由于 555 的第 4 脚为低电平,555 振荡器电路不工作,喇叭不发声。

当按下按钮 SB 时,电源通过二极管 VD_2 给电容 C_1 充电,555 定时器第 4 管脚变为高电平,振荡电路开始工作,产生频率为 f_1 的信号,喇叭发出"叮"的声音,而当松开按钮 SB 时,电容 C_1 通过 R_4 放电,在 555 的第 4 管脚仍为高电平期间,振荡电路产生频率为 f_2 的信号,此时喇叭发出"咚"的声音。电容 C_1 通过 R_4 放电完毕,喇叭停止发声。

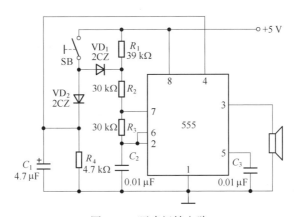

图 y2-5 叮咚门铃电路

"叮"的声音频率 $\quad f_1 \approx \dfrac{1}{0.7(R_2 + 2R_3)C_2} = 1587.3$ (Hz)

"咚"的声音频率 $f_2 \approx \dfrac{1}{0.7(R_1 + R_2 + 2R_3)C_2} = 1107.4$ (Hz)

如果要改变音调的高低,可调节电阻 R_1、R_2、R_3 或电容 C_2 的大小。这些元件的数值变小,则音调变高,数值调大,则音调变低。

要改变"叮-咚"声音的持续时间,可调节 C_1 或 R_4 的大小,数值调大,则时间变长,数值调小,则时间变短。

(2)555 定时器制作防盗报警器电路

图 y2-6 所示为 555 集成定时器制作的防盗报警器电路。

该电路是一个典型的门窗报警电路,主要由一根短路线(铜线)、一个开关型三极管、一个 555 集成定时器构成的多谐振荡器电路。

在正常状态时,开关闭合,VT 导通,555 定时器的第 4 管脚通过铜线与地相接为低电平,555 定时器不工作,报警器不发声。

当有盗贼进入时,碰断铜线,电源通过三极管 VT 给电容充电,电容电压升高,第 4 管脚变为高电平,多谐振荡器开始振荡工作,输出脉冲信号,报警器发出报警声音。

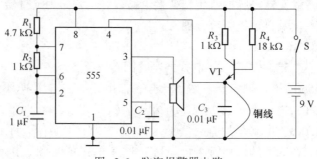

图 y2-6　防盗报警器电路

三、555 定时器构成的单稳态触发器

单稳态触发器广泛应用于脉冲的整形、延时和定时等场合。单稳态触发器的工作特点是:

(1)有一个稳定状态和一个暂稳状态;

(2)在无外加触发脉冲时电路处于稳定状态,在有外加触发脉冲下电路将从稳定状态翻转到暂稳状态,暂稳状态持续一段时间后,又自动返回稳定状态;

(3)暂稳状态持续时间 t_w 的长短取决于电路本身的参数,而与触发脉冲无关。

1. 基本分析

555 定时器组成的单稳态触发器的电路原理图如图 y2-7(a)所示。

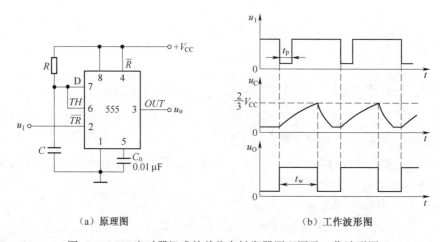

（a）原理图　　　　　（b）工作波形图

图 y2-7　555 定时器组成的单稳态触发器原理图及工作波形图

单稳态触发器的工作过程一般分为几个阶段:

（1）稳态

在输入 u_I 为高电平（触发负脉冲未到）时，接通电源，电源 V_{CC} 经 R 给电容 C 充电，使 u_C 上升并超过 $\frac{2}{3}V_{CC}$ 时，则 $U_{TH} > \frac{2}{3}V_{CC}$，而 $U_{\overline{TR}}$（$=u_I$）$> \frac{1}{3}V_{CC}$，基本 RS 触发器置 0，输出 $u_O =$ 0；同时放电开关管 VT 导通，电容 C 经放电端 D 迅速放电，u_C 很快下降到零。此后 $U_{TH} < \frac{2}{3}V_{CC}$，而 $U_{\overline{TR}}$（$=u_I$）$> \frac{1}{3}V_{CC}$，使输出 u_O 保持在低电平，电路处于稳定状态。

（2）触发翻转

当输入 u_I 负脉冲到来，此时 $U_{\overline{TR}}$（$=u_I$）$< \frac{1}{3}V_{CC}$，$U_{TH} < \frac{2}{3}V_{CC}$，基本 RS 触发器置 1，输出 u_O 也由低电平翻转到高电平。

（3）暂稳态

在电路触发翻转到高电平的同时，放电三极管 VT 截止，电容又开始充电，电路进入暂稳态，定时开始。电容充电电压 u_C 按指数规律上升并趋向 V_{CC}，充电时间常数 $t_w = RC$。在这个阶段内输出 u_O 暂时保持在高电平。

（4）自动返回

当电路经过一段时间的高电平暂稳态后，u_I 触发负脉冲消失又变成高电平，$U_{\overline{TR}}$（$=u_I$）$> \frac{1}{3}V_{CC}$；同时当电容电压 u_C 上升到 $\frac{2}{3}V_{CC}$ 时，则 $U_{TH} > \frac{2}{3}V_{CC}$，于是基本 RS 触发器又置 0，输出 u_O 自动返回到低电平，放电开关管 VT 导通，定时结束，即暂稳态结束。

（5）恢复

放电开关管 VT 导通后，电容 C 放电，放电电流经过放电管迅速放掉，为下一次负脉冲到来重复上述过程做好准备。电路的工作波形图如图 y2-7(b) 所示。

由工作波形可见，输出脉冲宽度等于暂稳态持续时间 t_w，也就是定时电容 u_C 从 0 充电到 $\frac{2}{3}V_{CC}$ 所需的时间。输出脉冲宽度 t_w 可以用公式（y2-2）计算：

$$t_w = \tau_w \ln3 \approx 1.1RC \qquad\qquad (\text{y2-2})$$

单稳态触发器输出脉冲宽度 t_w 与定时元件 R、C 有关，调节定时元件 R、C 的大小，就可改变输出脉冲宽度。一般电阻的取值在几百欧到几兆欧，电容的取值在几百皮法到几百微法，t_w 的范围在几微秒到几分钟。

单稳态触发器输出脉冲的周期取决于输入脉冲的周期，输出脉冲的幅度接近电源电压。

另外，触发负脉冲的宽度 t_p 必须小于输出脉冲宽度 t_w，即触发负脉冲到达后，在 t_w 时间内不能再次输入负脉冲。

2. 基本应用

用 555 定时器制作的延时关灯电路，如图 y2-8 所示。

该电路可以作为住宅楼走廊灯的开关电路，包含主电路和控制电路两部分。在按钮 SB 断开状态下，555 定时器第 2 管脚为高电平，555 定时器输出稳定低电平状态，使三极管 VT

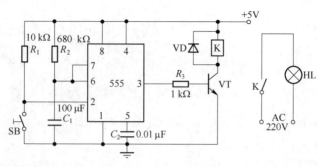

图 y2-8　延时关灯电路

截止,而继电器 K 线圈中没有电流,因此主电路中的继电器 K 开关处于断开状态,灯 HL 处于熄灭状态。

当有人触摸按钮 SB 时,555 定时器第 2 管脚相当于输入一个负脉冲,555 定时器输出变成高电平状态,使三极管 VT 导通,而继电器 K 线圈中得到电流,因此主电路中的继电器 K 开关闭合,点亮灯 HL。延时一段时间后,暂稳态结束,555 定时器输出恢复低电平,灯 HL 自动熄灭。

灯点亮的时间取决于电路中的 R_2 和电容 C_1 的大小,即

$$t_w = 1.1 R_2 C_1 = 1.1 \times 680 \times 10^3 \times 100 \times 10^{-6} = 74.8 \,(\text{s})$$

如果要改变灯的延时熄灭的时间,改变 R_2 或 C_1 的值即可实现。

四、555 定时器构成的施密特触发器

施密特触发器是一种脉冲整形、变换电路,又称为电平触发双稳态触发器,广泛应用于脉冲整形、脉冲变换和幅度鉴别等场合,如图 y2-9 所示。

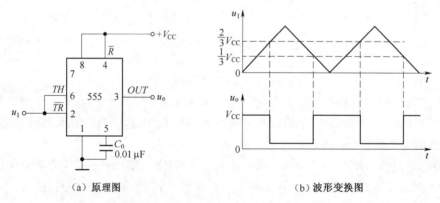

（a）原理图　　　　　　　　　（b）波形变换图

图 y2-9　555 定时器构成的施密特触发器原理电路及波形变换图

由图可见,输入信号为三角波信号,输出信号变换成脉冲信号。利用该电路除了可以实现将各种类型的输入信号(例如正弦波、三角波等信号)变成脉冲信号,还可以实现将不规则脉冲信号整形为规则的脉冲信号。

施密特触发器的工作特点是：

（1）具有两个稳定的工作状态，当输入信号达到某一阈值时，输出电平发生跳变，电路从一个稳态翻转到另一稳态。

（2）输出由低电平翻转到高电平的输入触发电平，与输出由高电平翻转到低电平的输入触发电平，是不同的，即具有回差特性。回差特性使电路的抗干扰能力增强。

（3）无记忆功能，触发器的某一稳态需外加触发脉冲来维持，如撤掉外加脉冲会导致电路状态发生改变。

 思考

1. 555 定时器的内部电路主要包括哪些部分？有哪些产品？

2. 555 定时器构成的多谐振荡器是如何实现电容充放电的？

3. 叮咚门铃电路中"叮""咚"的声音是如何产生的？"叮""咚"声音的时间长短由什么控制？

4. 555 定时器制作的楼梯延时灯，延时时间长短由什么控制？

阅读三　A/D 与 D/A 转换器的基本分析与应用

能力目标

1. 能结合集成电路手册,合理选用 ADC 和 DAC 集成器件。
2. 能正确使用 ADC 和 DAC 集成器件。

知识目标

1. 了解模/数转换器、数/模转换器的功能及作用。
2. 熟悉 ADC 和 DAC 转换的基本原理。
3. 了解 ADC 和 DAC 的基本特性及选用原则。

随着计算机技术及信息技术的迅速发展,生产过程中越来越普遍地采用计算机、单片机等实现自动化控制。而在生产过程中,从控制对象获取的信息大多是温度、压力、速度、位移等非电类模拟信号,需要先利用传感器将这些非电类模拟信号转换为对应电参量,然后转换为数字信息,才能送入计算机或数字化系统显示,同样,经计算机处理后的数字信息,必须先转换为模拟信号,才能直接控制相应设备去完成动作。一般生产过程的自动控制框图如图 y3-1 所示。

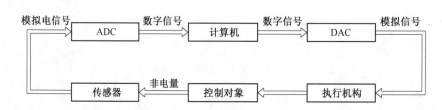

图 y3-1　生产过程的自动控制框图

将模拟信号转换成数字信号的转换称为模/数转换,简称 A/D(Analog to Digital)转换,而实现这种转换的电路叫做 A/D 转换器(简称 ADC)。将数字信号转换成模拟信号的转换称为数/模转换,简称 D/A(Digital to Analog)转换,实现这种转换的电路叫做 D/A 转换器(简称 DAC)。A/D 与 D/A 转换器在数字化测量仪表、通信、遥控及测量系统中是不可或缺的重要组成部分。

一、模/数转换器(ADC)

ADC 的功能是将模拟量转换为数字量。在 ADC 进行转换过程中,由于输入信号为时间上连续的模拟信号,输出信号是时间与幅值上都离散、断续的数字信号,因此,在 ADC 内部需要经过采样、保持、量化和编码四个过程才能将模拟信号转换为数学信号输出。

根据测量原理不同,ADC 有多种转换类型,比较常见的主要有逐次逼近型 ADC、双积分型 ADC 和并联比较型 ADC。

1. 采样与保持

将一个时间上连续变化的模拟信号转换为时间、幅值都离散变化的数字信号的过程称为采样。采样过程示意图如图 y3-2 所示。由采样过程的输出波形可知,如果采样脉冲的频率越高,采样的次数越多,模拟信号数字化的性能越好,采样输出信号就越能真实地复现输入信号。但采样频率又不能太高,否则会使转换电路容量造成浪费或使处理电路变得复杂。合理的选择采样频率是由采样定理确定的。

采样定理:设采样脉冲 u_s 的频率为 f_s,输入模拟信号的最高频率分量的频率为 f_{imax},理论上只需满足

$$f_s \geqslant 2f_{imax} \tag{y3-1}$$

通常取 $f_s = (3\sim5)f_{imax}$。

每次采样得到的电压转化为数字量都需要一定的时间,而采样脉冲的宽度 t_s 很窄,量化装置来不及处理,因此对每个采样信号值均要保持一个采样周期 T_0,直到下次采样为止。通常将转换过程中能让采样值保持一段时间的环节称为保持,用采样—保持电路来完成。

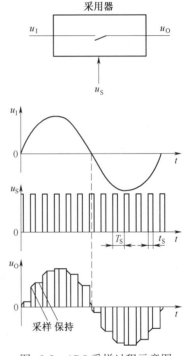

图 y3-2　ADC 采样过程示意图

2. 量化与编码

采样保持电路的输出虽已成为离散的阶梯电压,但阶梯电压幅值仍然是连续的。根据定义,数字信号应在数值变化上是断续的,因此任何一个数字量的大小只能是某一规定的最小数量单位的整数倍。通常将采样保持后的电压幅值化为最小数量单位的整数倍的过程称为量化。在量化过程中所取的最小数量单位称为量化单位,用 Δ 表示,它是数字信号只有最低位为 1 时所对应的模拟量,即 1LSB。

把量化的结果用二进制代码表示出来,称为编码,由编码器实现。这些代码就是 A/D 转换的结果。

由于模拟信号采样值是连续的,取样保持的输出电压就不一定能被 Δ 整除,因而量化

过程中就不可避免的出现误差,这种误差称为量化误差,它是无法消除的。量化级数分得越多,或量化单位越小,那么量化误差就越小,但要求 A/D 转换器的位数就越多。A/D 转换器的位数增多,会使电路和编码带来复杂,量化级数视实际要求而定。

选择 A/D 转换器所考虑的主要技术指标是分辨率和转换精度。

分辨率又称分解度,反映 A/D 转换器对输入信号的分辨能力。从理论上讲,n 位输出的 A/D 转换器能区分 2^n 个不同等级的输入模拟电压,能区分输入电压的最小值为满量程输入的 $1/2^n$。分辨率通常以输出二进制的位数来表示。例如 A/D 转换器的输出为 10 位二进制数,最大输入信号为 4.5 V,那么这个转换器的输出应能区分出输入信号的最小差异为 $4.5 \text{ V}/2^{10} = 4.39 \text{ mV}$。

转换精度是指转换后的数字量所代表的模拟输入值与实际模拟输入值之差。A/D 转换器的位数越多,量化误差越小,转换精度越高,分辨率越好。

3. 集成 ADC0809 及其应用电路

如图 y3-3 所示为 ADC0809 的管脚图。ADC0809 是常见的单片 8 位 8 路 COMS A/D 转化器。它是一种采用逐次逼近进行转换的方法,主要由八路电子开关、地址锁存器、译码器、比较器、逐次逼近寄存器及电阻网络等构成,其分辨率为 8 位、线性误差为 ±1LSB,输入模拟电压为 0~5 V。

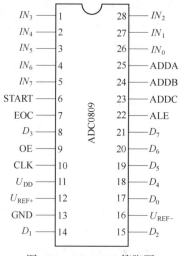

图 y3-3　ADC0809 管脚图

ADC0809 各引脚功能如下:

(1)IN_0~IN_7:8 路模拟通道输入端。

(2)D_0~D_7:8 位数字量输出端。

(3)ADDA、ADDB、ADDC:模拟通道地址选择端,当 CBA=001 时输入通道 IN_0 被选通,依次类推。

(4)ALE:地址锁存允许控制端,当 ALE 为高电平时,锁存选择的输入通道,使该通道的模拟量送入 A/D 转换器。

(5)START:启动转换控制端,高电平有效。由它启动 ADC0809 内部的 A/D 转换器。在信号的上升沿将内部寄存器清零,在下降沿开始进行转换。

(6)CLK:时钟脉冲输入端,只有时钟脉冲输入时,控制与时序电路才能工作。

(7)EOC:转换结束信号输出端,当 A/D 转换结束时,发出一个正脉冲,使 EOC 变为高电平,并将转换结果送入三态输出寄存器。

(8)OE:输出允许控制端,当 OE=1 时,将三态输出锁存缓冲器中的数据送到数据输出线上。

(9)$U_{\text{REF}(+)}$、$U_{\text{REF}(-)}$:正负基准电压。

(10)V_{DD}、GND:电源及接地端。

集成 ADC0809 转换器的性能如下:

(1)工作电源为+5 V。

（2）分辨率为 8 位。最大失调误差为 1LSB。

（3）模拟量输入电压范围为：0～5 V，不需要零点和满刻度调节。

（4）工作时钟频率典型值为 640 kHz，转换时间为 100 μs。

4. 集成 ADC0809 转换器的使用

（1）ADC0809 需外接采样保持电路。采样保持电路可采用单片集成采样保持电路，如 LF398、LF198。

（2）双基准电压的使用。ADC0809 给出了两个基准电压 $U_{REF(+)}$、$U_{REF(-)}$，通常情况下 $U_{REF(+)}$ 接电源 V_{DD}，$U_{REF(-)}$ 接地。也可以按指定的基准电压连接。

对 ADC 的测试电路及应用电路进行仿真，在 ADC 的输入端 V_{in} 输入一个 1 kHz、5 V 的正弦波信号，可以观察到随输入变化，输出不同的数字信号。如图 y3-4 所示为某瞬间的输出状态。

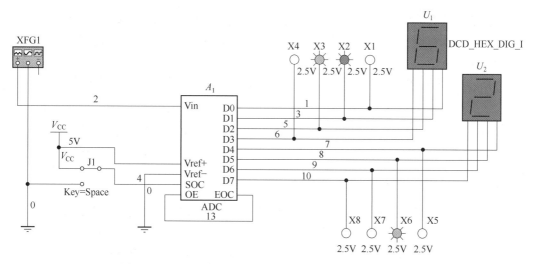

图 y3-4　ADC 测试与应用仿真电路某时刻瞬间的输出状态

二、数/模转换器（DAC）

数/模转换器的功能是将数字量转换为与之成比例的模拟信号。基本转换原理是基于二进制编码权的控制，转换输出的权电压或权电流通常由参考电压源作用于电阻网络形成。DAC 的转换电路一般由参考电压源、电子开关和电阻网络构成。

DAC 种类很多，按照电阻网络的结构不同，可分为权电阻型 DAC、T 形电阻网络 DAC、倒 T 形电阻网络 DAC 等。我们主要介绍常见的倒 T 形电阻网络 DAC。

1. 倒 T 形电阻网络 DAC

图 y3-5 所示为常用的倒 T 形电阻网络 DAC 原理图。图中由 R 和 $2R$ 组成电阻译码网络，形状呈倒 T 形；S_0～S_3 为模拟开关；运算放大器 A 组成反相求和放大电路；U_{REF} 为基准电压。模拟开关 S_0～S_3 由输入数码 D_0～D_3 控制。当 $D_i = 0$ 时，S_i 将电阻 $2R$ 接在集成运放的同相输入端（即接地）；当 $D_i = 1$ 时，S_i 接运算放大器的反相输入端，电流 I_i 流入求和电路。

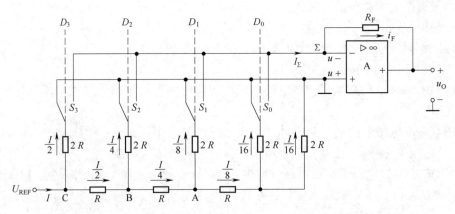

图 y3-5　倒 T 形电阻网络 DAC 原理图

由运算放大器"虚断""虚短"原理可知，u_-端"虚地"，则对于倒 T 形电阻网络 DAC 的任一支路，不管输入信号 D_i 是"0"还是"1"，流过该支路的电流是基本不变的。倒 T 形电阻网络的等效电阻为 R。

因此，当输入 n 位二进制代码时，输出模拟量与输入数字量之间的关系表达式为

$$U_O = -\frac{R_F}{R} \cdot \frac{U_{REF}}{2^n}(D_{n-1} \times 2^{n-1} + D_{n-2} \times 2^{n-2} + \cdots + D_1 \times 2^1 + D_0 \times 2^0)$$

若取 $R_F = R$，则

$$U_O = -\frac{U_{REF}}{2^n}(D_{n-1} \times 2^{n-1} + D_{n-2} \times 2^{n-2} + \cdots + D_1 \times 2^1 + D_0 \times 2^0) \qquad (y3\text{-}2)$$

【例 y3-1】　如图 y3-5 所示，$R_F = R$，基准电压为 $U_{REF} = 16$ V。试分别求出 4 位和 8 位 DAC 的最小输出电压和最大输出电压。

解：n 位输入数字量仅最低位为 1，其他位均为 0 时的模拟输出电压称为最小输出电压 U_{Omin}，或称最小分辨电压 U_{LSB}。n 位输入数字量各位均为 1 时的模拟输出电压称为最大输出电压 U_{Omax}，或称满刻度输出电压。则由式（y3-2）得

$$U_{Omin}(4\text{ 位}) = -\frac{U_{REF}}{2^4}(0 \times 2^3 + 0 \times 2^2 + 0 \times 2^1 + 1 \times 2^0) = -\frac{16}{2^4} \times 1 = -1(\text{V})$$

$$U_{Omin}(8\text{ 位}) = -\frac{U_{REF}}{2^8}(0 \times 2^7 + 0 \times 2^6 + \cdots + 0 \times 2^1 + 1 \times 2^0) = -\frac{16}{2^8} \times 1 = -0.0625(\text{V})$$

$$U_{Omax}(4\text{ 位}) = -\frac{U_{REF}}{2^4}(1 \times 2^3 + 1 \times 2^2 + 1 \times 2^1 + 1 \times 2^0) = -\frac{16}{2^4} \times (2^4 - 1) = -15(\text{V})$$

$$U_{Omax}(8\text{ 位}) = -\frac{U_{REF}}{2^8}(1 \times 2^7 + 1 \times 2^6 + \cdots + 1 \times 2^1 + 1 \times 2^0) = -\frac{16}{2^4} \times (2^8 - 1) = -15.94(\text{V})$$

比较计算结果可知，在 U_{REF} 和 R_F 相同的条件下，DAC 转换的位数越多，最小输出电压越小，最大输出电压越大。

选用 DAC 的主要技术指标是它的分辨率和转换精度。

分辨率说明 DAC 分辨最小输出电压的能力,通常用最小输出电压(n 位输入数字量仅最低位为 1 时的输出电压)与最大输出电压(n 位输入数字量全有效位为 1 时的输出电压)的比值表示,即 $\dfrac{1}{2^n - 1}$ 表示。D/A 转换器的位数越多,分辨输出电压最小电压的能力越强。

转换精度是指实际输出模拟电压与理论值之间的差值,与转换误差和输入数字量的位数有关,一般要求转换误差应小于或等于输入最低位数字所对应输出电压 U_{LSB} 的 1/2。

【例 y3-2】 假设满刻度输出电压 $U_{Omax} = 10\ V$,求 D/A 转换器为 8 位、10 位的最小输出电压。

解:

$$U_{LSB}(8\ \text{位}) = \frac{U_{Omax}}{2^8 - 1} = \frac{10}{2^8 - 1} = 39(\text{mV})$$

$$U_{LSB}(10\ \text{位}) = \frac{U_{Omax}}{2^{10} - 1} = \frac{10}{2^{10} - 1} = 9.8(\text{mV})$$

2. 集成 DAC0832 及其应用电路

如图 y3-6 所示为 DAC0832 的管脚图。DAC0832 是一种采用 CMOS 工艺、具有 8 位分辨能力的 D/A 转换器,其内部采用倒 T 形电阻网络,芯片中无运算放大器,使用时需外接运放,输出是模拟电流 I_{O1}、I_{O2}。

DAC0832 的引脚功能如下:

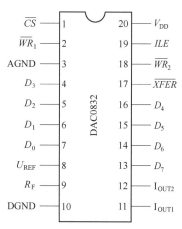

图 y3-6　ADC0832 管脚图

(1)$D_0 \sim D_7$:为 8 位二进制数字输入端,D_0 是最低位,D_7 是最高位。

(2)ILE:输入寄存器锁存信号(高电平有效)。

(3)$\overline{CS}$:输入寄存器片选信号(低电平有效)。

(4)$\overline{WR_1}$:输入寄存器写信号(低电平有效)。在 $\overline{CS} = 0$、且 $ILE = 1$ 时,若 $\overline{WR_1} = 0$,则 LE_1 为高电平,允许数据装入输入寄存器中,当 $\overline{WR_1} = 1$ 或是 $\overline{CS} = 1$ 时数据锁存,这时不能接收数据信号。

(5)$\overline{WR_2}$:DAC 寄存器写信号(低电平有效)。当 $\overline{WR_2} = 0$、$\overline{XFER} = 0$ 时,则 LE_2 为高电平,允许输入寄存器的数据装入 DAC 寄存器;当 LE_2 为低电平时锁存装入的数据。

(6)$\overline{XFER}$:传送控制信号(低电平有效)。与 $\overline{WR_2}$ 一起构成对 DAC 寄存器的锁存控制信号。

(7)U_{REF}:为基准电压。其值为 $-10 \sim +10\ V$ 之间。

(8)I_{OUT2}:D/A 模拟电流输出端 2,接运放同相输入端,通常该端接地。$I_{OUT1} + I_{OUT2} =$ 常数。

(9)I_{OUT1}:D/A 模拟电流输出端 1,接运放反相输入端。当 DAC 寄存器中数码全为 1 时,其值为最大;数码全为 0 时,其值为最小。

（10）R_F：反馈电阻。为外部运算放大器提供一个反馈电阻。

（11）AGND：模拟电路接地端。

（12）DGND：数字电路接地端。

（13）V_{DD}：电源电压。可以从+5～+15 V 选用，+15 V 为最佳工作状态。

DAC0832 的测试电路及应用电路仿真如图 y3-7 所示，DAC 参考电压为 12 V，在 DAC 的数据端分别输入二进制代码 00000001 和 11111111，则在输出端输出对应的模拟电压 0.094 V 和 11.999 V。

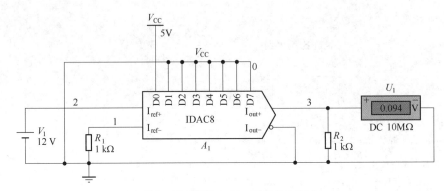

（a）输入二进制代码00000001时的输出测试

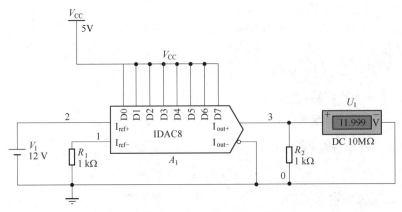

（b）输入二进制代码11111111时的输出测试

图 y3-7　DAC 测试应用仿真电路

三、DAC 和 ADC 综合应用电路

图 y3-8 为某时刻 DAC 和 ADC 芯片的综合应用仿真电路。

如图 y3-8 所示，在 ADC 的输入端输入一正弦交流信号（波形图中的正弦波），在输出端 $D_7 \sim D_0$ 自动输出数字信号，该数字信号作为 DAC 的输入信号，输出端 IOUT+端输出转换的模拟信号是波形图中阶梯状信号，这是因为采样频率较低造成的，只要提高采样频率，输出信号将越来越接近于输入的模拟信号。

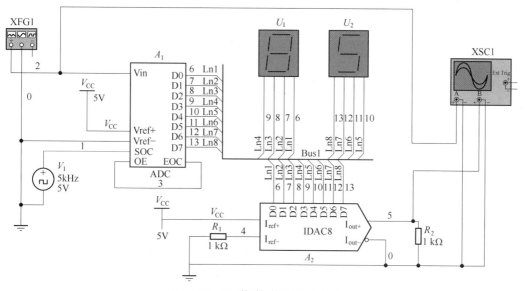

（a）ADC–DAC某瞬间的输入输出状态

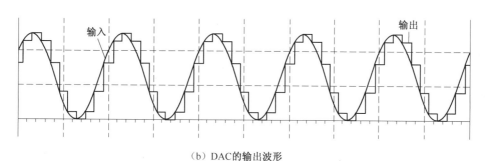

（b）DAC的输出波形

图 y3-8　某时刻 DAC 和 ADC 综合应用仿真电路

 思考

1. 一般 ADC 转换过程需要经过那几个步骤？

2. DAC 内部转换电路通常由哪三个部分构成？

3. DAC 的最小输入电压是指什么电压？最大输入电压是指什么电压？如何判断 DAC 的分辨率？

4. 已知某 D/A 转换器的满刻度输出电压为 10 V。如果要求 1 mV 的分辨率，其输入数字量的位数至少是多少位？（14 位）

5. 一个 A/D 转换器满量程时的输入电压为 10 V，要求最小分辨电压为 20 mV，试问：

（1）该转换器的位数至少要多少位？（9 位）

（2）该转换器的分辨率为多少？（$1/2^9$）

6. 在进行电路设计时，如何选择 ADC 芯片和 DAC 芯片？（主要技术指标）

参 考 答 案

项 目 一

1. 略

2. √ × × √ × × √ √ ×

3. C D A B C A D A C D

4. (1)(a)导通,$U_0 = 6$ V   (b)截止,$U_0 = 6$ V   (c)截止,$U_0 = -12$ V   (d)截止,$U_0 = 0$ V   (e)导通,$U_0 = -12$ V   (f)VD_1 先导通并钳位,使 VD_2 截止,$U_0 = 0$ V

(2)(a)$U_0 = 20.4$ V,$U_0 = 22.4$ V ~ 23.4 V   (b)$U_0 = 5.94$ V,$U_0 = 7.94$ V ~ 8.94 V

5. 略

项 目 二

1. 略

2. √ × × × × √ × × √ × × √ √ √ × √ √ × × √ × ×

3. B B B C C B D A B C D B C B A C B D A B

4. 略

5. (1)(a)$Q(25\ \mu A, 2.5\ mA, 4.5\ V)$ S 断开,$A_u = -230$;S 闭合,$A_u = -115$

       $r_i = 1.3$ kΩ $r_o = 3$ kΩ

     (b)$Q(40\ \mu A, 1.5\ mA, -6\ V)$ S 断开,$A_u = -152$;S 闭合,$A_u = -76$

       $r_i = 1$ kΩ $r_o = 4$ kΩ

     (c)$Q(30\ \mu A, 1.5\ mA, 6.75\ V)$ S 断开,$A_u = -26.8$;S 闭合,$A_u = -53.6$

       $r_i = 1.4$ kΩ $r_o = 1.5$ kΩ

     (d)$Q(50\ \mu A, 2\ mA, -4\ V)$ S 断开,$A_u = -98$;S 闭合,$A_u = -49$

       $r_i = 820$ Ω $r_o = 2$ kΩ

微变等效电路(略)

(2)$Q(20\ \mu A, 2\ mA, 6.6\ V)$ $r_{be} = 1.6$ kΩ $A_u = 0.99$ $r_i = 143$ kΩ $r_o = 16$ Ω

(3)$r_{be1} = 1.6$ kΩ $r_{be2} = 1.35$ kΩ $r_{i2} = 113$ kΩ $R_{L1}' = R_{c1} \parallel r_{i2} = 2.92(kΩ)$

$A_u = A_{u1} A_{u2} = -181$ $r_i = r_{be1} = 1.6$ kΩ $r_o = r_{o2} = 13.4(Ω)$

$$U_o = |A_u| U_i = |A_u| \frac{r_{be1}}{r_{be1} + R_s} \times U_s = 1.1(V)$$

(4)①$U_i = 9$ V,$U_{om} = 9\sqrt{2}$ V,$P_o = 5.0625$ W $P_E = 9.12$ W $\eta = P_o / P_E = 55.5\%$

②$U_{im} = 18$ V，$U_{om} = 18$ V，$P_o = 10.125$ W　　$P_E = 12.9$ W　　$\eta = P_o / P_E = 78.5\%$

③$U_{im} = 20$ V，输出会发生失真。

6. 略

<h2>项 目 三</h2>

1. 略

2. √　×　√　√　√　√　√　√　×　×

3. C　B　C　A　D　B　A　B

4. (6)(a)电流并联交流负反馈　　　　　(b)电流串联交直流负反馈

　　　(c)电压并联交直流负反馈　　　　(d)电压串联交直流负反馈

5. (1)$u_{o1} = 6$ V　$u_o = 6$ V　$i = 6$mA　A_1 为反相比例运算电路　A_2 为电压跟随器

　(2)$u_{o1} = 0.2$ V　$u_o = 2$ V　A_1 为电压跟随器　A_2 为减法运算电路

　(3)$u_{i2} = u_{i3} = 0$　$u_{o1} = -1.6$ V；$u_{i3} = u_{i1} = 0$　$u_{o2} = 2$ V；$u_{i2} = u_{i1} = 0$　$u_{o3} = 2$ V

　　$u_o = u_{o1} + u_{o2} + u_{o3} = 2.4$ V

　(4)$u_{o1} = -0.36$ V　$u_o = -3.6$ V　A_1 为反相比例运算电路　A_2 为同相比例运算电路

　(5)(a)$u_{o1} = -2.5$ V　　$u_o = 5$ V

　　　(b)$u_o = 2$ V

　　　(6)略

6. 略

<h2>项 目 四</h2>

1. 略

2. ×　×　√　×　√　×　√　×　×　×　√　×　√　×　√　×　√　√　×　√　×　√　√

3. C　C　A　D　C　D　B　A　C　B　D　C　C　D　C

4. 略

5. (1)略

　(2) ①$Y = 1$　　②$Y = A + C + BD + \overline{B}EF$　　③$Y = AB + C + \overline{C}D + \overline{D}$

　④$Y = A + B$　　⑤$Y = A + B$　　⑥$Y = ACD + BC$

　(3)① $Y = \overline{A} \cdot \overline{B} + AC$　　②$Y = C + \overline{A}B$　　③ $Y = A + \overline{A}\,\overline{D}$

　④ $Y = \overline{A}D + \overline{B} \cdot \overline{D}$　　⑤$Y = AB + \overline{B} \cdot \overline{C} + \overline{B} \cdot \overline{D}$　　⑥$Y = \overline{A} \cdot \overline{B} + B\overline{D} + A\,\overline{CD}$

6. 略

<h2>项 目 五</h2>

1. 略

2. √ √ √ × √ √ √ √

3. D A D C D A D

4. 略

5. 略

6. 略

项 目 六

1. 略

2. √ √ × × × √ × × × ×

3. B B A B B A C A A D B A C B B B C C A D C B B A

4. 略

5. 略

6. 略

附　　录

附录A　常用半导体元器件参数及型号

(一)常用稳压二极管参数及型号

型号	最大耗散功率（W）	稳定电压（V）	最大工作电流（mA）	可代换型号	型号	最大耗散功率（W）	稳定电压（V）	最大工作电流（mA）	可代换型号
1N5236/A/B	0.5	7.5	61	2CW105-7.5V 2CW5236	1N5987	0.5	3	141	2CW51-3V 2CW5225
1N5237/A/B	0.5	8.2	55	2CW106-8.2V 2CW5237	1N5988	0.5	3.3	128	2CW51-3V3 2CW5226
1N5238/A/B	0.5	8.7	52	2CW106-8.7V 2CW5238	1N5989	0.5	3.6	118	2GW51-3V6 2CW5227
1N5239/A/B	0.5	9.1	50	2CW107-9.1V 2CW5239	1N5990	0.5	3.9	100	2CW52-3V9 2CW5228
1N5240/A/B	0.5	10	45	2CW108-10V 2CW5240	1N5991	0.5	4.3	99	2CW52-4V3 2CW5229
1N5241/A/B	0.5	11	41	2CW109-11 2CW5241	1N5992	0.5	4.7	90	2CW53-4V7 2CW5230
1N5242/A/B	0.5	12	38	2CW110-12V 2CW5242	1N5993	0.5	5.1	83	2CW53-5V1 2CW5231
1N5243/A/B	0.5	13	35	2CW111-13V 2CW5243	1N5994	0.5	5.6	76	2CW53-5V6 2CW5232
1N5244/A/B	0.5	14	32	2CW111-14V 2CW5244	1N5995	0.5	6.2	68	2CW54-6V2 2CW5234
1N5245/A/B	0.5	15	30	2CW112-15V 2CW5245	1N5996	0.5	6.8	63	2CW54-6V8 2CW5235
1N5246/A/B	0.5	16	28	2CW112-16V 2CW5246	1N5997	0.5	7.5	57	2CW55-7V5 2CW5236
1N5247/A/B	0.5	17	27	2CW113-17V 2CW5247	1N5998	0.5	8.2	52	2CW55-8V2 2CW5237
1N5248/A/B	0.5	18	25	2CW113-18V 2CW5248	1N5999	0.5	9.1	47	2CW57-9V1 2CW5239

续上表

型号	最大耗散功率（W）	稳定电压（V）	最大工作电流（mA）	可代换型号	型号	最大耗散功率（W）	稳定电压（V）	最大工作电流（mA）	可代换型号
1N5249/A/B	0.5	19	24	2CW114-19V 2CW5249	1N6000	0.5	10	43	2CW58-10V 2CW5240
1N5250/A/B	0.5	20	23	2CW114-20V 2CW5250	1N6001	0.5	11	39	2CW59-11V 2CW5241
1N5251/A/B	0.5	22	21	2CW115-22V 2CW5251	1N6002	0.5	12	35	2CW60-12V 2CW5242
1N5252/A/B	0.5	24	19.1	2CW115-24V 2CW5252	IN6003	0.5	13	33	2CW61-13V 2CW5243
1N5253/A/B	0.5	25	18.2	2CW116-25V 2CW5253	1N6004	0.5	15	28	2CW62-15V 2CW5245
1N5254/A/B	0.5	27	16.8	2CW1l7-27V 2CW5254	1N6005	0.5	16	27	2GW62-16V 2CW5246
1N5255/A/B	0.5	28	16.2	2CW118-28V 2CW5255	1N6006	0.5	18	24	2CW63-18V 2CW5248
1N5256/A/B	0.5	30	15.1	2CW119-30V 2CW5256	1N6007	0.5	20	21	2CW64-20V 2CWS2SO
1N5257/A/B	0.5	33	13.8	2CW120-33V 2CW5257	1N6008	0.5	22	19	2CW65-22V 2CW5251
1N5730	0.4	5.6	65	2CW752	IN6009	0.5	24	18	2CW66-24V 2CW5252
1N5731	0.4	6.2	62	2CW753 RD6.2EB	1N6010	0.5	27	16	2CW67-27V 2CW5254
1N5732	0.4	6.8	58	2CW754 2CW957	1N6011	0.5	30	14	2CW68-30V 2CW5256
1N5733	0.4	7.5	52	2CW755 2CW958	1N6012	0.5	33	13	2CW69-33V 2CW5257
1N5734	0.4	8.2	47	2CW756 2CW959	1N6013	0.5	36	12	2CW70-36V 2CW5258
1N5735	0.4	9.1	42	2CW757 2CW960	1N6014	0.5	39	11	2CW71-39V 2CW5259
1N5736	0.4	10	39	2CW758 2CW96l	1N6015	0.5	43	9.9	2CW72-43V 2GW5260
1N5737	0.4	11	36	2CW962	1N6016	0.5	47	9	5W47V 2CW5261
1N5738	0.4	12	33	2CW7592 CW963	1N6017	0.5	51	8.3	0.5W51V 2CW5262
1N5739	0.4	13	30	2CW760 2CW964 HZ-12C	1N6018	0.5	56	7.6	0.5W56V 2CW5263
1N5740	0.4	15	26	2CW965	1N6019	0.5	62	6.8	0.5W62V 2CW5265

型号	最大耗散功率（W）	稳定电压（V）	最大工作电流（mA）	可代换型号	型号	最大耗散功率（W）	稳定电压（V）	最大工作电流（mA）	可代换型号
1N5741	0.4	16	24	2CW966	1N6020	0.5	68	6.3	0.5W68V 2CW5266
1N5742	0.4	18	21	2CW967	1N6021	0.5	75	5.7	0.5W75V 2CW5267
1N5743	0.4	20	19	2CW968	1N6022	0.5	82	5.2	0.5W82V 2CW5268
1N5744	0.4	22	17	2GW969	1N6023	0.5	91	4.5	0.5W91V 2CW5270
1N5745	0.4	24	15	2CW970 EQA02-25A	1N6024	0.5	100	4.0	0.SW100V 2CW5271
1N5746	0.4	27	13	2CW971 HZS30E	1N6025	0.5	110	3.9	0.5W110V 2CW5272
1N5747	0.4	30	11	2CW972 1/2W30	1N6026	0.5	120	3.5	0.5W120V 2CW5273
1N5748	0.4	33	10	2CW973	1N6027	0.5	130	3.3	0.5W130V
1N5749	0.4	36	9	2CW974	1N6028	0.5	150	2.8	0.5W150V
1N5750	0.4	39	8	2CW975	1N6029	0.5	160	2.5	0.5W160V
1N5985	0.5	2.4	175	2CW50-2V4 2GW5221	176030	0.5	180	2.0	0.5W180V
1N5986	0.5	2.7	167	2CW50-2V7 2CW5223	1N6031	0.5	200	1.0	0.5W200V

（二）常用小功率整流二极管型号

U_{RM}(V)	$I_P = 1A$ $U_{PM} < 1.0$ V, $T_{JM} = 175℃$	$I_P = 1.5A$ $U_{PM} < 1.0$ V, $T_{JM} = 175℃$	$I_P = 2A$	$I_P = 3A$ $U_{PM} < 1.2$ V, $T_{JM} = 170℃$
50	1N4001	1N5391	PS201	1N5400
100	1N4002	1N5392	PS202	1N5401
200	1N4003	1N5393	PS203	1N5402
300		1N5394		1N5403
400	1N4004	1N5395	PS205	1N5404
500		1N5396		1N5405
600	1N4005	1N5397	PS207	1N5406
800	1N4006	1N5398	PS208	1N5407
1000	1N4007	1N5399	PS209	1N5408

U_{RM}最高反向工作电压，I_P额定整流电流，U_{PM}最大正向压降，T_{JM}最高结温。

(三)发光二极管典型参数

颜色	材料	最大正向电流	一般工作电流	正向压降	反向电流
红	GaP	25 mA	10 mA	2.2 V	10 μA
红	GaAsP	25 mA	10 mA	2.0 V	10 μA
超亮红		25 mA	10 mA	1.8 V	10 μA
橙	GaAsP	25 mA	10 mA	2.0 V	10 μA
黄	GaAsP	25 mA	10 mA	2.0 V	10 μA
绿	GaP	25 mA	10 mA	2.2 V	10 μA

(四)常用小功率三极管特性

型号	类型	反压 U_{ceo}	电流 I_{cm}	功率 P_{cm}	可代换型号
8050	SI-NPN	25 V	1.5 A	1 W	
8550	SI-PNP	25 V	1.5 A	1 W	
9011	SI-NPN	30 V	30 mA	400 mW	150 MHz,3DG6,3DG8
9012	SI-PNP	20 V	0.5 A	625 mW	150 MHz,3CG2,3CG21
9013	SI-NPN	20 V	0.5 A	625 mW	150 MHz,3DG12
9014	SI-NPN	45 V	0.1 A	450 mW	100 MHz,3DG8
9015	SI-PNP	45 V	0.1 A	450 mW	150 MHz,3CG21
9016	SI-NPN	20 V	25 mA	400 mW	620 MHz,3DG6,3DG8
9018	SI-NPN	15 V	50 mA	400 mA	1G,3DG80
2N3904	SI-PNP	60 V	0.2 A		MMBT3904,2N2220,3DK40B
2N3905	SI-PNP	40 V	0.2 A		MMBT3905,2N2906,3CK3F
2N3906	SI-PNP	40 V	0.2 A		MMBT3906,2N2906,3CK3F
2N5401	SI-PNP	160 V	0.6 A	625 mW	
2N5551	SI-NPN	160 V	0.6 A	625 mW	
2SA1013	SI-PNP	160 V	1 A	0.9 W	KSA1013,BF491
2SA1015GR	SI-PNP	50 V	0.15 A	0.4W	HA1015,BC177,CG673
2SB562	SI-PNP	25 V	1 A	0.9 W	BC328,BC298,BC728
2SB647	SI-PNP	120 V	1 A	0.9 W	BF491,3CA3F
2SB772	SI-PNP	40 V	3 A	10 W	BD786,3CA5A
2SC1213	SI-NPN	35 V	0.5 A	0.4 W	BC337,3DK4A
2SC1623L6	SI-NPN	50 V	0.1 A		300 MHz
2SC1815	SI-NPN	60 V	0.15 A	0.4 W	BC184,BC384,DG1815
2SC1959	SI-NPN	35 V	0.5 A	0.5 W	BC338,BC378,3DA2060,3DG1959
2SC3356R25	SI-NPN	20 V	0.1 A	0.2 W	$f_r = 7$ GHz
2SD667	SI-NPN	120 V	1 A	0.9 W	BF391,3DK104E
2SD965	SI-NPN	40 V	5 A	0.75 W	
A42	SI-NPN	35 V	0.5 A	0.4 W	

型号	类型	反压 U_{ceo}	电流 I_{cm}	功率 P_{cm}	可代换型号
MJE13003	SI-NPN	400 V	1.5 A	20 W	KSE13003
TIP102	NPN	100 V	8 A	2W	

附录 B　常用数字集成电路名称与功能表

(一)部分常用集成门电路

系列	型号	名称与主要功能	系列	型号	名称与主要功能
TTL	74LS00	四2输入与非门	CMOS	CC4001	四2输入或非门
	74LS02	四2输入或非门		CC4011	四2输入与非门
	74LS04	六反相器		CC4030	2输入四异或门
	74LS05	六反相器		CC4049	六反相器
	74LS08	四2输入与门		CC4066	四双向开关
	74LS10	三3输入与非门		CC4071	四2输入或门
	74LS11	三3输入与门		CC4073	三3输入与门
	74LS12	三3输入与非门(OC输出)		CC4075	三3输入或门
	74LS13	双4输入与非门(施密特触发器)		CC4077	四异或非门
	74LS14	六反相器(施密特触发器)		CC4078	8输入或非/或门
	74LS20	双4输入与非门		CC4081	四2输入与门
	74LS22	双4输入与非门(OC输出)		CC4082	双4输入与门
	74LS27	三3输入或非门		CC4085	双2-2输入与或非门
	74LS30	8输入与非门		CC4086	4路2-2-2-2输入与或非门(可扩展)
	74LS32	四2输入或门			
	74LS33	四2输入或非缓冲器(OC输出)		CC4093	四2输入与非门(有斯密特触发器)
	74LS38	四2输入与非缓冲器(OC输出)			
	74LS51	双二路3-3、2-2输入与或非门		CC4097	双8选1模拟开关
	74LS54	四路输入与或非门		CC4502	六反相器/缓冲器16选1数据选择器
	74LS64	四路4-2-3-2输入与或非门			
	74LS86	2输入四异或门		CC4503	六缓冲器(三态输出)
	74LS133	13输入与非门		CC14504	六TTL/CMOS-CMOS电平转换器
	74LS134	12输入与非门(三态输出)			
	74LS365	六总线驱动器(三态输出)			
	74LS368	六总线驱动器(反相、三态输出)			
	74LS651	八总线收发器(反相、三态输出)			
	74LS652	八总线收发器(反相、三态输出)			

(二)部分常用中规模组合逻辑电路

系列	型号	名称与主要功能	系列	型号	名称与主要功能
TTL	74LS147	10 线—4 线优先编码器	CMOS	CC40147	10 线—4 线优先编码器
	74LS148	8 线—3 线优先编码器		CC4532	8 线—3 线优先编码器
	74LS42	4 线—10 线译码器		CC4555	双 2 线—4 线译码器
	74LS131	3 线—8 线译码器		CC4556	双 2 线—4 线译码器(反码输出)
	74LS138	3 线—8 线译码器		CC4514	4 线—16 线译码器(锁存器输入)
	74LS139	双 2 线—4 线译码器		CC4515	4 线—16 线译码器(锁存器输入,反码输出)
	74LS154	4 线—16 线译码器			
	74LS46	七段显示译码器		CC4511	七段显示译码器(LED 驱动器)
	74LS47	七段显示译码器			
	74LS48	七段显示译码器		CC4055	七段显示译码器(液晶显示驱动器)
	74LS49	七段显示译码器			
	74LS150	16 选 1 数据选择器		CC4056	七段显示译码器(液晶显示驱动器)
	74LS151	8 选 1 数据选择器(互补输出)			
	74LS153	双 4 选 1 数据选择器		CC4519	四 2 选 1 数据选择器
	74LS251	8 选 1 数据选择器(三态输出)		CC4512	八路数据选择器
	74LS253	双 4 选 1 数据选择器(三态输出)		CC4063	四位数值比较器
	74LS283	4 位二进制全加器		CC4585	四位数值比较器
	74LS385	四串行加法器/乘法器		CC4032	三串行加法器
	74LS85	四位数值比较器			
	74LS683	八位数值比较器(OC 输出)			
	74LS684	八位数值比较器(图腾柱输出)			
	74LS685	八位数值比较器(OC 输出)			
	74LS686	八位数值比较器(图腾柱输出)			
	74LS688	八位数值比较器(OC 输出)			

(三)部分常用中规模时序逻辑电路

系列	型号	名称与主要功能	系列	型号	名称与主要功能
TTL	74LS73	双 JK 触发器(带清除端,下降沿触发)	CMOS	CC4013	双 D 触发器(带清除端,上升沿触发)
	74LS74	双 D 触发器(带清除端,上升沿触发)		CC4027	双 JK 触发器(带清除端,上升沿触发)
	74LS76	双 JK 触发器(带清除端,下降沿触发)		CC4042	四 D 触发器(可选择上升沿或下降沿触发)
	74LS173	四 D 触发器(公共清除端,上升沿触发,三态输出)		CC4096	三输入端 JK 触发器(上升沿触发)
	74LS174	六 D 触发器(带公共清除端,上升沿触发)		CC40174	六 D 触发器(上升沿触发)
	74LS175	四 D 触发器(带公共清除端,上升沿触发)		CC4516	同步可逆 4 位二进制计数器(异步清零,可预置数)
	74LS107	双 JK 触发器(带清除端,下降沿触发)		CC4510	同步可逆十进制计数器(异步清零,可预置数)
	74LS112	双 JK 触发器(带清除端,下降沿触发)		CC4518	双同步十进制加法计数器(异步清零,CP 脉冲正负沿触发)
	74LS113	双 JK 触发器(带清除端,下降沿触发)		CC4520	双同步 4 位二进制计数器(异步清零,CP 脉冲正负沿触发)
	74LS109	双 JK 触发器(带清除端,上升沿触发)		CC4024	7 位二进制串行计数器(带清零端,有七个分频输出)
	74LS273	八 D 触发器(带清除端,上升沿触发)		CC4040	14 位二进制串行计数器(带清零端,有十二个分频输出)
	74LS373	八 D 锁存器(高电平触发,三态输出)		CC40160	同步十进制计数器(异步清零,同步预置数)
	74LS160	同步十进制计数器(同步预置数,异步清零)		CC40161	同步 4 位二进制计数器(异步清零,同步预置数)
	74LS161	同步四位二进制计数器(同步预置数,异步清零)		CC40162	同步十进制计数器(同步清零)
	74LS162	同步十进制计数器(同步预置数,同步清零)			
	74LS164	八位移位寄存器(串行输入/并行输出)			
	74LS165	八位移位寄存器(并行输入/串行输出)			
	74LS169	同步四位二进制加/减计数器(同步预置数,同步清零)			
	74LS190	同步十进制加/减计数器(异步预置数)			
	74LS192	同步可逆十进制计数器(异步预置数、清零,双时钟)			
	74LS193	同步可逆四位二进制计数器(异步预置数、清零,双时钟)			
	74LS194	四位移位寄存器(双向移位、并行存取)			
	74LS393	双四位二进制计数器(异步清零)			

附录 C　常用集成电路管脚图

(一) 四-2 输入逻辑门

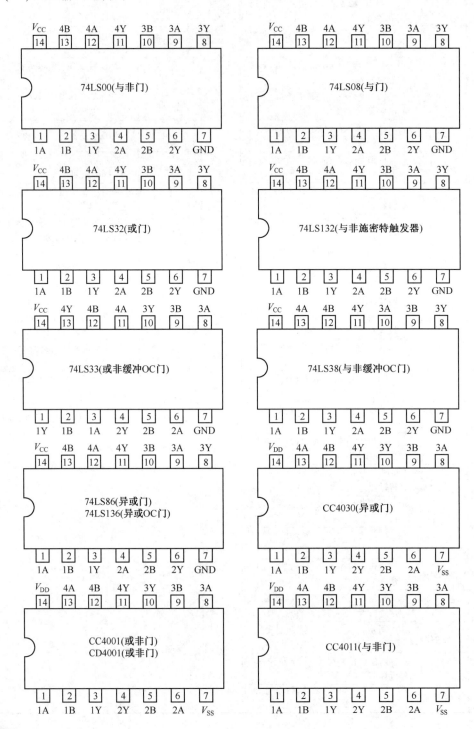

(二)三-3输入逻辑门

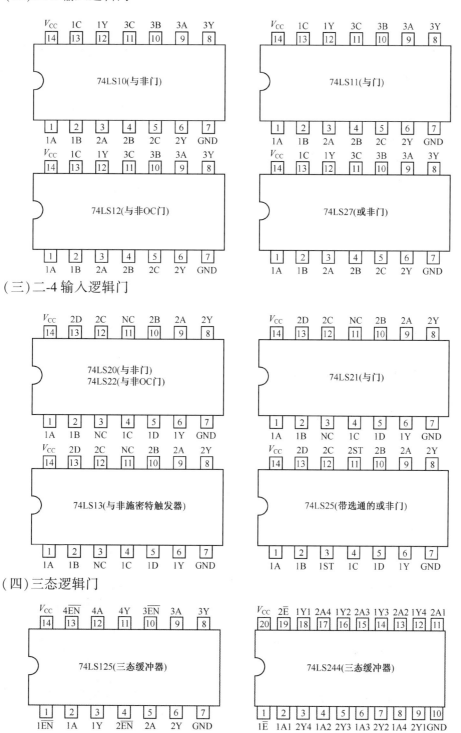

(三)二-4输入逻辑门

(四)三态逻辑门

(五)4 路 2-3-3-2 输入与或非门

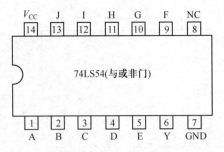

(六)2 组 3-3、2-2 输入与或非门

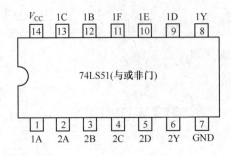

(七)六反相器

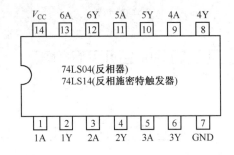

(八)8 输入逻辑门

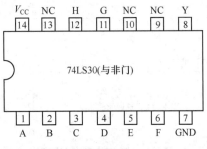

(九)12 输入逻辑门(三态)

(十)3 线-8 线译码器

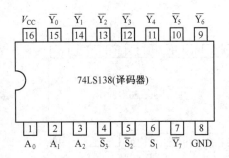

(十一)双 2 线-4 线译码器

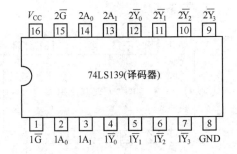

(十二)8 选 1 数据选择器

(十三)双 4 选 1 数据选择器

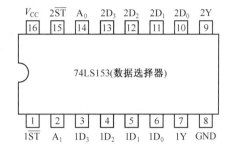

(十四)10 线-4 线优先编码器

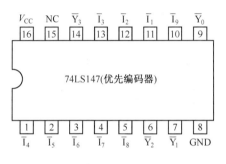

(十五)8 线-3 线优先编码器

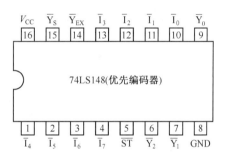

(十六)4 线-10 线 8421BCD 码译码器

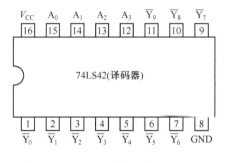

(十七)4 位二进制超前进位全加器

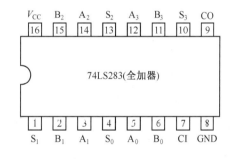

(十八)七段显示译码器

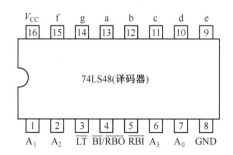

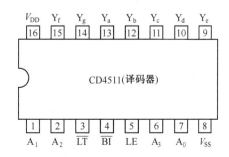

(十九)双 JK 主从触发器

(二十)双上升沿 D 触发器

(二十一)单稳态触发器

(二十二)计数器

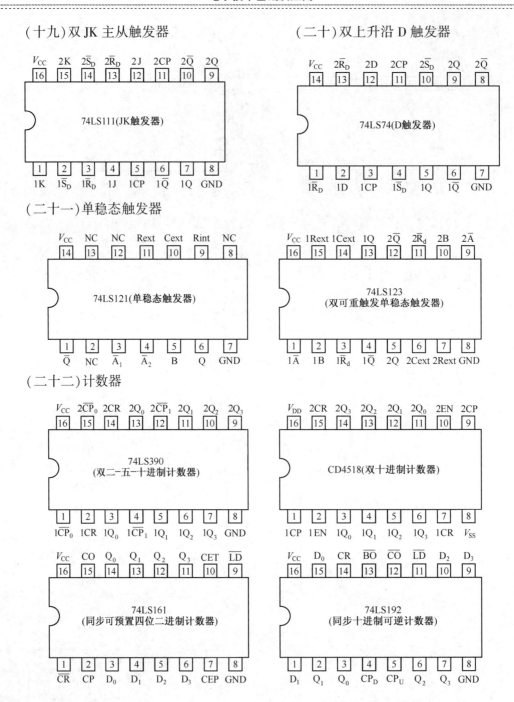

参 考 文 献

[1] 康华光. 电子技术基础. 北京:高等教育出版社,2003.

[2] 申凤琴. 电工电子技术及应用. 北京:机械工业出版社,2010.

[3] 马祥兴. 电子技术及应用. 北京:中国铁道出版社,2006.

[4] 丁群. 数字电子技术. 南京:南京大学出版社,2013.

[5] 陈锦燕. 无线电调试工实用技术手册. 南京:江苏科学技术出版社,2007.

[6] 戚磊. 模拟电子技术分析与应用. 南京:南京大学出版社,2013.

[7] 周雪. 模拟电子技术. 西安:西安电子科技大学出版社,2007.

[8] 沈任元,吴勇. 模拟电子技术基础. 北京:机械工业出版社,2000.

[9] 周良权. 模拟电子基础. 北京:高等教育出版社,1993.

[10] 胡宴如. 模拟电子技术基础. 北京:高等教育出版社,2000.

[11] 陈继生. 电子线路. 北京:高等教育出版社,1996.

[12] 王元主. 模拟电子技术基础. 北京:机械工业出版社,2000.

[13] 张惠敏. 数字电子技术. 北京:化学工业出版社,2002.

[14] 邱寄帆,唐程山. 数字电子技术. 北京:人民邮电出版社,2005.

[15] 郝波. 数字电路. 北京:电子工业出版社,2003.

[16] 沈任元,吴勇. 数字电子技术基础. 北京:机械工业出版社,2000.

[17] 朱祥贤. 数字电子技术项目教程. 北京:机械工业出版社,2010.

[18] 石小法,邓红. 电子技术. 北京:高等教育出版社,2000.

[19] 谢兰清,黎艺华. 数字电子技术项目教程. 北京:电子工业出版社,2010.

[20] 朱向阳,罗国强. 实用数字电子技术项目教程. 北京:科学出版社,2009.

[21] 徐丽香. 数字电子技术. 北京:电子工业出版社,2009.

[22] 朱祥贤. 数字电子技术应用及项目训练. 成都:西南交通大学出版社,2010.

[23] 中国集成电路大全编写委员会. 中国集成电路大全. 北京:国防工业出版社,1985.